Heterocyclic Chemistry at a Glance

ヘテロ環の化学
―基礎と応用―

John A. Joule・Keith Mills 著
中川昌子・有澤光弘 訳

東京化学同人

Heterocyclic Chemistry at a Glance
Second Edition

John A. Joule
The School of Chemistry, The University of Manchester, UK

Keith Mills
Independent Consultant, UK

© 2013 John Wiley & Sons, Ltd.

All Rights Reserved. Authorised translation from the English language edition published by John Wiley & Sons Limited. Responsibility for the accuracy of the translation rests solely with Tokyo Kagaku Dozin Co., Ltd. and is not the responsibility of John Wiley & Sons Limited. No part of this book may be reproduced in any form without the written permission of the original copyright holder, John Wiley & Sons Limited.
Japanese translation edition © 2016 Tokyo Kagaku Dozin Co., Ltd.

まえがき

　本書における内容はヘテロ環化学への入門と概括そして最も重要な考え方と原理からなっている．われわれは非専門家や学生が"ヘテロ環の化学"を知るために必要であろうすべてを要約するよう心がけた．同時にわれわれは本書が"ヘテロ環の化学"をさらに広く勉強するための良き出発点として役立つと信じている．

　この第2版は初版（2007年）に比べ，内容が50%増えており，より多くの例と図を加え，さらに第5章～第15章の各章末に練習問題*を設けた．その他初版に比べて有意義な相違は図が2色刷りになったことである．

　この第2版では，身近なヘテロ環化合物とその重要性を取扱う三つの章を加えた．第17章の"天然に見いだされるヘテロ環"，第18章の"医薬品にみるヘテロ環"，第19章の"日常生活にみるヘテロ環"である．第19章では，染料と顔料，ポリマー，駆除剤（殺虫剤），爆薬，食物と飲料，電子工学にかかわりのある主たる重要なヘテロ環について記述した．

　本書は主として芳香族ヘテロ環を重点的に解説するが，非芳香族ヘテロ環（脂肪族ヘテロ環）についても短くではあるが章（第16章）を設けて解説する．第5章～第15章では，最も重要な芳香族ヘテロ環系の特徴的な反応性と非ヘテロ環前駆物質からの環合成に関する主要な経路を取上げた〔ピリジン，ピリダジン，ピリミジン，ピラジン，キノリン，イソキノリン，ピリリウム/ベンゾピリリウムカチオン，ピロール，インドール，チオフェン，フラン，イミダゾール，オキサゾール，チアゾール，ピラゾール，イソオキサゾール，イソチアゾール，プリン，複数のヘテロ原子をもつヘテロ環（トリアゾールやトリアジンなど），そして，ヘテロ原子が環縮合位にあるヘテロ環（ピロリジンやインドリジンなど）など〕．本書は芳香族ヘテロ環化合物の命名法と構造の議論から始め（第1章，第2章），第3章では，ヘテロ環の典型的な反応（パラジウム触媒を用いる反応以外）を詳細に考察した．パラジウム触媒を用いる反応については次の第4章で別途に取上げた．

　本書は有機化学の基本的な知識（UK Honours Chemistry コース2年レベル）を修得していることを前提に書かれている．したがって，本書は英国の大学では学部2年生，3年生，4年生と大学院生に適していると思われる．

　無機化学では配位子で囲まれたいろいろな（しばしば異常な）酸化準位にある金属をその状態に保つことが重要であり，この場合，配位子はヘテロ環であることが多い．適切なヘテロ環配位子を選択・設計・合成することは無機化学において必要不可欠なことである．本書はヘテロ環化学を基盤としている他の学問分野（薬学，薬理学，医薬品化学）の学生も対象としている．分子レベルで生化学を理解するために，また医薬品化学（創薬化学）において薬を設計・合成するためにも，ヘテロ環化学を正しく理解することが重要であり，このことは第17章と第18章の"天然に見いだされるヘテロ環"と"医薬品にみるヘテロ

---

* 解答は原出版社のウェブサイト（http://booksupport.wiley.com）で入手可能〔原著名：Heterocyclic Chemistry at a Glance, Second Edition （ISBN 978-0-470-97122-2）〕．ただし，日本語版読者の利用に関しては必ずしも保証されているものではありません．

環"で強調した．

　本書の目的は実習を行うための，特に学部学生レベルの指導を行うための手引書ではない．すべての実験は経験のある指導者の監督のもとに行われなければならない．実験の詳細に関しては，読者は原著文献に当たって欲しい．適切な鍵論文に関する多くの文献はわれわれの執筆した詳細な解説書 Heterocyclic Chemistry, 5th edition, Joule and Mills, Wiley (2010)[1] に見いだすことができる．Heterocyclic Chemistry at a Glance 中のすべての例はその文献から引用されており，大部分の反応は高収率で進行する．反応式においては，読者の関心が，論点となる化学に集中することができるよう，われわれは単に原料が試薬または反応剤と反応して生成物を与えることを示すのみに留めた．そして溶媒，反応時間，収率やその他の詳細については上記論点に含まれない限り省略した．

　反応が室温条件下で，または穏やかな加温か冷却下で行われる場合には，特に説明は示さなかった．反応が強力な加熱条件（たとえば高温沸点溶媒中での還流）で行われる場合には heat（熱）という言葉を反応矢印上に記した．非常に低温で行われる反応に対しては反応矢印上に特記した．

　パラジウム触媒反応のある部分に対しては，クロスカップリングがどのようなものであるか典型的な反応を説明するために，反応条件を詳細に示した．反応式中で生成物（または中間体）の構造や結合に変化が起こったところを赤で強調した．これにより，起こっている反応過程を理解しやすく，かつ，読者が構造上の変化が起こっている分子の部分に素早く注目できるようになるのではないかと思う．たとえば，下に示す最初の例では，ピリジンの窒素上での変化のみが，また2番目の例では置換反応によって導入された臭素，そしてそのヘテロ環との間の新しい結合が赤で強調されている．この方針に対する例外はパラジウム触媒クロスカップリング過程であり，下に示す3番目の例のように，新しく生成した結合と同様にカップリング相手のそれぞれの官能基も赤く色付けしてある．

　最後に本書の刊行を実現するにあたり，重要な助言や支援，そして激励を下さった多くの Wiley 社の方々，特に Paul Deards と Sarah Tilley に感謝する．第19章を執筆するにあたっての Mrs Joyce Dowle の有用なコメントに，また Judith Egan-Shuttler の注意深い編集・校正に感謝する．

さらに詳しく学びたい人に

　この本はヘテロ環化学への入門書であり，原著論文や総説は入っていない．さらなる勉

学のために，そしてこの本に書かれている事柄をより深く知るために，まず最初に推薦するのはわれわれが執筆した Heterocyclic Chemistry[1] であり，このなかに原著論文や適切な総説を見いだすことができる．

　この領域における最大の情報源（定期的な総説）は *Advances in Heterocyclic Chemistry*[2] と *Progress in Heterocyclic Chemistry*[3] であり，ヘテロ環の命名法の原理は前者シリーズの総説に記述されている[4]．また，*Heterocycles* という雑誌はヘテロ環領域において特に多くの有用な総説を含んでいる．Comprehensive Heterocyclic Chemistry（CHC），初版（1984 年）とその後の二つの改訂版（1996 年と 2008 年）[5] にはヘテロ環化学に関する領域の総説が徹底的に網羅されている（注意：この 3 冊は一緒に読まなければならない．後半の改訂版には初版の内容を繰返し記載していない）．CHC に付随する The Handbook of Heterocyclic Chemisry[6] はシリーズ本で，1 巻で一つの分野を扱っている．The Chemistry of Heterocyclic Compounds[7] はヘテロ環化合物の集大成であり，現在でも定期的に発刊されているモノグラフシリーズである．最初は Arnold Weissberger によって，後に Edward C. Taylor と Peter Wipf によって編集されており，ヘテロ環化合物に関与するすべての情報と総説の重要な源となっている．Science of Synthesis シリーズの第 9 巻〜第 17 巻[8] は 2000 年〜2008 年に出版され，芳香族ヘテロ環について記述されている．

　さらなる参考書として，特に第 17 章〜第 19 章に関しては，以下の本を推薦する．Heterocycles in Life and Society[9]，Introduction to Enzyme and Coenzyme Chemistry[10]，Nucleic Acids in Chemistry and Biology[11]，The Alkaloids; Chemistry and Biology[12]，Comprehensive Medicinal Chemistry II[13]，Molecules and Medicine[14]，Goodman and Gilman's The Pharmacological Basis of Therapeutics[15]，The Chemistry of Explosives[16]，Food. The Chemistry of its Components[17]，Perfumes: the Guide[18]，Handbook of Conducting Polymers[19]，Handbook of Oligo- and Polythiophenes[20]，"Tetrathiafulvalenes, Oligoacenenes and their Buckminsterfullerene Derivatives: the Bricks and Mortar of Organic Electronics", *Chemical Reviews*[21]．

参 考 文 献

1) Heterocyclic Chemistry, 5th edition, Joule, J. A., Mills, K., Wiley, **2010**; ISBN 978-1-405-19365-8 (cloth); 978-1-405-13300-5 (paper).
2) *Advances in Heterocyclic Chemistry*, **1963**〜**2012**, Volumes 1〜105.
3) *Progress in Heterocyclic Chemistry*, **1989**〜**2012**, Volumes 1〜24.
4) "The Nomenclature of Heterocycles", McNaught, A. D., *Advances in Heterocyclic Chemistry*, **1976**, *20*, 175.
5) Comprehensive Heterocyclic Chemistry. The Structure, Reactions, Synthesis, and Uses of Heterocyclic Compounds, Eds. Katritzky, A. R., Rees, C. W., Volumes 1〜8, Pergamon Press, Oxford, **1984**; Comprehensive Heterocyclic Chemistry II. A review of the literature 1982〜1995, Eds. Katritzky, A. R., Rees, C. W., Scriven, E. F. V., Volumes 1〜11, Pergamon Press, **1996**; Comprehensive Heterocyclic Chemistry III. A review of the literature

1995〜2007, Eds. Katritzky, A. R., Ramsden, C. A., Scriven, E. F. V., Taylor, R. J. K., Volumes 1〜15, Elsevier, **2008**.

6) Handbook of Heterocyclic Chemistry, 3rd edition, Katritzky, A. R., Ramsden, C. A., Joule, J. A., Zhdankin, V. V., Elsevier, **2010**.

7) The Chemistry of Heterocyclic Compounds, Series Eds. Weissberger, A., Wipf, P., Taylor, E. C., Volumes 1〜64, Wiley-Interscience, **1950〜2005**.

8) Science of Synthesis, Volumes 9〜17, "Hetarenes", Thieme, **2000〜2008**.

9) Heterocycles in Life and Society. An Introduction to Heterocyclic Chemistry, Biochemistry and Applications, 2nd edition, Pozharskii, A. F., Soldatenkov, A. T., Katritzky, A. R., Wiley, **2011**.

10) Introduction to Enzyme and Coenzyme Chemistry, 2nd edition, Bugg, T., Blackwell, **2004**.

11) Nucleic Acids in Chemistry and Biology, Eds. Blackburn, G. M., Gait, M. J., Loakes, D., Royal Society of Chemistry, **2006**.

12) The Alkaloids; Chemistry and Biology, Volumes 1〜70, original Eds. Manske, R. H. F. Holmes, H. L., Ed. Cordell, G. A., **1950〜2011**.

13) Comprehensive Medicinal Chemistry II, Eds. Triggle, D., Taylor, J., Elsevier, **2006**.

14) Molecules and Medicine, Corey, E. J., Czakó, B., Kürti, L., Wiley, **2007**. おもな薬物の構造を化学的/生物化学的な観点から論議している有用な文献である.

15) Goodman & Gilman's The Pharmacological Basis of Therapeutics, 11th edition, Eds. Brunton, L. L., Lazo, J. S., Parker, K. L., McGraw-Hill, **2005**. 標準的な教科書であり, しばしば改訂版が刊行されている.

16) The Chemistry of Explosives, 3rd edition, Akhavan, J., Royal Society of Chemistry, **2011**.

17) Food. The Chemistry of its Components, 5th edition, Coultate, T., Royal Society of Chemistry, **2009**.

18) Perfumes: the Guide, Turin, L, Sanchez, T., Profile Books, **2008**.

19) Handbook of Conducting Polymers, 2nd edition, Eds. Skotheim, T. A., Reynolds, J. R., Taylor & Francis, **2007**.

20) Handbook of Oligo- and Polythiophenes, Ed. Fichou, D., Wiley, **1998**.

21) "Tetrathiafulvalenes, Oligoacenenes, and their Buckminsterfullerene Derivatives: the Bricks and Mortar of Organic Electronics", Bendikov, M., Wudl, F., Perepichka, D. F., *Chemical Reviews*, **2004**, *104*, 4891.

著者紹介

John Arthur Joule は，英国のヨークシャー，ハロゲイトに生まれ，北ウェールズのスランドゥドノで幼少期を過ごした．その後，マンチェスター大学に進学，BSc（学士号），MSc（修士号），そして PhD（博士号：1961 年，George F. Smith のもと）を取得した．ついでプリンストン大学（Richard K. Hill のもと）とスタンフォード大学（Carl Djierassi のもと）で博士研究員を経た後，マンチェスター大学で教職を得た．2004 年に退官するまで 41 年間勤め，名誉教授となる．サバティカルイヤー（長期有給休暇）はナイジェリアのイバダン大学，ジョンズ・ホプキンス大学医学系研究科の薬理学と実験治療学科，そしてボルチモア州立メリーランド大学で過ごした．ニュージーランドのオタゴ大学ではウィリアム・エバンス客員研究員であった．

Joule 博士は英国を始めとする産業界・学術界などで，ヘテロ環化学の多くの教育課程を担当してきた．現在 *Tetrahedron Letters* 誌の編集委員，*Arkivoc* 誌の科学編集者，年刊誌の *Progress in Heterocyclic Chemistry* の共同編集者である．

Keith Mills は，英国のヨークシャー，バーンズリーに生まれ，バーンズリーグラマースクールに通った後，マンチェスター大学で BSc（学士号），MSc（修士号）そして PhD（博士号：1971 年，John Joule のもと）の学位を取得した．

コロンビア大学（Gilbert Stork のもと）とインペリアル大学（Derek Barton/Philip Magnus のもと）で博士研究員を経た後，Stevenage 社〔最後に GlaxoSmithKline（略号 GSK）社（製薬企業）の一部になる〕の前身 Allen & Hanbury 社〔Glaxo グループの一部でウェア（英国の都市）にある〕に加わり，医薬品化学（創薬化学）部門と開発部門に合計 25 年間従事した．この間，彼は Glaxo 社に出向，ベローナ（イタリアの都市）で研究を行った．GSK を退職してから，彼は独立し，小規模製薬会社のコンサルタントをしている．

Mills 博士は薬物のいくつかの領域と有機化学の多くの領域で研究活動を行っており，特にヘテロ環化学と遷移金属触媒反応の応用を重要視してきた．

Heterocyclic Chemistry の初版は 1972 年に George Smith と John Joule によって書かれ，第 2 版が 1978 年に出版されている．第 3 版（Joule, Mills, Smith 著）は 1995 年に，そして，第 4 版（Joule, Mills 著）は George Smith 亡き後 2000 年に，第 5 版は 2010 年に出版された．Heterocyclic Chemistry at a Glance の初版は 2007 年に出版された．

訳者まえがき

　本書は Wiley 社より出版されている Chemistry at a Glance シリーズの1冊である．2007年に Heterocyclic Chemistry at a Glance の初版が出版され，その6年後の2013年に今回翻訳した第2版が出版された．J. A. Joule らによって書かれたヘテロ環化学に関する本は多いが，邦訳されたのは本書が初めてである．

　有機化合物のなかでも，ヘテロ環化合物は炭素以外に窒素，酸素，硫黄などを含む環状化合物である．ヘテロ環化合物が特に重要であると注目されるのは，ヘテロ環を含む化合物が実に全有機化合物の半数以上を占めており，かつ重要な役割を担う化合物が多いためである．特に核酸など生体を構成する重要な化合物から医薬品までヘテロ環化合物は多種類にわたる．薬の構造や性質，そして作用発現の機構などを解明するためにも，ヘテロ環化合物の基礎知識を身につけることは，創薬研究戦略の観点からも必須である．また，ヘテロ環化合物は農薬や有機機能材料，電子材料，触媒分野などきわめて広い範囲で社会に重要な貢献を続けている．さらに生体内酸化還元など生物学的反応，さらに代謝に関与する補酵素などもヘテロ環の反応性を巧みに利用している．

　本書の特徴の一つはこれらの領域に踏み込み，他のヘテロ環の本にはあまり見られなかった三つの章（第17章 天然に見いだされるヘテロ環，第18章 医薬品にみるヘテロ環，第19章 日常生活にみるヘテロ環）を設けている点である．これらの章ではヘテロ環がいかにわれわれの日常生活に関係しているか身近な例をあげながら説明している．第1章から第16章では，全体を通じてヘテロ環の基本知識が概説されているが，最近の化学の進歩を反映して，新しい反応例が積極的に採り入れられている．ヘテロ環の置換反応に有用な道を開いた有機金属化学については1章分の紙面（第4章）を割り当てて概説している．また，章末に原著初版ではなかった練習問題が加えられ，理解を深められるよう配慮されている．さらに図版の多くには視覚的理解を助けるさまざまな工夫がなされている．

　大学における"有機化学"は，薬学部，理学部，農学部，工学部，医学部など理系の学部・学科で最も基本的な講義科目となっている．しかしながら，その中でヘテロ環化学を詳しくは取上げていない．その観点から，本書は，特に一度基本的な有機化学を学んだ各学部の学生，大学院生，そして企業で研究開発に携わる研究者に推薦できる．

　最後に，翻訳出版に際し，細部にわたり終始，適切かつご親切な編集を行っていただきました東京化学同人編集部の橋本純子氏，丸山潤氏に厚く御礼申し上げます．

　2016年1月

中 川 昌 子
有 澤 光 弘

目　次

第1章　ヘテロ環化合物の命名 … 1
- 1·1　芳香族ヘテロ六員環化合物 … 2
- 1·2　芳香族ヘテロ五員環化合物 … 2
- 1·3　非芳香族（脂肪族）ヘテロ環化合物 … 3
- 1·4　ヘテロ小員環化合物 … 3

第2章　芳香族ヘテロ環化合物の構造 … 4
- 2·1　ベンゼンとナフタレンの構造 … 4
- 2·2　ピリジンとピリジニウムの構造 … 5
- 2·3　キノリンとイソキノリンの構造 … 6
- 2·4　ジアジンの構造 … 6
- 2·5　ピロール，チオフェン，フランの構造 … 7
- 2·6　インドールの構造 … 8
- 2·7　アゾールの構造 … 9

第3章　ヘテロ環の一般的化学反応性 … 10
- 3·1　はじめに … 10
- 3·2　酸性と塩基性 … 10
- 3·3　芳香族化合物の求電子置換反応 … 11
- 3·4　芳香族化合物の求核置換反応 … 15
- 3·5　ヘテロ環化合物のラジカル置換反応 … 16
- 3·6　炭素上に金属種をもつヘテロ環の求核剤としての利用 … 17
- 3·7　炭素上に金属種をもつヘテロ環の生成 … 18
- 3·8　N,N-ジメチルホルムアミドジメチルアセタール（DMFDMA） … 20
- 3·9　イミン/エナミンの生成と加水分解 … 20
- 3·10　環合成における一般的なカルボニル等価体 … 21
- 3·11　付加環化反応 … 21

第4章　ヘテロ環化学におけるパラジウム … 24
- 4·1　0価パラジウム〔Pd(0)〕触媒反応とその関連反応 … 24
- 4·2　アルケンへの付加（溝呂木-Heck 反応） … 30
- 4·3　カルボニル化反応 … 30
- 4·4　ヘテロ原子求核剤とハロゲン化物とのクロスカップリング――炭素-ヘテロ原子結合の形成 … 30
- 4·5　0価パラジウム〔Pd(0)〕触媒反応で用いられるトリフラート … 31
- 4·6　0価パラジウム〔Pd(0)〕触媒反応の反応機構 … 31
- 4·7　求電子的パラジウム化を含む反応 … 33
- 4·8　銅触媒を用いたアミノ化 … 34
- 4·9　選択性 … 35

第5章　ピリジン … 38
- 5·1　窒素への求電子付加反応 … 38
- 5·2　炭素上での求電子置換反応 … 39
- 5·3　求核置換反応 … 40
- 5·4　ピリジニウム塩への求核付加反応 … 42
- 5·5　C-メタル化ピリジン … 43
- 5·6　0価パラジウム〔Pd(0)〕触媒反応 … 45
- 5·7　酸化と還元 … 45
- 5·8　ペリ環状反応 … 46
- 5·9　アルキル置換体あるいはカルボン酸置換体 … 46

5・10	酸素置換体 ……………………… 47	5・15	アルデヒド，2 当量の 1,3-ジカルボニル化合物，アンモニアからのピリジン合成 ……………………… 52
5・11	ピリジン N-オキシド ………… 48		
5・12	アミノ置換体 …………………… 49		
5・13	環合成 ── 切断する場所 …… 50	5・16	1,3-ジカルボニル化合物と C_2N ユニットからのピリジン合成 ……………… 52
5・14	1,5-ジカルボニル化合物からのピリジン合成 ……………………… 50		
		練習問題 …………………………………… 54

第6章　ジアジン …………………………………………………………………………… 55

6・1	窒素への求電子付加反応 ……… 56	6・12	1,4-ジカルボニル化合物からのピリダジン合成 ………………… 66
6・2	炭素上での求電子置換反応 …… 56		
6・3	求核置換反応 …………………… 57	6・13	1,3-ジカルボニル化合物からのピリミジン合成 ………………… 67
6・4	ラジカル置換反応 ……………… 59		
6・5	C-メタル化ジアジン ………… 59	6・14	1,2-ジカルボニル化合物からのピラジン合成 …………………… 68
6・6	0 価パラジウム〔Pd(0)〕触媒反応 … 61		
6・7	ペリ環状反応 …………………… 62	6・15	α-アミノカルボニル化合物からのピラジン合成 …………………… 68
6・8	酸素置換体 ……………………… 63		
6・9	N-オキシド …………………… 65	6・16	ベンゾジアジン ………………… 69
6・10	アミノ置換体 …………………… 65	練習問題 …………………………………… 69
6・11	環合成 ── 切断する場所 …… 66		

第7章　キノリンとイソキノリン ……………………………………………………… 71

7・1	窒素への求電子付加反応 ……… 71	7・12	アニリンからのキノリン合成 … 77
7・2	炭素上での求電子置換反応 …… 71	7・13	o-アミノアリールケトンおよびアルデヒドからのキノリン合成 …… 78
7・3	求核置換反応 …………………… 72		
7・4	キノリニウム塩/イソキノリニウム塩の求核付加反応 …………………… 74	7・14	2-アリールエタンアミンからのイソキノリン合成 ……………… 78
		7・15	芳香族アルデヒドとアミノアセトアルデヒドアセタールからのイソキノリン合成 ……………… 79
7・5	C-メタル化キノリン/イソキノリン …… 75		
7・6	0 価パラジウム〔Pd(0)〕触媒反応 …… 75		
7・7	酸化と還元 ……………………… 75		
7・8	アルキル置換体 ………………… 76	7・16	o-アルキニルアリールアルデヒドやそのイミン体からのイソキノリン合成 …… 79
7・9	酸素置換体 ……………………… 76		
7・10	N-オキシド …………………… 76	練習問題 …………………………………… 80
7・11	環合成 ── 切断する場所 …… 77		

第8章　ピリリウム，ベンゾピリリウム，ピロン，ベンゾピロン ……………… 81

8・1	ピリリウム塩 …………………… 81	8・7	1,3,5-トリケトンからの 4-ピロン環合成 … 86
8・2	求電子剤 ………………………… 81		
8・3	求核付加反応 …………………… 81	8・8	1,3-ケトアルデヒドからの2-ピロン環合成 …………………… 86
8・4	$2H$-ピランの開環反応 ………… 82		
8・5	酸素置換体 ── ピロンとベンゾピロン … 83	8・9	1-ベンゾピリリウム/クマリン/クロモン環合成 ………………… 86
8・6	1,5-ジケトンからのピリリウム環合成 …… 85	練習問題 …………………………………… 88

第9章　ピロール 89

- 9・1　炭素上での求電子置換反応 89
- 9・2　N-脱プロトンおよびN-メタル化ピロール 91
- 9・3　C-メタル化ピロール 92
- 9・4　0価パラジウム〔Pd(0)〕触媒反応 92
- 9・5　酸化と還元 93
- 9・6　ペリ環状反応 93
- 9・7　側鎖置換基の反応性 94
- 9・8　生活の中の色素 94
- 9・9　環合成 —— 切断する場所 95
- 9・10　1,4-ジカルボニル化合物からのピロール合成 95
- 9・11　α-アミノケトンからのピロール合成 95
- 9・12　イソシアニドを用いたピロール合成 96
- 練習問題 97

第10章　インドール 99

- 10・1　炭素上での求電子置換反応 99
- 10・2　N-脱プロトンおよびN-メタル化インドール 102
- 10・3　C-メタル化インドール 103
- 10・4　0価パラジウム〔Pd(0)〕触媒反応 105
- 10・5　酸化と還元 105
- 10・6　ペリ環状反応 106
- 10・7　側鎖置換基の反応性 107
- 10・8　酸素置換体 107
- 10・9　環合成 —— 切断する場所 108
- 10・10　アリールヒドラゾンからのインドール合成 108
- 10・11　o-ニトロトルエンからのインドール合成 109
- 10・12　o-アミノアリールアルキンからのインドール合成 110
- 10・13　o-アルキルアリールイソシアニドからのインドール合成 110
- 10・14　o-アシルアニリドからのインドール合成 110
- 10・15　アニリンからのイサチン合成 111
- 10・16　アニリンからのオキシインドール合成 111
- 10・17　アントラニル酸からのインドキシル合成 111
- 10・18　アザインドール 111
- 練習問題 112

第11章　フランとチオフェン 114

- 11・1　炭素上での求電子置換反応 114
- 11・2　C-メタル化チオフェン/フラン 116
- 11・3　0価パラジウム〔Pd(0)〕触媒反応 117
- 11・4　酸化と還元 117
- 11・5　ペリ環状反応 118
- 11・6　酸素置換体 120
- 11・7　環合成 —— 切断する場所 120
- 11・8　1,4-ジカルボニル化合物からのフラン/チオフェン合成 120
- 練習問題 121

第12章　1,2-アゾールと1,3-アゾール 123

- 12・1　はじめに 123
- 12・2　窒素への求電子付加反応 123
- 12・3　炭素上での求電子置換反応 125
- 12・4　ハロゲンの求核置換反応 127
- 12・5　N-脱プロトンおよびN-メタル化イミダゾール/ピラゾール 127
- 12・6　C-メタル化N-置換イミダゾール/ピラゾール，C-メタル化チアゾール/イソチアゾール 128
- 12・7　オキサゾール/イソオキサゾールのC-脱プロトン 129
- 12・8　0価パラジウム〔Pd(0)〕触媒反応 129

12·9	1,3-アゾリウムイリド ………… 130	12·17	脱水素を経る 1,3-アゾール合成 …… 136
12·10	還　元 ……………………………… 131	12·18	1,2-アゾール環合成 ── 切断する
12·11	ペリ環状反応 …………………… 132		場所 …………………………… 137
12·12	酸素およびアミノ置換体 ……… 132	12·19	1,3-ジカルボニル化合物からの
12·13	1,3-アゾール環合成 ── 切断する		ピラゾール/イソオキサゾール
	場所 ……………………………… 134		合成 …………………………… 137
12·14	α-ハロケトンからのチアゾール/	12·20	アルキンからのイソオキサゾール/
	イミダゾール合成 ……………… 134		ピラゾール合成 ………………… 138
12·15	1,4-ジカルボニル化合物からの	12·21	β-アミノ-α,β-不飽和カルボニル
	1,3-アゾール合成 ……………… 135		化合物からのイソチアゾール
12·16	トシルメチルイソニトリルを用いた		合成 …………………………… 139
	1,3-アゾール合成 ……………… 135		練習問題 …………………………… 139

第13章　プ リ ン ……………………………………………………………………… 140

13·1	窒素への求電子付加反応 ……… 142	13·8	酸素置換基またはアミノ置換基
13·2	炭素上での求電子置換反応 …… 143		をもつプリン …………………… 147
13·3	N-脱プロトンおよび	13·9	環合成 ── 切断する場所 ……… 149
	N-メタル化プリン …………… 144	13·10	4,5-ジアミノピリミジンからの
13·4	酸　化 …………………………… 145		プリン合成 ……………………… 149
13·5	求核置換反応 …………………… 145	13·11	5-アミノイミダゾール-4-カルボキサ
13·6	直接の脱プロトンまたは金属-ハロゲン		ミドからのプリン合成 ………… 149
	交換による C-メタル化 ……… 146	13·12	1段階合成 ……………………… 150
13·7	0価パラジウム〔Pd(0)〕触媒反応 …… 147		練習問題 …………………………… 150

第14章　3個以上のヘテロ原子をもつアゾール(五員環)とアジン(六員環) …… 151

A. 3個以上のヘテロ原子をもつアゾール …… 151		14·3	ベンゾトリアゾール …………… 156
14·1	はじめに ………………………… 151	14·4	硫黄と酸素を含むジアゾール ── オキサ
14·2	ヘテロ原子として窒素のみをもつ		ジアゾールとチアジアゾール … 157
	アゾール ── トリアゾール，	B. 3個以上のヘテロ原子をもつアジン ……… 159
	テトラゾール，ペンタゾール ……… 151		練習問題 …………………………… 163

第15章　環縮合位に窒素をもつヘテロ環 ……………………………………………… 164

15·1	はじめに ………………………… 164	15·5	キノリジニウムとキノリジノン ……… 169
15·2	インドリジン …………………… 165	15·6	ヘテロピロリジン ── ヘテロ原子で
15·3	アザインドリジン ……………… 166		置換されたピロリジン ………… 170
15·4	インドリジン/アザインドリジンの	15·7	シクラジン ……………………… 170
	合成 ……………………………… 168		練習問題 …………………………… 171

第16章　非芳香族ヘテロ環 …………………………………………………………… 172

16·1	はじめに ………………………… 172	16·4	五員環および六員環 …………… 176
16·2	三員環 …………………………… 172	16·5	環合成 …………………………… 178
16·3	四員環 …………………………… 175		

第17章　天然に見いだされるヘテロ環 …………………………… 182

17・1 ヘテロ環をもつ α-アミノ酸と
　　　関連化合物 ………………… 182
17・2 ヘテロ環ビタミン —— 補酵素 ………… 183
17・3 ポルホビリノーゲンと
　　　"生命の色素" ……………… 187
17・4 デオキシリボ核酸（DNA），遺伝
　　　情報の保存とリボ核酸（RNA），
　　　遺伝情報の伝達 …………… 188
17・5 ヘテロ環二次代謝産物 …………… 190

第18章　医薬品にみるヘテロ環 …………………………… 193

18・1 医薬品化学 —— 薬はいかに
　　　作用するか ………………… 193
18・2 薬の発見 ………………… 195
18・3 薬の開発 ………………… 195
18・4 神経伝達物質 …………… 195
18・5 ヒスタミン ……………… 196
18・6 アセチルコリン ………… 198
18・7 コリンエステラーゼ阻害薬（抗コリン
　　　エステラーゼ薬）………… 198
18・8 5-ヒドロキシトリプタミン
　　　（セロトニン）…………… 199
18・9 アドレナリンとノルアドレナリン …… 200
18・10 他の重要な心臓血管薬 ………… 200
18・11 中枢神経系に特異的に作用する薬物 … 200
18・12 その他の酵素阻害薬 ………… 202
18・13 抗感染薬 ………………… 203
18・14 抗寄生虫薬（駆虫薬）………… 203
18・15 抗菌薬 …………………… 204
18・16 抗ウイルス薬 …………… 205
18・17 抗がん剤 ………………… 205
18・18 光化学療法 ……………… 207

第19章　日常生活にみるヘテロ環 …………………………… 209

19・1 はじめに ………………… 209
19・2 染料と顔料 ……………… 209
19・3 ポリマー（高分子）……… 211
19・4 駆除剤 …………………… 211
19・5 爆薬 ……………………… 214
19・6 食物と飲料 ……………… 216
19・7 調理におけるヘテロ環化学 …………… 217
19・8 天然食品と合成色素の色 …………… 221
19・9 味と香り（香味と香気）…………… 222
19・10 毒 ………………………… 223
19・11 電気と電子工学 ………… 224

索　引 ………………………………………… 227

略 号 表

Ac	acetyl　アセチル　CH_3CO-　[AcOH は酢酸，Ac_2O は無水酢酸]	
aq	aqueous　反応混合物が含水である意．	
Ar	aryl　アリール	
[bmim][BF_4]	1-n-butyl-3-methylimidazolium tetrafluoroborate　1-n-ブチル-3-メチルイミダゾリウムテトラフルオロボラート　[イオン液体]	
BINAP	2,2′-bis(diphenylphosphino)-1,1′-binaphthyl　2,2′-ビス(ジフェニルホスフィノ)-1,1′-ビナフチル　[Pd(0)の配位子]	
Bn	benzyl　ベンジル　$PhCH_2-$　[窒素の保護基（Pd を用いた水素化分解で除去される）]	
Boc	t-butoxycarbonyl　t-ブトキシカルボニル　t-BuOCO-　[保護基（酸で除去される）]	
Bom	benzyloxymethyl　ベンジルオキシメチル　$PhCH_2OCH_2-$　[保護基（Pd を用いた水素化分解で除去される）]	
Bt	benzotriazol-1-yl　ベンゾトリアゾール-1-イル　[構造は p.156 参照]	
Bu	butyl　ブチル（n-Bu，t-Bu も見よ）　C_4H_9-	
Bz	benzoyl　ベンゾイル　$PhCO-$　[BzO-はベンゾアート（benzoate）]	
c	cyclo　シクロ　[c-C_6H_{11} はシクロヘキシル]	
c.	concentrated　濃○○　[c. H_2SO_4 は濃硫酸]	
cat	catalyst　触媒　[触媒は反応で消費されない．通常，Pd などの金属触媒の場合，反応基質に対して 1～5 mol% 用いる．触媒量の意で記すこともある]	
Cbz	benzyloxycarbonyl　ベンジルオキシカルボニル　$PhCH_2OCO-$　[保護基（水素化分解で除去される）]	
CDI	1,1′-carbonyldiimidazole　1,1′-カルボニルジイミダゾール　$(C_3H_3N_2)_2C=O$　[ペプチド縮合剤]	
Cy	cyclohexyl　シクロヘキシル　c-$C_6H_{11}-$	
DABCO	1,4-diazabicyclo[2.2.2]octane　1,4-ジアザビシクロ[2.2.2]オクタン　$C_6H_{12}N_2$　[求核性の高いアミン塩基]	
dba	$trans,trans$-dibenzylideneacetone　$trans,trans$-ジベンジリデンアセトン　$PhCH=CH-CO-CH=CHPh$　[Pd(0)の配位子]	
DBU	1,8-diazabicyclo[5.4.0]-7-undecene　1,8-ジアザビシクロ[5.4.0]-7-ウンデセン　$C_9H_{16}N_2$　[求核性の低いアミン塩基]	
DCC	dicyclohexylcarbodiimide　ジシクロヘキシルカルボジイミド　c-$C_6H_{11}-N=C=N-c$-C_6H_{11}　[酸とアミンからアミドを得るための縮合剤]	
DDQ	2,3-dichloro-5,6-dicyano-1,4-benzoquinone　2,3-ジクロロ-5,6-ジシアノ-1,4-ベンゾキノン　[酸化剤（しばしば脱水素に使用される）]	
DIBALH	diisobutylaluminium hydride　水素化ジイソブチルアルミニウム　$[(CH_3)_2CHCH_2]_2AlH$　[還元剤]	
DMAP	4-dimethylaminopyridine　4-ジメチルアミノピリジン　4-$Me_2NC_5H_4N$　[求核触媒]	
DME	1,2-dimethoxyethane　1,2-ジメトキシエタン　$MeO(CH_2)_2OMe$　[エーテル溶媒]	
DMF	N,N-dimethylformamide　N,N-ジメチルホルムアミド　$Me_2NCH=O$　[非プロトン性極性溶媒]	
DMFDMA	N,N-dimethylformamide dimethyl acetal　ジメチルホルムアミドジメチルアセタール　$Me_2NCH(OMe)_2$	
DMSO	dimethylsulfoxide　ジメチルスルホキシド　$Me_2S=O$　[非プロトン性極性溶媒]	
dppb	1,4-bis(diphenylphosphino)butane　1,4-ビス(ジフェニルホスフィノ)ブタン　$Ph_2P(CH_2)_4PPh_2$　[Pd(0)の配位子]	
dppe	1,2-bis(diphenylphosphino)ethane　1,2-ビス(ジフェニルホスフィノ)エタン　$Ph_2P(CH_2)_2PPh_2$　[Pd(0)の配位子]	
dppf	1,1′-bis(diphenylphosphino)ferrocene　1,1′-ビス(ジフェニルホスフィノ)フェロセン　$(Ph_2PC_5H_4)_2Fe$　[Pd(0)の配位子]	
dppp	1,3-bis(diphenylphosphino)propane　1,3-ビス(ジフェニルホスフィノ)プロパン　$Ph_2P(CH_2)_3PPh_2$　[Pd(0)の配位子]	
ee	enantiomeric excess　エナンチオマー過剰率　[不斉合成の効率を表す尺度]	
El$^+$	electrophile　求電子剤	
Et	ethyl　エチル　CH_3CH_2-	
f.	fuming　発煙○○　[f. HNO_3 は発煙硝酸]	
2-Fur	furan-2-yl　フラン-2-イル　C_4H_3O-	
GABA	γ-aminobutyric acid　γ-アミノ酪酸　$H_2N(CH_2)_3CO_2H$	
Hal	halogen　ハロゲン（X も見よ）	

Het	heteroaryl ヘテロアリール	
i-Pr	isopropyl イソプロピル Me_2CH-	
LDA	lithium diisopropylamide リチウムジイソプロピルアミド $LiN(i\text{-}Pr)_2$ ［かさ高い強塩基］	
LiTMP	lithium 2,2,6,6-tetramethylpiperidide リチウム 2,2,6,6-テトラメチルピペリジド $LiN(C(Me)_2(CH_2)_3C(Me)_2)$ ［かさ高く求核性のない強塩基］	
m-CPBA	m-chloroperbenzoic acid m-クロロ過安息香酸 $C_6H_4(Cl)CO_3H$ ［酸化剤］	
Me	methyl メチル CH_3-	
Ms	methanesulfonyl (mesyl) メタンスルホニル（メシル） $MeSO_2-$ ［アゾール窒素の保護基］	
NaHMDS	sodium hexamethyldisilazide ナトリウムヘキサメチルジシラジド $NaN(SiMe_3)_2$ ［かさ高く求核性のない強塩基］	
NBS	N-bromosuccinimide N-ブロモスクシンイミド $C_4H_4BrNO_2$ ［臭素化剤］	
n-Bu	n-butyl n-ブチル $CH_3(CH_2)_3-$	
NCS	N-chlorosuccinimide N-クロロスクシンイミド $C_4H_4ClNO_2$ ［塩素化剤］	
NMP	N-methylpyrrolidin-2-one N-メチルピロリジン-2-オン C_5H_9NO ［非プロトン性極性溶媒］	
n-Pr	n-propyl n-プロピル $CH_3CH_2CH_2-$	
Nu^-	nucleophile 求核剤	
o-Tol	o-tolyl (2-methylphenyl) o-トリル（2-メチルフェニル） C_7H_7-	
Ph	phenyl フェニル C_6H_5-	
PMB	p-methoxybenzyl p-メトキシベンジル $4\text{-}MeOC_6H_4CH_2-$	
Pr	propyl プロピル（i-Pr, n-Pr も見よ） C_3H_7-	
p-Tol	p-tolyl (4-methylphenyl) p-トリル（4-メチルフェニル） C_7H_7-	
2-Py	pyridin-2-yl ピリジン-2-yl C_5H_4N-	
3-Py	pyridin-3-yl ピリジン-3-yl C_5H_4N-	
4-Py	pyridin-4-yl ピリジン-4-yl C_5H_4N-	
R	alkyl アルキル	
rt	room temperature 室温 ［約 20 ℃］	
Selectfluor^{TM}	1-(chloromethyl)-4-fluoro-1,4-diazoniabicyclo[2.2.2]octane tetrafluoroborate 1-(クロロメチル)-4-フルオロ-1,4-ジアゾニアビシクロ[2.2.2]オクタンテトラフルオロボラート ［求電子的フッ素化剤］	
SEM	trimethylsilylethoxymethyl トリメチルシリルエトキシメチル $Me_3Si(CH_2)_2OCH_2-$ ［保護基（フッ化物で除去される）］	
SES	trimethylsilylethanesulfonyl トリメチルシリルエタンスルホニル $Me_3Si(CH_2)_2SO_2-$ ［窒素の保護基（フッ化物で除去される）］	
SPhos	2-dicyclohexylphosphino-2',6'-dimethoxy-1,1'-biphenyl 2-ジシクロヘキシルホスフィノ-2',6'-ジメトキシ-1,1'-ビフェニル ［Pd(0) の配位子］	
TBAF	tetra-n-butylammonium fluoride フッ化テトラ-n-ブチルアンモニウム $n\text{-}Bu_4NF$ ［シリル基を除去する脱保護剤］	
TBDMS	t-butyldimethylsilyl t-ブチルジメチルシリル $t\text{-}Bu(CH_3)_2Si-$ ［かさ高いシリル保護基］	
t-Bu	t-butyl t-ブチル $(CH_3)_3C-$	
Tf	trifluoromethanesulfonyl トリフルオロメタンスルホニル CF_3SO_2- ［トリフラート（TfO^-, $CF_3SO_3^-$）は優れた脱離基］	
TFA	trifluoroacetic acid トリフルオロ酢酸 CF_3CO_2H ［強酸］	
THF	tetrahydrofuran テトラヒドロフラン ［低温条件の無水反応に用いる一般的なエーテル溶媒］	
THP	tetrahydropyran-2-yl テトラヒドロピラン-2-イル C_5H_9O- ［保護基（酸性水溶液で除去される）］	
TIPB	1,3,5-triisopropylbenzene 1,3,5-トリイソプロピルベンゼン ［不活性な高沸点溶媒］	
TIPS	triisopropylsilyl トリイソプロピルシリル $(i\text{-}Pr)_3Si-$ ［窒素または酸素の保護基］	
TMEDA	N,N,N',N'-tetramethylethylenediamine N,N,N',N'-テトラメチルエチレンジアミン $Me_2NCH_2CH_2NMe_2$ ［二座配位子］	
TMS	trimethylsilyl トリメチルシリル Me_3Si-	
Tol	p-Tol と同義（o-Tol も見よ）	
TosMIC	tosylmethyl isocyanide トシルメチルイソシアニド $TolSO_2CH_2N^+\equiv C^-$	
Tr	trityl (triphenylmethyl) トリチル（トリフェニルメチル） Ph_3C- ［窒素の保護基（酸で除去される）］	
Ts	p-toluenesulfonyl (tosyl) p-トルエンスルホニル（トシル） $p\text{-}TolSO_2-$ ［アゾール窒素の優れた保護基．Ts^- はよい脱離基となる］	
TTF	tetrathiafulvalene テトラチアフルバレン $C_6H_4S_4$	
X	ハロゲン（Hal も見よ） ［Pd(0) の化学においては TfO を表す場合もある］	

1

ヘテロ環化合物の命名

　本章では芳香族ヘテロ環と非芳香族（脂肪族）ヘテロ環の構造，名称，位置番号について述べる．芳香族ヘテロ環は六員環化合物と五員環化合物に大別できる．窒素原子をもつ芳香族ヘテロ六員環は一般に"-ine（イン）"という接尾語をもっており，なかでもプリン（purine）は六員環と五員環をもつ大変重要な二環性含窒素ヘテロ環である．また，窒素原子をもつ芳香族ヘテロ五員環は"-ole（オール）"という接尾語をもっている．9H-プリン（9H-purine）のような化合物名中の斜体 H（indicated hydrogen）は水素が結合している窒素原子の位置を表しており，互変異性で分子中の他の窒素原子上に水素がある場合には有用な表記である（例：プリンの場合N7位に水素をもつので"7H"と表す）．ピリジン（pyridine），ピロール（pyrrole），チオフェン（thiophene）のような名称は慣用名であるが今や標準的なヘテロ環化合物名である．位置番号のついた三つの窒素原子をもつ"1,2,4-トリアジン（1,2,4-triazine）"のような六員環に対する名称はより論理的かつ体系的である．

　複数の芳香環や含窒素芳香族ヘテロ環が縮合した多環性ヘテロ環化合物の命名法は本書では詳しく取扱わないが，二つの例を見ればその原理を理解することができる．"ピロロ[2,3-b]ピリジン（pyrrolo[2,3-b]pyridine）"の[　]内の数字とアルファベットは前方に書かれたヘテロ環と後方に書かれたヘテロ環がどのようにつながっているかをそれぞれ示している．辺記号 a は 1 位と 2 位の辺を，b は 2 位と 3 位の辺を示している．実際には，この化合物は"7-アザインドール（7-azaindole）"と記されることが多い．炭素を窒素で置き換えたことを位置と接頭語"aza（アザ）"で表記する．同様に，5-アザインドール（5-azaindole）は体系的な命名法によれば，ピロロ[3,2-c]ピリジン（pyrrolo[3,2-c]pyridine）と表記される．"3,2-"という順番に注目してほしい．縮合部位を決めるためにピリジン窒素から数えて出会ったピロールの最初の原子がピロール環のC3位であり，したがって，ピリジンの c 辺はピロール環のC3位からC2位へと接合している．二環性化合物あるいは多環性化合物の位置番号は全体として，環の配向や環上のどこに窒素が存在するかといった一連の規

則によって決まるが,ここではそれについて取扱わない.しかし,上記含窒素ヘテロ環2種の位置番号については二つの置換例を示すことにする〔本章では[ ]内は一般名,( )内は慣用名・略号を表す〕.

化合物の反応性について議論するとき,α, β, γといった位置の定義は有用である.たとえば,ピリジンの2位と6位は等価である.したがって,反応性についてより明確に議論するうえで,これらの位置はいずれも"α位"とよばれる.五員環化合物の反応性を議論する際,α位とβ位を比較することがある.また,このような表記が化合物名にも使用されることがある.多環性化合物では,縮合部位の炭素に独立した位置番号を付与せず,隣の炭素の番号に"a"を付けて表す(キノリン参照).

1・1 芳香族ヘテロ六員環化合物

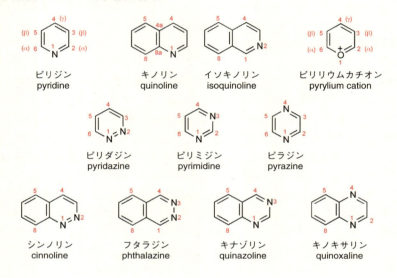

1・2 芳香族ヘテロ五員環化合物

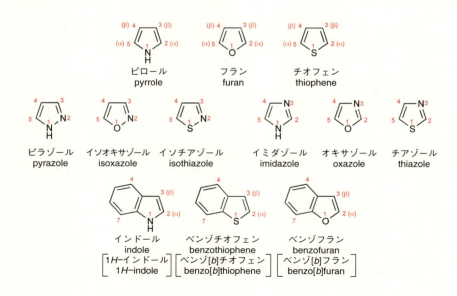

1・4 ヘテロ小員環化合物

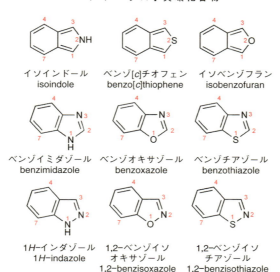

イソインドール isoindole　　ベンゾ[c]チオフェン benzo[c]thiophene　　イソベンゾフラン isobenzofuran

ベンゾイミダゾール benzimidazole　　ベンゾオキサゾール benzoxazole　　ベンゾチアゾール benzothiazole

1H-インダゾール 1H-indazole　　1,2-ベンゾイソオキサゾール 1,2-benzisoxazole　　1,2-ベンゾイソチアゾール 1,2-benzisothiazole

2,1-ベンゾイソチアゾール 2,1-benzisothiazole　　2,1-ベンゾイソオキサゾール 2,1-benzisoxazole (アントラニル anthranil)　　プリン purine [9H-プリン 9H-purine]

1・3 非芳香族（脂肪族）ヘテロ環化合物

ピロリジン pyrrolidine　　ピペリジン piperidine　　モルホリン morpholine　　テトラヒドロフラン tetrahydrofuran (THF)　　ジオキサン dioxane [1,4-ジオキサン 1,4-dioxane]　　2H-ピラン 2H-pyran　　テトラヒドロピラン tetrahydropyran

1・4 ヘテロ小員環化合物

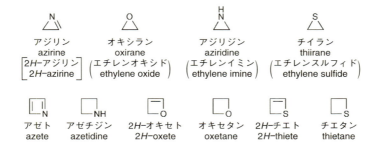

アジリン azirine [2H-アジリン 2H-azirine]　　オキシラン oxirane (エチレンオキシド ethylene oxide)　　アジリジン aziridine (エチレンイミン ethylene imine)　　チイラン thiirane (エチレンスルフィド ethylene sulfide)

アゼト azete　　アゼチジン azetidine　　2H-オキセト 2H-oxete　　オキセタン oxetane　　2H-チエト 2H-thiete　　チエタン thietane

2

芳香族ヘテロ環化合物の構造

2・1 ベンゼンとナフタレンの構造

　芳香族ヘテロ環化合物の構造を考えるにあたり，まず，芳香族炭化水素であるベンゼンやナフタレンの基本構造を思い出そう．Hückel 則では芳香族性とは完全に共役した環状系であり，$(4n+2)\pi$〔すなわち，$(2, 6, 10, 14, \cdots)\pi$〕電子をもっていると定義している．そして，$6\pi$ 電子をもつ単環性化合物が π 電子化合物として最も一般的である．すなわち，ベンゼンは共役した分子軌道系からなる環状 6π 電子で構成されており，対応する非環状の共役系よりも熱力学的にはるかに安定である．この安定効果は"共鳴エネルギー"とよばれ，ベンゼンの場合 152 kJ mol^{-1} である．それゆえ，ベンゼンはアルケンに比べ，求電子剤による付加反応はきわめて困難であり，置換反応が進行しやすい．単純な付加反応は共鳴エネルギーの消失した生成物を与えることになるので，実際には進行しにくい．ベンゼンの典型的な反応である求電子置換反応については第 3 章で述べる．

　ベンゼンは平面三角形の混成炭素が平面上 120° の角度で構成した環であり，ひずみのない平面上の sp² 混成炭素が σ 結合の骨格を構築している．各炭素原子は余剰電子を一つずつもっており，環の平面に直交する p 原子軌道を占有している．この各 p 軌道は環平面の上下で重なり合い芳香族性に関係する π 分子軌道を形成する．

　芳香族化合物の安定な非局在化は"共鳴構造"を描くことにより表され，したがって，ベンゼンは二つの共鳴構造（極限構造）の"共鳴混成"したものとして表現される．いずれの共鳴構造も実際に存在するものではなく，実際の構造に対する共鳴寄与体である．共鳴構造は多くのヘテロ環化合物においても固有の分極を表すうえで，また，特に反応中間体における電荷の非局在化を表すうえで有用である．このように，共鳴構造は芳香族ヘテロ環化合物の反応性や位置選択性を理解するうえで非常に重要である．

ナフタレンは 10 個の炭素原子と 10 個の直交する p 軌道からなっており，10 個の π 電子をもつ芳香族化合物である．ナフタレンは三つの共鳴構造をもっている．共鳴エネルギーは 255 kJ mol^{-1} であり，ベンゼンの 2 倍よりは少ない．

2・2 ピリジンとピリジニウムの構造

ピリジンの構造はベンゼンの構造とよく似通っており，ベンゼンの CH が N で置き換わったものである．重要な相違点は次のとおりである．

① 炭素–窒素結合が炭素–炭素結合よりも短いため，完全な六角形構造ではなくなっている
② 環平面上の一つの水素が非共有電子対で置き換わっており，この非共有電子対は sp^2 混成軌道に局在化しているため，芳香族 6π 電子系には含まれない
③ 炭素よりも電気陰性度の大きな窒素に起因する大きな双極子が存在する
④ 分極したイミン（C=N）が存在する

なお，ピリジンの塩基性や求核性は芳香族 6π 電子系によるものではなく，まさに窒素の非共有電子対によるものである（第 5 章で述べる）．

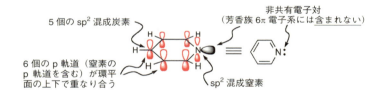

電気陰性度の大きい窒素原子は誘起分極効果があり，加えて，分極した共鳴構造を安定化する．すなわち，ピリジンは二つの中性の共鳴構造と窒素が負電荷を帯びた三つの共鳴構造で表される．分極した共鳴構造はこの π 電子系に分極があることを意味している．ピリジンの共鳴エネルギーは 117 kJ mol^{-1} である．

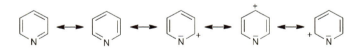

ピリジンでは誘起効果と共鳴効果が同じ方向に働き，窒素原子へ向けて双極子モーメントが生じている．σ 骨格の誘起効果によってのみ生じるピペリジンの双極子モーメントと比較すると，π 骨格の共鳴効果がよくわかる．また，ピリジンの π 電子系の分極は主として環の α 位や γ 位が正電荷を帯びていることを示している．この理由により，ピリジンやピリジン類似のヘテロ環はしばしば "π 電子不足" といわれる．

ピリジンの窒素に正電荷を帯びた求電子剤が攻撃するとピリジニウム塩が生成する．最も単純なも

のは，プロトンが付加した 1H-ピリジニウムである．このピリジニウムカチオンは六つの p 軌道による芳香族性が維持されているので，依然として芳香族性をもってはいるが，窒素上の正電荷は π 電子系をゆがめ，共鳴構造に示したように，α 位や γ 位炭素の正電荷をさらに大きなものにしている．酸素上に置換基はないが，ピリリウムカチオンの構造も同様である．

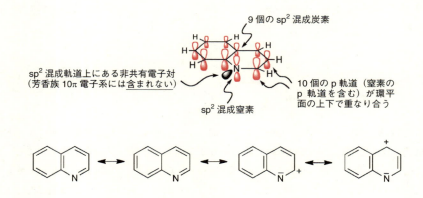

2・3 キノリンとイソキノリンの構造

キノリンとイソキノリンはピリジンに類似しており，それは，ちょうどナフタレンのベンゼンに対する関係と同じである．ともに 10π 電子化合物であり，ヘテロ環部分だけに電荷の偏りが生じている．たとえば，キノリンは下図のように共鳴構造を描くことにより，電荷の偏りを知ることができる．イソキノリンも同様である．

2・4 ジアジンの構造（ピリミジンを例にする）

アジンとは環内に窒素を一つ以上含む不飽和ヘテロ六員環の総称であり，環内窒素の数に応じて，ジアジン（窒素数 2），トリアジン（窒素数 3），テトラジン（窒素数 4）などとよばれる．ジアジンは六員環中に二つの sp² 混成窒素をもっている．二つ目の電子求引性イミンがジアジンの構造と化学反応性に大きな影響を与えており，ピリミジンの共鳴構造からは C5 位以外のすべての炭素で正電荷

が増えていることがわかる．

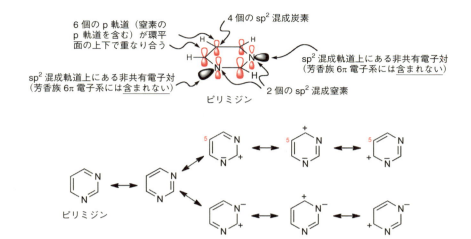

2・5　ピロール，チオフェン，フランの構造

　ピリジンの構造を考えるときベンゼンを参考にしたように，ピロールの構造を考えるうえでシクロペンタジエニルアニオンの構造を考えることは有用である．シクロペンタジエンからプロトンを一つ引抜いたシクロペンタジエニルアニオンは6π電子系の芳香族化合物である．五つの等価な共鳴構造を描くことができ，すべての炭素が負電荷を帯びていることがわかる．

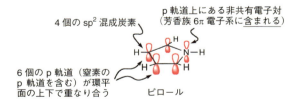

　ピロールはペンタジエニルアニオンの CH を NH で置き換えたものであり，ペンタジエニルアニオンと等電子である．また，窒素のより強い核電荷により，ピロールは電気的に中性である．

　ピロールの五つの共鳴構造は等価ではなく，電荷を帯びない一つの構造と，電荷を帯びる四つの構

造からなる．そして，このことはピリジン（§2・2参照）と逆に，ピロールの負電荷が窒素原子から離れた環内炭素上にも広がっていることを意味している．

ピロールの共鳴構造から，ピロールの部分的な負電荷は炭素上，正電荷は窒素上にあることがわかる．ピロールの電荷分布は誘起効果（電気陰性な窒素へ）と共鳴効果（窒素から離れる方向へ）の相反する効果の結果であるが，後者の効果の方が大きい．この窒素から環上の炭素に電子を押しやるので，ピロールのようなヘテロ五員環化合物はしばしば"π電子過剰"といわれる．この分極した共鳴構造はピロールのπ電子の電荷分布を意味している．ピロリジンでは，σ骨格の電荷分布が電気陰性度の大きな窒素の方に向いているにもかかわらず，ピロールの双極子モーメントは窒素から離れる方向に形成される．なお，ピロールの共鳴エネルギーは 90 kJ mol^{-1} である．

ピロールの化学反応性はピロール窒素（NH）の酸性度に起因する．強塩基を用いて脱プロトンすると，ピリルアニオンが生成する．ピリルアニオンには窒素の2組の非共有電子対があり，1組は芳香族6π電子系に組込まれており，同一環平面にあるもう1組は6π電子系とは独立して求電子剤と反応することが可能である．

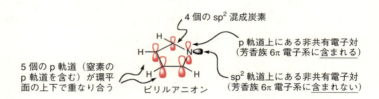

他のヘテロ五員環化合物はピロールと類似した構造をしている．チオフェン（共鳴エネルギー：約 122 kJ mol^{-1}）は最も芳香族性が高く，フラン（共鳴エネルギー：約 68 kJ mol^{-1}）は最も芳香族性が低い．実際，フランは時として芳香族化合物としてよりもジエンとして反応する．どちらのヘテロ環においても 6π 電子系に加わる非共有電子対と，sp^2 軌道（同一環平面）にあり芳香族π電子系に加わらない非共有電子対との2種類の異なる非共有電子対をもっている．これら二つのヘテロ環化合物では，ヘテロ原子の電子を押し出す効果がピロールよりも小さくなっており，結果として双極子モーメントはヘテロ原子に向かっている．

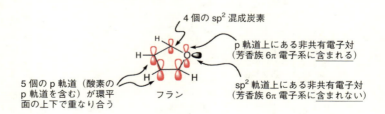

2・6 インドールの構造

ベンゼンがピロールと縮合すると，10π 電子系のインドールになる．共鳴構造にみられるように，

強い電荷分極はヘテロ環でのみ起こる.

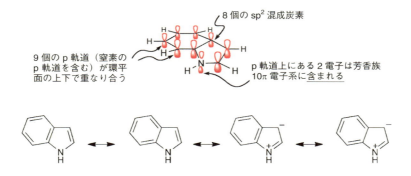

2・7 アゾールの構造（イミダゾールを例にする）

最後に，アゾールについて考える．アゾールとは環内に窒素を一つ以上含む不飽和ヘテロ五員環の総称であり，環内窒素の数に応じて，ジアゾール（窒素数2），トリアゾール（窒素数3），テトラゾール（窒素数4）などとよばれる．二つのヘテロ原子をもつアゾールは五員環上で窒素と他のヘテロ原子が互いに隣り合った 1,2-アゾールと1位と3位の関係にある 1,3-アゾールに分けることができる．イミダゾールを例に，これらの構造を理解しよう．

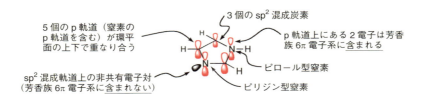

二つの窒素原子はまったく異なる．一つはピロールの窒素のようであるが，もう一つ（イミン窒素）はピリジンの窒素のようである．前者は芳香族π電子系に1組の電子対を供給し，後者は芳香族π電子系に1電子を提供している．前者はNHをもっているが，後者はもっていない．前者は環の平面上に非共有電子対をもたないが，後者はもっている．

3

ヘテロ環の一般的化学反応性

3・1 はじめに

本章では，ヘテロ環化学の考え方・反応剤・反応方法・反応様式についてまとめて詳しく説明する．本章で取扱う内容については，後の章では改めて議論しない．ヘテロ環化学においては，芳香族ヘテロ五員環の求電子置換反応（置換されるのはおもに水素）と芳香族ヘテロ六員環の求核置換反応（置換されるのはおもにハロゲン）が重要である．ヘテロ環化学では，遷移金属触媒を用いた反応も大変重要であり，特に重要性の増しているパラジウム触媒については第4章全体を割いて説明する．

3・2 酸性と塩基性

多くのヘテロ環化合物は環の中に窒素をもつ．なかでも，ヘテロ五員環化合物は窒素に水素（NH水素）が結合している．これら含窒素ヘテロ環化合物の化学を理解するうえで，NH水素の塩基性度・酸性度を知ることは必須である．すなわち，これらが"プロトン酸との塩"や"Lewis酸との複合体"をどの程度形成しやすいか，あるいは，この NH 水素と適した強さの塩基が出会うとどの程度プロトン（H^+）を放出するかということについて考えてみる．この度合いを測定するものとして，NH 水素をもつヘテロ環化合物の酸性度を示す pK_a と塩基性度を示す pK_{aH} がある（表 3・1）．pK_a の

表 3・1　典型的なヘテロ環化合物の pK_a と pK_{aH}　塩基性条件下，水溶液中で，芳香族 NH ヘテロ環はその pK_a に応じて部分的に，あるいはすべて脱プロトンされている．

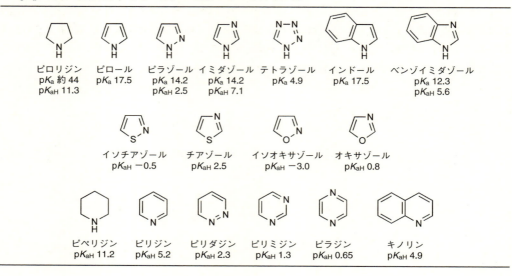

値が小さくなればなるほどより酸性になり，pK_{aH} の値が大きくなればなるほどより塩基性になる．これだけ頭に入れておけばおおむね十分ではあるが，もう少し詳しく解説する．

酸 AH は水中で次のように解離する．

$$AH + H_2O \rightleftharpoons A^- + H_3O^+$$

$$K_a = \frac{[A^-][H_3O^+]}{[AH]} \qquad pK_a = -\log K_a$$

塩基の対応する式は共役酸 BH^+ の解離を含む．そこで，pK_{aH} を使用する．

$$BH^+ + H_2O \rightleftharpoons B + H_3O^+$$

$$K_{aH} = \frac{[B][H_3O^+]}{[BH^+]} \qquad pK_{aH} = -\log K_{aH}$$

3・3 芳香族化合物の求電子置換反応

本書で取扱うほとんどのヘテロ環化合物は芳香族化合物である．ベンゼンの化学にみられるように，これら芳香族ヘテロ環化合物は求電子置換反応に付されることが多い．そして，反応性はベンゼンより低いこともあれば，高いこともある．芳香族化合物の求電子置換反応は次の二つの段階を経て進行する．① 求電子剤が炭素を攻撃し，分極した非芳香族性のカチオン中間体を与える．ついで，② 求電子剤の結合した炭素から水素が脱離し，芳香族化合物を与える．求電子剤が水素を失う炭素に置換することから，この反応はイプソ (ipso) 置換ともよばれる．通常，第一段階は中間体を生成するために非局在化エネルギーを失うことからより遅く（律速段階），芳香族性を再獲得する第二段階の反応は当然より速い．

本章ではこれ以降，求電子置換を含む化学反応では，カチオン中間体や水素の脱離を再掲しないが，芳香族求電子置換反応が上記2段階反応であることを覚えておいていただきたい．

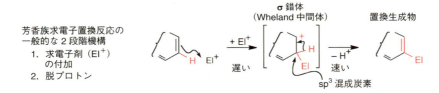

上述のイプソ置換で脱離する官能基は水素以外にもカルボン酸やトリアルキルシリル基が知られており，トリアルキルシリル基の例は最も重要である．すなわち，求電子的イプソ置換反応において，ケイ素 (Si) は水素よりも容易に置換が進行するので，下図のように，シリル基は合成研究の保護基として一定の目的を果たした後，プロトン化により選択的に除去することができる（C–メタル化に

ついては§3・7参照).

シリル基の除去法としては，上記のほか，反応機構は異なるが，n-BuNF（TBAF：tetra-n-butyl-ammonium fluoride）を用いたフッ化物イオン（F^-）による除去法も知られている.

環上に電子供与基が置換していれば，求電子剤による攻撃を受けやすくなる．一方，電子求引基が置換していれば，求電子剤による攻撃を受けにくくなる．たとえば，誘起効果をもつアルキル基は中程度の電子供与基であり，共鳴効果をもつアルコキシ基，ヒドロキシ基，アミノ基はより強い電子供与基である．求電子付加反応の進行を難しくする電子求引基としては誘起効果と共鳴効果をもつニトロ基，シアノ基，エステルやケトンをあげることができる．さらに，これら置換基は求電子付加反応の反応位置を制御することができる．電子供与基は Wheland 中間体（これに関係する遷移状態を含む）を選択的に安定化するので，求電子剤は置換基のオルト位やパラ位を攻撃する．電子求引基はオルト位やパラ位への攻撃を促す Wheland 中間体を選択的に不安定化するので，結果的に最も不安定化されていないメタ位に求電子剤が攻撃することになる．ほとんどの場合，求電子置換反応は非可逆的であり，異性体比は反応速度の制御により決定される．

ヘテロ環化合物の求電子置換反応では，上記ベンゼンで考えた芳香環上の置換基とは異なり，ヘテロ原子が環内で直接的に作用する．すなわち，ヘテロ原子は六員環化合物，あるいは五員環化合物への求電子剤による攻撃の容易性や位置選択性に影響を及ぼす（詳細は§5・2，§9・1で解説する）．典型例としてピロールとピリジンの例を図に示す．芳香族ヘテロ五員環化合物は容易に求電子置換反応が進行するのに対し，芳香族ヘテロ六員環化合物は環上に電子供与基がある場合にのみ求電子置換反応が進行する．

3・3 芳香族化合物の求電子置換反応

芳香族ヘテロ五員環（たとえばピロール）のα位またはβ位への攻撃によって生じる中間体が安定化されていることを示す共鳴構造

環内窒素上に正電荷をもつ好ましい中間体

芳香族ヘテロ六員環（たとえばピリジン）のα位またはγ位への攻撃によって生じる中間体が選択的に不安定化されていることを示す共鳴構造

窒素上に正電荷をもつ好ましくない共鳴構造

β位への攻撃によって生じるより安定な中間体

Vilsmeier 反応 ── ホルミル化

Vilsmeier 反応では求核性分子（本書では芳香族ヘテロ五員環化合物）がホルミル化され，炭素-水素結合が炭素-ホルミル基結合になる．この反応剤はホルムアミド〔多くの場合 N,N-ジメチルホルムアミド（DMF）〕と塩化ホスホリル（オキシ塩化リン）$POCl_3$ を用いて反応系中で調製する．一連の反応機構を以下に示す．アミド酸素が<u>求電子性のきわめて高いリン</u>を求核攻撃し，最終的にクロロイミニウム塩が生成，このクロロイミニウム塩が求核性の高いヘテロ環を求電子攻撃する．

DMF と $POCl_3$ からの Vilsmeier 求電子種の生成

クロロイミニウム（求電子剤）

ヘテロ環化合物との反応後，生成物であるイミニウムを，反応混合物を塩基性にすることでアルデヒドへと加水分解する．

ヘテロ環との求電子置換反応

加水分解前の生成物

最後の加水分解でアルデヒドになる

Mannich 反応 ── ジアルキルアミノメチル化

Mannich 反応では求核性分子（本書では芳香族ヘテロ五員環化合物）がジアルキルアミノメチル

化（多くの場合，ジメチルアミノ化）され，炭素-水素結合が炭素-ジアルキルアミノメチル基結合になる．$[H_2C=NR_2]^+$ のような活性求電子種は一般にアルデヒド，第二級アミン，有機酸から反応系中で調製され，たとえば $[H_2C=NMe_2]^+$ はジメチルアミン，ホルムアルデヒド，酢酸から調製される．この反応混合物は水に若干溶けるが，市販品の無水塩 $[H_2C=NMe_2]^+I^-$（Eschenmoser 塩）は無水有機溶媒中で用いる．また，系中で発生させた $[H_2C=NMe_2]^+$ は高活性で基質と速やかに反応するので，一般的な含水条件では反応しない基質にも適用することができる．

ハロゲン化

芳香族ヘテロ五員環化合物はハロゲンと反応し，求電子置換反応を経て，ハロゲン化される．ベンゼンの場合とは異なり，Lewis 酸触媒はなくてもよい．下にインドールの例を示したように，ベンゼン環部位よりもヘテロ環部位の方が求電子剤と速やかに反応する．一方，芳香族ヘテロ六員環化合物のヘテロ環部位は求電子置換されにくく，ベンゼン環部位がハロゲン化される．

フッ素そのものはかなり反応性が高く，取扱い困難であるが，N-フルオロアミド（N-ブロモスク

ニトロ化

芳香族ヘテロ五員環化合物の置換反応では，ベンゼンの置換反応よりもより緩和な反応条件が必要である．というのも，多くの芳香族ヘテロ五員環化合物は古典的強酸条件に不安定だからである．工夫の一つとして，無水酢酸と硝酸を混ぜることにより生成する硝酸と酢酸の混合酸無水物は NO_2^+ 源（アセタートの脱離を伴う）として使用できる．

穏和なニトロ化剤

3・4 芳香族化合物の求核置換反応

ベンゼン環の化学では，求核置換反応は例外的な反応である．この反応も2段階反応であり，まず，① 求電子剤が炭素を攻撃し，分極した非芳香族性のアニオン中間体が生成する．ついで，② 求核剤の結合した炭素から既存の置換基が脱離し，芳香族化合物を再生する．この反応が進行するためには，負電荷をもつ非芳香族性反応中間体を安定化させる置換基が必要であり，ベンゼン環の化学ではオルト位やパラ位のニトロ基がこの役を担っていた．さらにイプソ置換により置き換えられる既存の置換基（脱離基）は負電荷をもって脱離可能であることが求められ，一般にハロゲンが用いられる．このようにこの種の化学変換は通常，付加－脱離機構で進行する．

ヘテロ環化合物の場合，求核剤の付加を有利にし，かつ中間体の負電荷を安定させるものは一般に環内のイミン部位（C=N）であり，ハロゲンがイプソ置換される．

ハロゲンの典型的な置換条件を下図に示す．

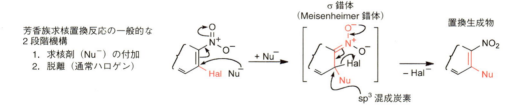

強い求核剤を用いると水素でさえも置換されることがある．無置換イミン炭素への求核剤の攻撃により，比較的安定なジヒドロ中間体（塩）が生成する．さらに酸化剤と反応させると脱水素・再芳香化が進行する．

3・5 ヘテロ環化合物のラジカル置換反応
Minisci 反応 ── 求核性ラジカルの付加

（炭素）ラジカルとヘテロ環化合物との反応は学術的に興味深く，この種の反応の一つである Minisci 反応は電子不足なヘテロ環では実用的で意義のあるものであり，ピリジンやキノリンでだけでなくイミン部位をもつ他のヘテロ環でもよく用いられる．

ラジカルは中性の化学種と考えられてはいるが，ある程度分極している．ラジカル種のなかにはかなりの求核性をもつものがあり，ヘテロ環のイミン部位に付加することが可能である．"経験則"上，ラジカルから電子を一つ形式的に除去したときに安定なカルボニウムイオンを形成するラジカル種は求核性をもつ．これは一般的な反応性と対比して大変興味深くかつ有用である．たとえば，アシルラジカルはよい求核剤であり，アシル化剤は Friedel–Crafts 反応でのアシルカチオンとしてみられる．同じように，t-ブチルラジカルはメチルラジカルよりもよりよい求核剤である．事実，メチルラジカルはしばしば水素引抜き反応によって，より求核性の高いラジカルを生成するために使用される．

Minisci 反応の別の長所は反応条件が単純なことである．一般に硫酸と酸化剤の水溶液が用いられ，しばしばこれに鉄(Ⅱ)や銀(Ⅰ)の触媒が加えられる．これらの酸化的条件はラジカルを生成し，ラジカル付加した中間体を再芳香化する．加えて，イミン窒素のプロトン化により，ヘテロ環のイミン窒素への求核的ラジカル付加が進行しやすくなる．

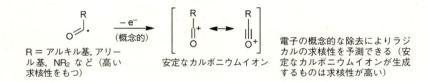

図に示した例はピリジン，キノリン，ピリミジン，ベンゾチアゾールに Minisci 反応を適用したものである．最後のベンゾチアゾールの例は五員環上にイミンが存在する．

3・6 炭素上に金属種をもつヘテロ環の求核剤としての利用

有機リチウム反応剤などの有機金属種はヘテロ環化学で頻繁に用いられる．有機リチウム反応剤の調製と利用は，通常，ドライアイス–アセトン低温槽（−78 ℃）といった超低温下で行われる．有機リチウムは求核剤であり，ケトンやアルデヒドと反応し，続く"水処理"によりアルコールを与える．以降，求核攻撃後の中間体や水処理をあえて記すことはしないが，常にこれらを念頭に置いて読み進めていただきたい．

有機リチウム反応剤の求核攻撃として特に有用なのは，DMF，ジスルフィド（RS–SR），ハロゲン供与体（$Br_2CCl_2CCl_2Br$ など），トリアルキルボラート〔$B(OMe)_3$ など〕，塩化トリアルキルスタンナン（$t\text{-}Bu_3SnCl$ など）との反応であり，それぞれ，アルデヒド，スルフィド，ハロゲン化物，ヘテロ環ボロン酸，ヘテロ環スズを与える．

有機リチウム反応剤は DMF のカルボニル炭素に付加し，水処理の段階でジメチルアミンが脱離してアルデヒドを与える〔Vilsmeier 反応の最終段階（p.13 参照）と比較せよ〕．

有機リチウムとジスルフィドとの反応では，求核剤は一方の硫黄を攻撃し，比較的弱い硫黄–硫黄

結合が開裂する．この際，RS⁻ が脱離基として除去される．

1,2-ジブロモ-1,1,2,2-テトラクロロエタンによる臭素化反応では下に示すフラグメント化が起こっている．

0価パラジウムの触媒反応で広く用いられているボロン酸化合物やスズ化合物を合成する重要な合成法の一つに有機リチウム反応剤との反応がある．ハロゲン化トリアルキルスタンナン（R₃SnX）のハロゲン置換によって，対応するスズ化合物が得られる．同じように，ハロゲン化トリアルキルシラン（R₃SnX）との反応では，対応するケイ素化合物が得られる．これらの反応はいずれも，求核剤の付加により5価アニオン中間体が生成し，ついでハロゲンが脱離する．

トリアルキルボラートとの反応では続く加水分解により，ボロン酸が生成する．

3・7　炭素上に金属種をもつヘテロ環の生成

有機リチウム反応剤を調製する二つの重要な方法を以下に示す（有機リチウム反応剤は次の①，②どちらの反応にも関与するが，リチウムジイソプロピルアミド（LDA）は単純な強塩基であり，金属-ハロゲン交換反応には通常用いられない）．

① 金属-ハロゲン交換：臭化ヘテロアリール（あるいはヨウ化ヘテロアリール）と n-ブチルリチウムあるいは t-ブチルリチウムとを反応させる．

3・7 炭素上に金属種をもつヘテロ環の生成

② **強塩基を用いたリチオ化**: n-ブチルリチウム, t-ブチルリチウム, リチウムジイソプロピルアミド $LiN(i$-$Pr)_2$ (LDA) といった強塩基はヘテロ環の特定の場所を直接的にリチオ化する〔直接的オルトメタル化 (DoM: directed *ortho* metallation)〕.

LDA を用いた脱プロトンによる有機リチウムの生成

ハロゲン化物とマグネシウムを用いた芳香族ヘテロ環 Grignard 反応剤の合成は一般的に困難であるが, ハロゲン化物と塩化イソプロピルマグネシウムを用いると容易に合成することができる. 本法は電子不足系のピリジンで特に重要である. Grignard 反応剤は室温での調整・使用が可能であることと, 官能基許容性に長けていることから, 有機リチウム反応剤よりも有用である.

i-PrMgCl と臭化物を用いた金属-ハロゲン交換による Grignard 反応剤の生成

直接的オルトメタル化 (DoM)

芳香族ヘテロ環上の置換基がオルト位水素の酸性度を高め, 強塩基による引抜きが可能になる. これは, 塩基が配向基と相互作用することにより, その水素近くに配置されることによるものと考えられる. さまざまな置換基がこの置換基として有効であるが, そのなかでも, $CONR_2$, CONHR, NHCOR, RO, ハロゲンが特に重要である.

芳香族化合物における第三級アミドの誘導によるオルト位のリチオ化 (DoM)

第二級アミドが用いられる場合, 窒素上の水素とも反応するため, 2 当量の塩基が必要である.

芳香族化合物における第二級アミドの誘導によるオルト位のリチオ化

次に有機リチウム反応剤を調製するための典型的な条件を示す. 生成した有機リチウム反応剤は求

3・8 *N,N*-ジメチルホルムアミドジメチルアセタール（DMFDMA）

酸性度の高いメチレン（たとえばカルボニルα位のメチレン）は高温下 *N,N*-ジメチルホルムアミドジメチルアセタール（DMFDMA）と反応し，ジメチルアミノメチレン誘導体（エナミン）を生成する．これは，アルデヒドと同じ酸化準位の1炭素ユニットを導入する方法である（§3・10参照）．DMFDMA は MeO^-（酸性プロトン一つを受け入れる）と $[MeO(H)C=N^+Me_2]$（生成したアニオンと反応する）との平衡にあり，最終的にはメタノールを失い，エナミンが生成する．

Bredereck 反応剤〔$(Me_2N)_2CHOt$-Bu〕は，ジメチルアミノメチレン誘導体の生成に使用される．ここで，*t*-ブトキシドは塩基であり，一つのジメチルアミンが反応の最終段階で除去される．図に示した例では，酸性度の高いプロトンはピリジンのγ位にあるメチル基のプロトンである（§5・9参照）．

3・9 イミン/エナミンの生成と加水分解

ヘテロ環の合成では，アミンとカルボニル基（ケトンあるいはアルデヒド）との反応がよく用いられる．カルボニル炭素へのアミンの求核付加，水素移動の後，カルビノールアミンが生成し，カルビノールアミンの脱水を経てイミンに，ついでイミンの互変異性化を経てエナミンが生成する．本反応は逆反応も容易に進行し，安定な環状イミンも存在するが鎖状イミンは容易に加水分解される．これ

らイミン/エナミンは安定・不安定に関係なく，平衡状態を経て，芳香族ヘテロ環合成の中間体となっている．

3・10 環合成における一般的なカルボニル等価体

ヘテロ環合成では，出発物が合目的な類似物に置き換わることがよくある．たとえば，環合成で 1,3-ジケトンが必要な場合に，3-アルコキシエノンが代用される．また，共役インオン化合物，3-ジアルキルアミノエノンも 1,3-ジケトンと等価である．

β位に脱離基をもつエノン（たとえば，上で示した 3-アルコキシエノン，3-ジアルキルアミノエノン）には，通常，β炭素に求核剤が付加し，図に示した通り，付加と脱離が進行する．

2,3,4,5-テトラヒドロ-2,5-ジメトキシフランはブタン-1,4-ジアール，2,5-ジヒドロ-2,5-ジメトキシフランは 2-ブテン-1,4-ジアールとの等価体である．

3・11 付加環化反応

この類の反応では Diels–Alder 反応が大変重要である．基本的に，1,3-ジエンがジエノフィル（たとえばアルケンやアルキン）と反応し，一つ（もしくは二つ）の二重結合をもつ六員環生成物を与える [4+2] 付加環化反応である．通常の反応では，ジエンは電子供与基をもつ電子豊富な化合物であり，ジエノフィルは電子求引基をもつ電子不足な化合物である．電子の偏りが逆になった Diels–

Alder 反応〔逆電子要請型 Diels-Alder 反応（IEDDA: inverse electron-demand Diels-Alder reaction）〕では，ジエンが電子不足であり，ジエノフィルが電子豊富である．ここでは，反応機構や立体化学には触れないが，それらは 6π 電子が協奏的に二つの新しい σ 結合を形成し，一つの π 結合を残すことを理解するうえで重要であり，図に示した一般的な反応式はあくまで形式的なもので，時計回りの電子の流れは実際の機構を反映したものではない．

ヘテロ環では，フランなどのヘテロ五員環が Diels-Alder 反応の電子豊富なジエンとして用いられる．

窒素をもつヘテロ六員環としては，アザジエンあるいはジアザジエンが逆電子要請型 Diels-Alder 反応で用いられ，安定な小分子である窒素（N_2）やシアン化水素（HCN）の放出を経て最終生成物を与える．

ヘテロ環合成においては双極付加環化反応（[3+2]付加環化反応）もまた重要である．本法は五員環化合物を合成するユニークな方法である．3 原子からなる 1,3 双極子と 2 原子からなる求双極子体（二重結合や三重結合をもつ）が本反応の二つの基質となる．すべての 1,3 双極子は 3 原子

の中心にヘテロ原子をもっており,通常 sp 混成軌道をとっている.なお,1,3 双極子の電荷的に中性な共鳴構造を描くことは困難である〔例:アジド ($N \equiv N^+ - N^- - R$),ニトリルオキシド ($R - C \equiv N^+ - O^-$)〕.図に双極付加環化反応の例を二つ示す.アジドを用いた 4,5-ジヒドロ-1,2,3-トリアゾールの合成と,ニトリルオキシドを用いたイソオキサゾールの合成である.

4

ヘテロ環化学におけるパラジウム

4・1 0価パラジウム〔Pd(0)〕触媒反応とその関連反応

　芳香族化合物に新しい炭素–炭素結合および炭素–ヘテロ原子結合を形成するためにパラジウム触媒を用いる手法は過去30年間の有機化学における大きな進展である．この方法は，炭素骨格だけでなくヘテロ環骨格に対しても，同じように適応できることから，幅広く用いられており，現代のヘテロ環化学における最も重要な化学変換法の一つとなっている．本章は，ヘテロ環合成で用いられているパラジウム触媒反応の総まとめとした．したがって，本章は第5章以降で述べるヘテロ環化合物も掲載している．パラジウム触媒を用いた方法は，ヘテロ環上の置換基で用いられるだけでなく，ヘテロ環の環そのものの構築でも用いられている．

　最もよく使用される反応基質は芳香族ハロゲン化物であり，この場合，触媒として0価パラジウム〔パラジウム(0)，Pd(0)〕が常に用いられる．この反応で特に重要な点は，一般的に反応性の低い芳香族–ハロゲン結合が比較的穏和な反応条件で置換されるということである．その他の重要な特徴は，反応が大半の官能基の存在下でも選択的に進行する点である．

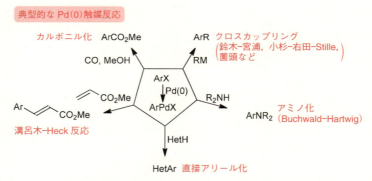

　これらハロゲン化物は触媒量（通常1～5 mol%）のパラジウム存在下，もう一方の反応基質と反応する．このもう一方の反応基質というのは，一般的に有機金属求核剤であり，アルケン，一酸化炭素やヘテロ原子求核剤である．ハロゲン化物とこのもう一方の反応基質の片方がヘテロ環化合物であってもよいし，両方がヘテロ環化合物であってもよい．

　本章では，本化学変換の典型的な例を示す．上図に示す通り，さまざまな種類が報告されており，さらに詳しい例が後の各論の章でも登場する．また，本章の後半で，反応機構などについても議論する．このあと述べる最初のいくつかの例では，実験条件全体を詳細に示すが，それ以降は，化学変換そのものに注目したいので，"Pd(0)"と略記する．

触　媒

　さまざまな金属が触媒として利用される．たとえば，パラジウムと類似した金属としてニッケルが利用されることもあるが，パラジウムがこれまでに最も一般的に利用されている金属であり，よく理解されている．したがって，本章では，銅触媒についても少々取扱うが，基本的にパラジウム触媒反応の話に的を絞る．

　芳香族ハロゲン化物の反応では，酸化状態が 0 価のパラジウム〔Pd(0)〕が常に活性触媒種である．一方，金属触媒の反応系への添加方法はさまざまである．たとえば，テトラキストリフェニルホスフィンパラジウム(0) Pd(PPh$_3$)$_4$ を 0 価のパラジウムとして加えることも可能であるし，Pd(0) をもつ混合物としてトリス(ジベンジリデンアセトン)ジパラジウム(0) Pd$_2$(dba)$_3$ をホスフィンとともに加えることも可能である．別の方法としては，2 価のパラジウム〔Pd(II)〕を使う方法がある．この場合，酢酸パラジウム Pd(OAc)$_2$ などのパラジウム塩をホスフィンや他の配位子(リガンド)と混ぜて使用したり，触媒活性種前駆体であるジクロロビス(トリ-o-トリルホスフィン)パラジウム(II) PdCl$_2$(P(o-Tol)$_3$)$_2$ を使用する〔配位子は Pd(0) を安定化するために必要とされているが，Pd(0) をある程度は不活性化する〕．よく混乱しているようであるが，Pd(II) を使う場合でも，真の活性触媒は Pd(0) であり，カップリング反応が開始される直前段階の反応系中で有機金属反応剤(RM)と反応，続く還元的脱離によって Pd(0) が生成している．

添加した Pd(II) 触媒から反応の真の触媒である Pd(0) 触媒が生成する開始段階（PdX$_2$ は Pd(II) 触媒．RM はカップリング相手となる有機金属反応剤）

$$RM + PdX_2 \xrightarrow{-MX} RPdX \xrightarrow{RM}_{-MX} RPdR \longrightarrow R-R + Pd(0)$$

　溝呂木-Heck 反応で，トリエチルアミンやトリフェニルホスフィンが用いられるように，さまざまな試薬が Pd(II) を Pd(0) に還元できる．

Pd(II) から Pd(0) を生成する二つの方法

$$Et_3N + PdX_2 \longrightarrow Et_3N^+\!\!-\!\!CHMe \cdots PdX_2 \longrightarrow Pd(0) + Et_2N^+\!\!=\!\!CHMe\;X^- + HX$$

$$PdX_2 + Ph_3P + H_2O \longrightarrow Pd(0) + Ph_3PO + 2HX$$

　文献では，触媒と配位子の組合わせは膨大な数にのぼるが，ほとんどの場合，よく確立された標準的な触媒が使用される．しかし，一般的に反応性の低い芳香族炭素-塩素結合にも使用できる触媒や一般的な触媒を凌駕する触媒など新しい重要な触媒も存在する．これら新触媒にはかさ高く，電子豊富なホスフィンやヘテロ環カルベンが配位子として使用されている．立体的にかさ高いホスフィンが Pd(0) の反応性を向上することは一見奇妙に思われるかもしれないが，立体的にかさ高いということは Pd(PPh$_3$)$_4$ のように活性金属種を配位子で配位飽和することができず，これが高活性な理由である．この"配位不飽和な"Pd(0) は Pd(PPh$_3$)$_4$ よりも反応活性である．Pd(PPh$_3$)$_4$ は安定・便利で取扱いも容易なパラジウム塩であるが，一方で，その反応性は反応溶液中で生成する若干量の Pd(PPh$_3$)$_3$ や Pd(PPh$_3$)$_2$ に依存する．電子豊富な配位子も金属上の電子密度を上げることにより，Pd(0) の反応性を向上させる．

　特別な化学変換を行うときには，類似した反応を参考に触媒と配位子の組合わせを選択することもあれば，網羅的に探索することもある．触媒，溶媒，塩基の特別な組合わせが必須となる反応もある．

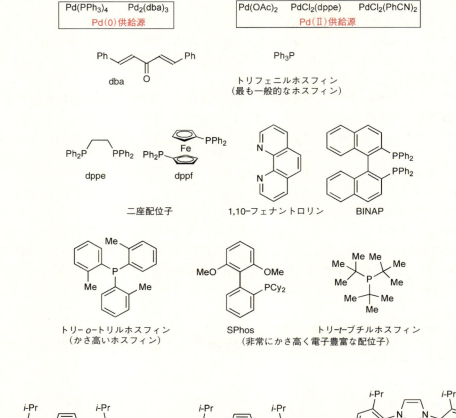

有機金属反応剤とハロゲン化物（あるいはトリフラート）とのクロスカップリング
──炭素‐炭素結合の形成

まず，反応式を次のようにまとめる．

Ar–X + RM ⟶ Ar–R + MX

M = ホウ素, スズ, 亜鉛, マグネシウム, ケイ素などの金属.
Ar = アリール基（ヘテロ環含む）.
R = 有機置換基（多くの場合アリール基かヘテロアリール基）.
X = Br（Br以外の場合もある）

有機金属反応剤（RM）は有機リチウム反応剤（詳細は§3・7参照）との変換反応により合成され，ホウ素化合物やスズ化合物が以降に示すようなパラジウム触媒の反応に用いられる．なお，有機リチウム反応剤はクロスカップリングではあまり有用ではない．

ボロン酸のカップリング（鈴木‐宮浦カップリング）

この反応は最も重要なクロスカップリングであり，医薬品などの精密化学品の製造において広く利

用されている．次の三つの化学変換すべてが等しく重要である．

① $Het^1B(OH)_2 + Het^2X \longrightarrow Het^1-Het^2$
② $ArB(OH)_2 + HetX \longrightarrow Ar-Het$
③ $HetB(OH)_2 + ArX \longrightarrow Het-Ar$

ボロン酸もボロン酸エステルも使用することができる．弱塩基の添加がこれらのカップリングには必須である．

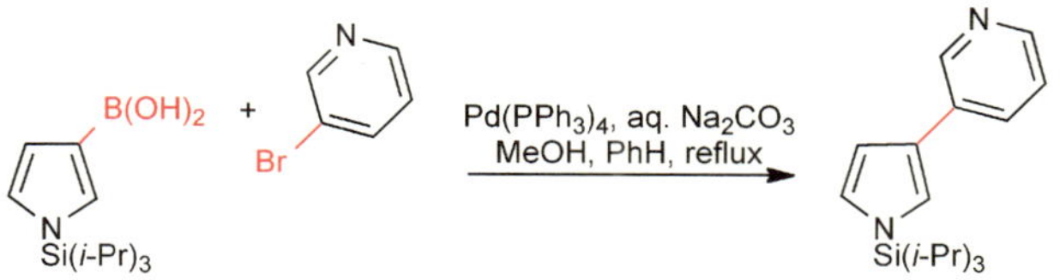

ピロール-3-ボロン酸を用いたクロスカップリング

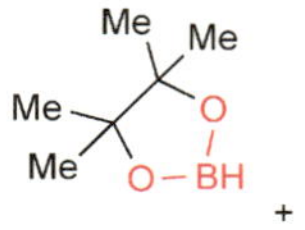

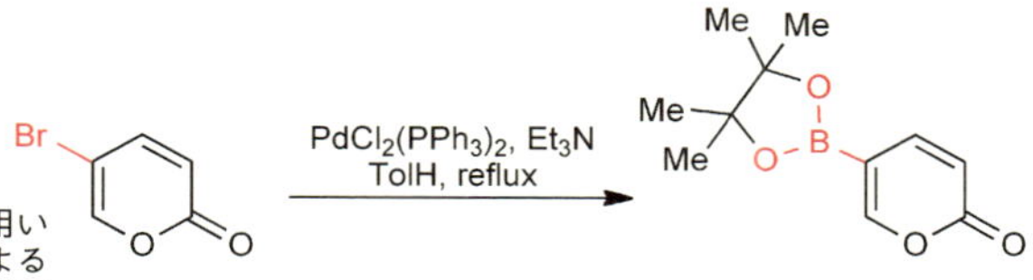

ピナコールボランを用いた Pd(0) 触媒反応による 2-ピロン-5-ボロン酸エステルの調製

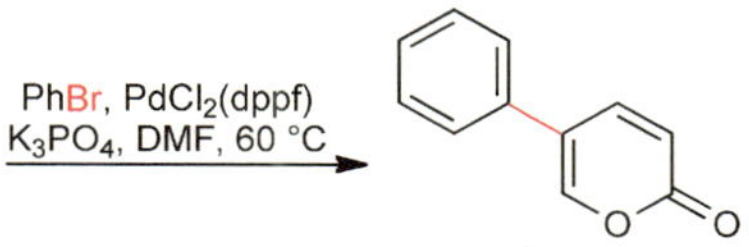

2-ピロン-5-ボロン酸エステルを用いたクロスカップリング

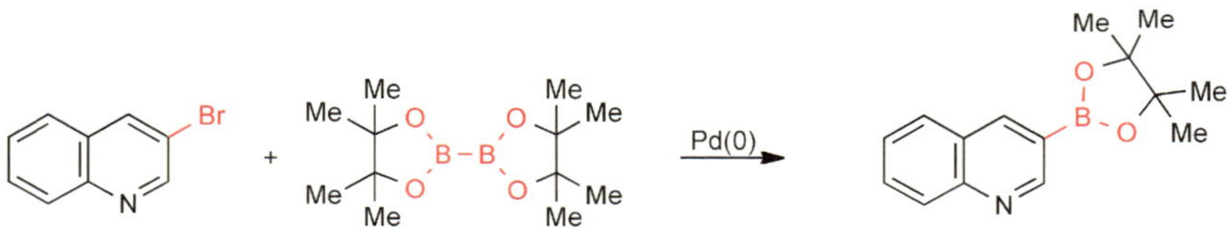

ビス(ピナコラート)ジボロンを用いた Pd(0) 触媒反応によるキノリンボロン酸エステルの調製

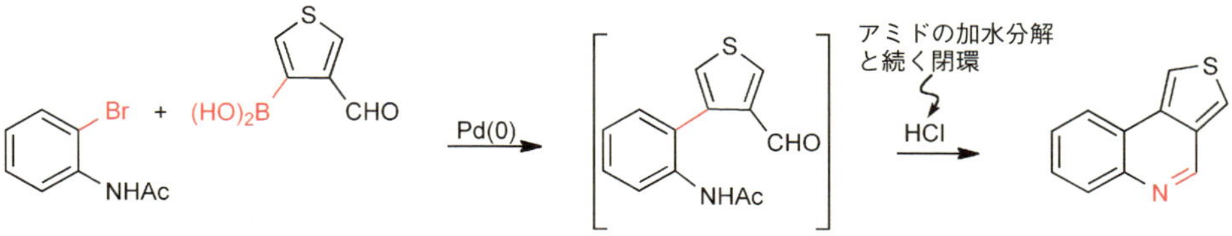

チオフェン-3-ボロン酸を用いたカップリング（出発物それぞれに異なる官能基が存在しているが，これらは反応に関与しない）

臭素が最も一般的に利用される脱離基であるが，ヨウ素や塩素も利用できる．しかし，塩素に関しては，より高活性な触媒の使用が必要である．

ヨウ化物とフェニルボロン酸のカップリング

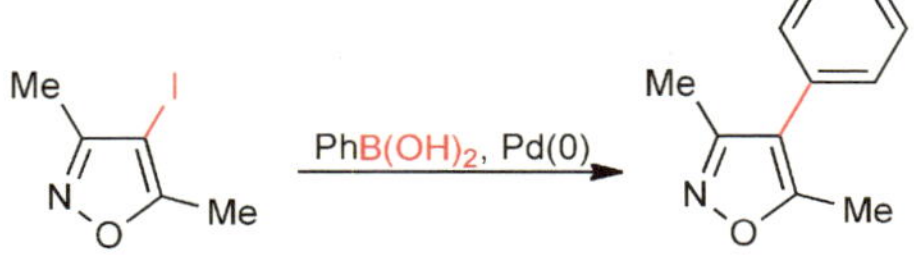

塩化物とフェニルボロン酸のカップリング

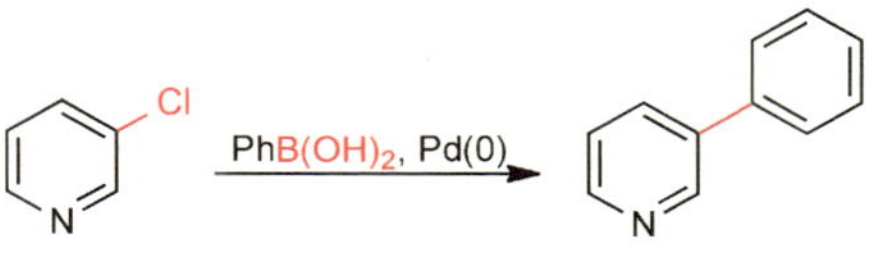

非芳香族（脂肪族）ボロン酸（アルキルやアルケニル）も使用することができ，対応するトリフルオロボラートがより安定で反応再現性がよい．トリフルオロボラートはボロン酸とフッ化水素カリウム KHF$_2$ との反応により容易に調製できる．

スズ化合物のカップリング（小杉-右田-Stille カップリング）

HetSnR$_3$ のカップリング反応は対応するボロン酸が不安定な場合特に有用である．いくつかのアゾールボロン酸がその一例である．ボロン酸同様，さまざまなスズ化合物が使用されている．

スズ化合物のカップリングはスズ化合物の毒性や，環境調和でない点で不利なものとなっている．特に，Me$_3$Sn 基をもつ化合物は人体への毒性が高いこと，スズ化合物は水系の生物に対する毒性が高いことから，スズ排水は厳しく規制されている．有機スズ化合物は親油性であり，容易に経皮吸収される．

他の有機金属反応剤を用いたクロスカップリング

Grignard 反応剤は官能基をもたない基質の場合有用である（熊田-玉尾-Corriu カップリング）．

一方,対応する亜鉛化合物は官能基許容性がより高く,よりよい収率で生成物を与える(根岸カップリング).ニッケルがパラジウムのよい代替となる反応もある.ケイ素化合物もまた有用である(檜山-Denmark カップリング).

有機亜鉛求核剤を用いたクロスカップリング

有機金属反応剤としてケイ素化合物を用いる

ニッケル触媒はパラジウム触媒の代わりに用いることもできる

アセチレンカップリング(薗頭カップリング)

反応活性な有機金属反応剤として系中で生成する銅アセチリドを含む薗頭カップリングは,アルキンと芳香環を結合する大変便利かつ単純な方法である.しかし,事前に調製したアセチリドと銅を用いないカップリング反応も時として有用である.薗頭カップリングではヨウ素が一般的な脱離基である.

古典的な薗頭カップリング(銅を使用)

より反応性の高いアセチレン有機金属反応剤を用いたカップリング(銅は使用しない)

活性メチレンのアニオンを用いるカップリング

エノラートや関連するアニオン(特に活性メチレンの両側にカルボニル基がある化合物など)は一般に複数の官能基を導入するうえで有用である.

安定なエノラートをカップリング相手に用いる

4・2 アルケンへの付加（溝呂木–Heck 反応）

溝呂木–Heck 反応は一番最初に発見され，発展したパラジウム触媒反応であり，これまでに広く利用されている．この反応は，ヘテロ環上の脱離基（通常はハロゲン）をアルケニル基に変換できる点で特に有用である．この反応はクロスカップリング反応と類似した反応条件を必要とするが，反応基質としての有機金属反応剤を必要としない点で有利である．アクリル酸エステルは最もよく用いられるアルケンであり，(E)-ArCH=CHCO$_2$R を生成物として与える．エノールエーテルをアルキンとして用いる溝呂木–Heck 反応は反応後の加水分解を経て，アシル基を導入できる．その他の溝呂木–Heck 反応は求電子的パラジウム化（§4・7）を参照されたい．

アルケンとしてアクリル酸メチルを用いた溝呂木–Heck 反応

アルケンとしてエノールエーテルを用いた溝呂木–Heck 反応（生成物を加水分解すると対応するケトンを与える）

4・3 カルボニル化反応

ハロゲン化物，Pd(0)，一酸化炭素，求核種（水，アミン，アルコール）との反応は酸，アミノカルボニルやエステルを与える（反応機構は p.33 参照）．

一酸化炭素とアルコールを用いた Pd(0) 触媒反応によるハロゲン化物のエステルへの変換

この反応は求核剤として有機金属反応剤を用いることも可能であり，ケトンを与える．しかし，しばしば，クロスカップリングと競合するので，反応基質の選択が重要である．

4・4 ヘテロ原子求核剤とハロゲン化物とのクロスカップリング
────── 炭素–ヘテロ原子結合の形成

"酸性度の高い"水素をもつヘテロ原子求核剤は塩基存在下，パラジウム触媒反応に用いられ，炭素–ヘテロ原子結合を形成する．窒素，硫黄および酸素求核種（アミン，チオール，アルコール/フェノール）がクロスカップリングに使用される．ヘテロ環の窒素上の水素もまた，パラジウム触媒で置換されるが，この場合はパラジウムよりも銅を用いることの方が多い．

Pd(0)触媒反応によるC-N,C-S結合生成

Fischerインドール合成法などで使用するアリールヒドラジンの有用な調製法

Pd(0)触媒反応によるヘテロ原子を求核剤として用いたインドールの1位アルケニル化

4・5 0価パラジウム〔Pd(0)〕触媒反応で用いられるトリフラート

トリフラート（トリフルオロメタンスルホン酸誘導体）$Ar-OSO_2CF_3$ は臭化物に匹敵する反応性をもっており，特に，対応する芳香族ハロゲン化物が入手できないときに，フェノールを活性化できるため，大変有用である．本書では，ヘテロ芳香環の α 位あるいは γ 位に存在するカルボニル基と等価なヒドロキシ基を活性化するうえで有用であることも述べたい．オキシインドール，ピリジン，フラノンがこれに該当する．

オキシインドールの2-トリフルオロオキシインドールへの変換と続くクロスカップリング

2-ピリドンの2-トリフルオロオキシピリジンへの変換と続くクロスカップリング

フェノールトリフラート体のクロスカップリング

4・6 0価パラジウム〔Pd(0)〕触媒反応の反応機構

これまでに紹介してきたPd(0)触媒反応は1段階の反応ではなく，活性金属の酸化準位が変化する

3段階の触媒サイクルを含んでいる．どの反応も，Pd(0)とハロゲン化物（あるいはトリフラート）との反応により始まり，Pd(0)の放出で終結することにより，触媒サイクルが形成されている（ArPdXとArPdRの金属はPd(II)の酸化準位をとっている）．

すべてのパラジウム種はホスフィンや他の配位子との相互作用により，さまざまな酸化準位をとることが可能であるが，主反応を明瞭にするため，下図では省略している．なお，中間体のアリールパラジウムハロゲン化物（Ar–Pd–Hal）はGrignard反応剤と類似しているようにみえるが，空気や水にかなり安定であり，求電子剤とは反応しない．

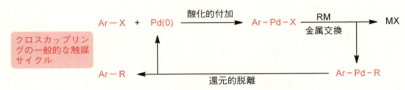

Ar＝アリール基（ヘテロ環含む）　　X＝Hal, TfO
R＝アリール基，ヘテロアリール基，アルキル基，アルケニル基，エノラート，R'₂N，R'Oなど

クロスカップリングの反応機構の各段階

これまでに有機化学の教科書で学習してきた求核/求電子相互作用と似ていると思うかもしれないが，以下に示す各段階は一般に環の形成を経る協奏的な反応である．金属交換（トランスメタル化）段階の，単純な求核剤との反応は昔から知られているものであるが，一般的な有機金属反応剤（ホウ素，スズなど）の反応は協奏的なものである．

Pd(0)のハロゲン化物へ"酸化的付加"はパラジウム触媒反応の基礎であり開始点である．Pd(0)は求核的な性質をもっているが，炭素原子上への付加-脱離ではなく，炭素-ハロゲン結合間に直接的に挿入する．しかし，求核置換反応を促進する因子と類似した因子により反応が促進される．たとえば，Pd(0)の反応性は金属上の電子密度を上げる電子豊富な配位子により促進される．

"金属交換（トランスメタル化）"の段階は，有機金属反応剤（RM）上の有機化合物をパラジウム上に移動する段階である．この反応はパラジウム上のハロゲンが求核的な変換反応をしていると便宜

上解釈することもできる．Grignard 反応剤や亜鉛化合物などの有機金属反応剤も利用できるが，"より反応性の低い"ホウ素化合物やスズ化合物が最良である．アセチレン（薗頭カップリング）は系中で生成する有機銅化合物を経由して反応する．ボロン酸については，四面体ボロン酸の形成が金属交換（トランスメタル化）に必須であることから水酸化物イオンのような求核剤が必要である．R_3SnNR_2 のような共有結合性の高いヘテロ原子求核剤の場合でも，等価な段階が含まれ，小杉–右田–Stille カップリングでは類似した反応機構がおそらく含まれると考えられる．しかし，アミン（R_2NH, RNH_2）との塩基触媒反応はパラジウムへの単純な配位（ホスフィン配位子のように）と続く HX の生成により進行する．

最後に，"還元的脱離"が炭素–炭素結合あるいは炭素–ヘテロ原子結合を形成し，触媒サイクルの酸化的付加で機能する Pd(0) を再生する．

その他の反応機構

溝呂木–Heck 反応もカルボニル化反応も酸化的付加が反応の起点であるが，続く反応が異なる．パラジウム–炭素結合間へ前者はアルケンが挿入するのに対し，後者は一酸化炭素が挿入する．さらに続く反応が，前者は HPdX の脱離であるのに対し，後者はカルボニル基への求核攻撃である．HPdX は塩基存在下 Pd(0) を再生する．

4・7 求電子的パラジウム化を含む反応

2価のパラジウム〔パラジウム(II)，Pd(II)〕は求電子種であり，ヘテロ五員環や炭素芳香環などの電子豊富な系で反応し，水素と置換する．この反応では Hg(II) や臭素が用いられ，いわゆる，芳香族求電子置換反応である．

$$ArH + PdX_2 \longrightarrow Ar\text{–}Pd\text{–}X + HX$$

この置換反応の生成物は Ar–X に Pd(0) が酸化的に付加した生成物と明らかに同じものであり，こ

のあとの化学変換は同様に進行する．しかし，この反応は化学量論量のパラジウムを用いた場合は問題なく進行するが，触媒量のパラジウムを用いた場合は反応は進行しないことが多い．なぜならボロン酸誘導体などの他のカップリング反応剤は ArH と反応する前に PdX_2 と反応してしまうため，この求電子的パラジウム化の反応条件を用いることができないからである．唯一の例外は溝呂木-Heck 反応であり，Pd(0) を Pd(Ⅱ) に選択的に変換できる酸化剤が存在すると，触媒的に反応が進行する．

ところが，Ar^1-X の酸化的付加で生成する Ar^1-Pd-X を Ar^2-H の求電子剤として用いる直接的アリール化がより一般的な方法となっている．

$$Ar^1X + Pd(0) \longrightarrow Ar^1-Pd-X \xrightarrow{Ar^2H} Ar^1-Pd-Ar^2$$

この方法は他の Pd(0) が活性種となる触媒反応にも適用可能である．くどいようであるが，この反応はピリジン N-オキシドや電子豊富な五員環の C2 位での選択的な反応に限定される．有機金属触媒の事前調製が不要であるという点が長所である一方，反応点の制御が困難である点が短所である．反応機構はクロスカップリングの反応機構と類似しているが，金属交換（トランスメタル化）の部分が求電子的パラジウム化に置き換わっている．

4・8　銅触媒を用いたアミノ化

銅触媒をパラジウム触媒と類似した反応条件で使用すると，芳香族ハロゲン化物のアミノ化反応が進行することがわかり，ヘテロ環化合物のアミノ基（NH 基）を N-アリール化する補完的な方法となっている．

芳香族ハロゲン化物ではなく，対応するボロン酸を用いる N-アリール化もとても有用である（Chan–Lam カップリング）．この反応では化学量論量の銅が必要であるが，銅がパラジウムよりも廉価であるので，あまり問題にならない．

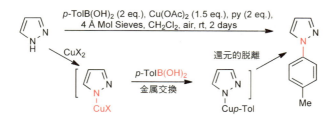

4·9 選 択 性

ハロゲンが複数存在する基質の一つのハロゲンを選択的にカップリング反応に用いる方法は合成化学上有用である．この基質の選択性は，カップリング反応の最初の段階である非可逆的酸化的付加の段階で決定している．異なる金属を用いて選択性を出す方法は有用であると考えられているが，例がほとんどない．

ハロゲンの選択性を出す方法は ① 異なる脱離基を用いる方法と，② 同じ脱離基をもっているが結合している炭素が異なる環境にあるものを用いる方法に大別できる．異なる脱離基を用いる前者の方が一般的によい選択性を示す．

脱 離 基

異なる脱離基への酸化的付加のしやすさというのは，炭素–ハロゲン結合の弱さに関与しており，I＞Br～OTf＞Cl の順になる．たしかに，ヨウ化物は酸化的付加という点では最も反応性が高いが，酸化的付加が律速段階ではないので，必ずしもカップリング反応全体で速いということにはならない．ヨウ化物は他のハロゲン化物に比べ副反応が多いという傾向もあり，現状では臭化物が一番の汎用原料である．また，塩化物はより廉価であることや入手が容易であることから，塩化物に適したより活性な触媒が開発されている．

位置選択性 —— 同じハロゲンで結合している炭素の環境が異なる場合

酸化的付加は Pd(0) による協奏的求核攻撃に似た反応を含むが，炭素–ハロゲン結合間で起こる通常の 2 段階芳香族求核置換反応とは異なり，中間体が共鳴効果で安定化されることはない．炭素原子の電子密度は共鳴効果と誘起効果で決まるといわれており，酸化的付加は電子密度の低い炭素で起こる傾向がある．単純な例を示すと，ピリジン，フラン，チオフェンの C2 位が最も反応性が高いのは電子密度とよい相関がある．一方，ピリミジンのようなより複雑な化合物では，電子密度と反応性との相関性はそれほど明瞭ではなく，他の要因が含まれている．ピリジンの酸化的付加は C2＞C4＞C3 の順で起こるのに対し，ピリジンの求核置換反応は C4＞C2＞C3 の順で起こる（§5·3 参照）．これは，C2 位での誘起効果が酸化的付加に影響するのに対し，求核置換反応では中間体の安定性がより重要であることによる．

Pd(0)触媒を用いたハロピリジンのクロスカップリングにおけるハロゲン間の選択性

反応性：2位＞4位＞3位（α＞γ＞β）

チオフェン，フランにおける反応性は2位＞3位．しかし，ヨウ化物は常に臭化物よりも反応しやすい

有機金属反応剤の選択性

使用する金属種が異なると必要とされる反応条件が異なってくる．スズカップリングが非極性溶媒中で行われるのに対し，ボロン酸カップリングは塩基存在下極性溶媒中で行われる．この違いを利用し，ボロン酸エステルの合成にスズをもつボロン酸誘導体を中性条件下非極性溶媒中で用いることができる．

スタンニルアリールボロン酸エステルの選択的なカップリングによるボロン酸エステルの調製

ハロゲンとボロン酸両方をもつ基質の鈴木-宮浦カップリングはN-メチルイミノ二酢酸（MIDA: N-methyliminodiacetic acid）を用いれば，収率よく進行する．というのは，N-メチルイミノ二酢酸

N-メチルイミノ二酢酸とのエステルとして保護したボロン酸

保護基をもたないボロン酸は次のクロスカップリングに利用できる

4・9 選 択 性

がボロン酸のよい保護基になると同時に，無水鈴木–宮浦カップリング条件に耐えることができるからである．続く穏和な加水分解を経て，残存しているボロン酸を次の化学変換に利用することができる．

2-ブロモ-5-トリ-*n*-ブチルスタンニルピリジンあるいは2-ブロモ-6-トリ-*n*-ブチルスタンニルピリジンの根岸カップリングはα-ブロモピリジンの反応性が高いため，比較的低温条件下で進行する．

5

ピリジン

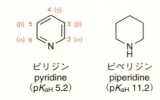

ピリジン
pyridine
(pK_{aH} 5.2)

ピペリジン
piperidine
(pK_{aH} 11.2)

5・1 窒素への求電子付加反応

　ピリジンと求電子剤が出会うと，まず，求電子剤はピリジン窒素部位と反応する．というのも，求電子剤が，窒素上の非共有電子対と反応し，芳香環と同じ面に新しい結合を形成するからである．たとえば，ピリジンのプロトン化は容易に進行する．ピリジンは脂肪族アミン（pK_{aH} 9～11）よりも弱い塩基ではあるが，塩基を必要とする合成反応でよく使用される．ピリジンは強酸と反応すると，吸湿性の高い安定結晶を形成する．たとえばピリジン塩酸塩はその代表例である．一方，ピリジンと弱酸との塩は不安定であり，たとえばピリジン酢酸塩はピリジンと酢酸に容易に解離する．π電子系に極性の偏りが生じてはいるが，ピリジニウム塩は芳香族性を維持している．

ヨウ化 1-メチルピリジニウム
1-methylpyridinium iodide

ピリジン塩酸塩
pyridine hydrochloride
（塩化 1H-ピリジニウム
1H-pyridinium chloride）

　ハロゲン化アルキルはピリジンと非可逆的に反応し，1-アルキルピリジニウム塩を与える．臭素も三酸化硫黄もピリジンの窒素に付加し，結晶性複合体を与える．酸ハロゲン化物やハロゲン化スルホニルはピリジンの窒素と反応し，容易に加水分解される N^+-アシルピリジニウム塩（1-アシルピリジニウム塩）や N^+-スルホニルピリジニウム塩（1-スルホニルピリジニウム塩）を与える．これらピリジニウム塩は求電子剤であり，そのためアルコールやアミンのアシル化あるいはスルホニル化においてピリジンが求核触媒として用いられる．

N^+-アシルピリジニウム塩は，N-アシル化や O-アシル化におけるピリジンの求核触媒作用に関係している

　ピリジンは過酸と反応し，N-オキシドを与える．また，ヒドロキシルアミン-O-スルホン酸と反応し，N-アミノ体を与える．ピリジン N-オキシドをピリジンに変換する方法はいくつか知られて

いる．たとえば，ホスフィンを用いると，ピリジン N-オキシドはピリジンに，ホスフィンはホスフィンオキシドになる．

5・2 炭素上での求電子置換反応

ピリジンの電子構造でも説明した通り（§2・2参照），C2位（C6位）とC4位の炭素から窒素に共鳴効果による電子の移動があり，また，ヘテロ原子による電子誘起効果もあり，結果的に，ピリジンの炭素はすべて電子不足状態にあるが，なかでもC2位（C6位）炭素とC4位炭素の不足度は大きい．なお，このC2位（C6位）のことを α 位，C4位のことを γ 位ともいう．したがって，ベンゼンと比較すると電子不足芳香族化合物であるピリジンは炭素上での求電子攻撃を受けにくい．加えて，さらに重要なことは，求電子剤は炭素上での置換反応でなく，窒素との反応に供され，N-置換ピリジニウムを与える．N-置換ピリジニウムの方がより分極しているため，さらに炭素上での求電子攻撃が進行しにくくなる．したがって，求核攻撃が起こるのは，ピリジニウム環の正電荷上か，ピリジニウムとわずかに平衡状態にある解離したピリジン上である．

求電子置換反応の位置選択性はカチオン中間体の正電荷が窒素上に帯電するかどうかによるところが大きく，β 置換が進行しやすいのに対し，α 置換や γ 置換は進行しにくい．

ピリジンの求電子置換反応が進行するためには，過激な反応条件を必要とし，反応は上記不活性機構の働きにくいピリジン 3 位で進行する．一般的なニトロ化条件をさらに高温条件下で行っても 3-ニトロピリジンは低収率でしか得られないことや，3-ブロモピリジンが生成するためには過激な条件が必要であることはこのことを如実に物語っている．（ピリジンの 3-ニトロピリジンへの実用的変換法は p.43 で述べる）

ベンゼンの炭素上に炭素置換基を導入する有用な反応として Friedel-Crafts アルキル化/アシル化反応が知られているが，ピリジンにこの反応を適用することはできない．ピリジンは Lewis 酸触媒（例：塩化アルミニウム $AlCl_3$）と強い結合を形成し，炭素上での求電子反応に抵抗する．ピリジン窒

素の非共有電子対が金属と作用する性質は配位化学の分野でよく研究されており，2,2′-ビピリジンや 1,10-フェナントロリンのように二つのピリジン型窒素が金属を抱きかかえるものが知られている．代表例となる Ru(phen)$_3$I$_2$ のエナンチオマー（鏡像異性体）の構造を示す．

Lewis 酸錯体中のピリジン環は正電荷を帯びており，求電子剤による攻撃を受けにくい

2,2′-ビピリジン
2,2′-bipyridine (bipy)

1,10-フェナントロリン
1,10-phenanthroline (phen)

前段で説明してきたこととは対照的に，ピリジン環にアミノ基やヒドロキシ基〔互変異性体はピリドンという（§5·10 参照）〕のような電子供与基が結合していると，これらはピリジン環を活性化し，比較的穏和かつ一般的な求電子置換反応条件で，求電子置換反応が進行する．この場合，ベンゼン環の化学同様オルト位とパラ位が活性化される．たとえば，1-メチルピリドンの塩素化は酸素官能基のオルト位とパラ位で進行する．下の 4-ピリドンに記載した矢印のように考え，エナミンの β 位に求電子置換反応が進行したと考えることもできる．

C3 位（3 位炭素上）に活性化基が置換しているピリジンの求電子置換反応が C4 位/C6 位ではなく C2 位で進行することは興味深い事実ではあるが，理論的な説明は困難である．3-ヒドロキシピリジンのヨウ素化や Mannich 反応を例として示す．この選択性は 3 位置換ピリジンへの求核置換反応でも同様に観測される．

5·3 求核置換反応

ピリジンは α 位や γ 位に求核剤の付加を受けやすい．なぜなら，反応中間体のアニオン種の負電

荷が窒素上に分極するからである．この反応過程はケトンのカルボニル炭素や α,β-不飽和（共役）ケトンの β 位への求核付加反応にきわめて類似している．ちなみに，ピリジンの β 位に求核付加した反応中間体では，負電荷が窒素上に非局在化できない．

水素が置換される反応

ピリジンは強い求核剤であるナトリウムアミド，アルキルリチウム，アリールリチウムと過激な反応条件下反応し，前者（ナトリウム反応剤）では水素，後者（リチウム反応剤）ではリチウムヒドリドの脱離を伴って，2-アミノピリジン，2-アルキルピリジン，2-アリールピリジンをそれぞれ与える．アルキルリチウムあるいはアリールリチウムとピリジンが反応することにより生成した1,2-ジヒドロピリジン中間体は空気や酸素により単純に酸化され芳香化する．これら水素が求核的に置換される反応はピリジンのC2位で起こる．というのも，非極性条件下，これら金属反応剤にピリジン窒素が配位し，求核剤が α 位へ分子内反応として選択的に運ばれるためである．

脱離基が置換される反応

ハロゲンは（前出水素とは対照的に）よい脱離基であり，ピリジンの α 位あるいは γ 位のハロゲンが置換される求核置換反応は大変穏和な反応条件で進行する．この反応では付加と脱離という二つの反応過程が一挙に進行する．まず，最初の付加反応は炭素-ハロゲン結合の分極により促進され，2段階目の反応もハロゲン化物イオンの脱離が先の水素の脱離よりも容易なため促進されることになる．なお，4-ハロピリジンの方が，2-ハロピリジンよりも求核置換反応を受けやすい．

ここで，本反応と飽和ハロゲン化アルキルの求核置換反応との違いを明確にしておく必要がある．ピリジン〔とその関連化合物，たとえばジアジン（第6章参照）〕では，フッ素がよりよい脱離基である．一方，飽和ハロゲン化アルキルでは，フッ素はよい脱離基ではない．これはピリジンで進行す

る付加-脱離の反応機構では，最初の付加が律速段階であり，フッ素が強力な電子求引効果をもつことにより本反応が促進されるためである．一方，ハロゲン化アルキルでは，協奏的な S_N2 反応が進行することから，炭素-フッ素結合が強いことが問題となる．

反応中間体に共鳴効果がほとんどないことから，ピリジン β 位のハロゲンは容易には置換されない．しかし，窒素の誘起効果のため，炭素（ベンゼン）環よりはいくらか反応性が高い．

5・4 ピリジニウム塩への求核付加反応

1-アルキルピリジニウム塩と 1-アシルピリジニウム塩は窒素上に正電荷を帯びることができるので，ピリジンよりも求核攻撃を受けやすい．繰返しになるが，攻撃点は C2 位と C4 位である．ジヒドロピリジンが本反応で得られるが，N-アルキルジヒドロピリジンはしばしば不安定であり，酸化され出発物のピリジニウム系に戻る．一方，N-アシル誘導体は一般に安定であり，容易に単離できる．ピリジニウム塩，特に 1-アルコキシ（あるいは 1-アリールオキシ）カルボニルピリジニウム塩（N^+-CO_2R 塩）への有機金属求核剤の求核付加反応は大変有用なものとなっており，得られる中間

体はさまざまな化学変換が可能となっている．ジヒドロ中間体は芳香化し置換ピリジンを与えたり，エナミドの反応性により C3 位へ置換基が導入されたりする．

本反応の α/γ 選択性は求核剤の種類により変えることが可能であり，立体的にかさ高い窒素配向基（あとで除去可能）の使用や 1,4-付加を促進する銅求核剤の使用によっても制御することができる．

ピリジニウム塩への求核付加により得られるジヒドロピリジンの有用性についてさらに二つの例を示す．ピリジンから 3-ニトロピリジンを得る実用的合成法では，単離不可能な中間体を含んでいる．すなわち，ピリジンと五酸化二窒素（あるいは硝酸とトリフルオロ酢酸無水物により生成する亜硝酸トリフルオロ酢酸無水物 NO_2OCOCF_3）との反応に続き，亜硫酸水素塩が反応する本反応では，まず最初に 1-ニトロピリジニウム塩が生成し，この塩の α 位へ亜硫酸水素が付加しジヒドロピリジンが生成する．この中間体のニトロ基が窒素から 3 位炭素に転位し，亜硫酸の脱離により最終的に炭素上での置換反応が完了する．

亜硫酸水素以外の求核剤も 1-ニトロピリジンの 2 位炭素を求核攻撃することが可能であり，ニトロ基が亜硝酸塩として脱離し，2 位置換ピリジンが得られる（例：シアノピリジン）．

ピリジン α 位の塩素はハロゲン化トリメチルシランを用いて臭素やヨウ素で置換することも可能である．本反応では，1-トリメチルシリルピリジニウム塩が中間体となっている．

5・5 C-メタル化ピリジン

2 当量の n-ブチルリチウムと 1 当量のジメチルアミノエタノールから生成する混合塩基（n-ブチルリチウムと $Me_2N(CH_2)_2OLi$ の 1：1 混合物，BuLi-LiDMAE）を用いるとピリジン α 位の直接的脱プロトンを位置選択的に行うことができる．

しかし，ピリジン有機金属反応剤を調製するときはハロゲン交換反応を用いることが多い．ブロモピリジンには三つの位置異性体があるが，いずれも対応するリチウム誘導体に低温下変換することが可能である．ハロピリジンと塩化イソプロピルマグネシウムによる Grignard 反応剤への室温での変換は特に重要であり，超低温条件を必要とするリチウム反応剤への変換とは対照的である（ヘテロ環化合物への求核攻撃を避けるため，n-ブチルリチウムを用いた変換反応は，約 -70 ℃で行われる）．Grignard 反応剤は有機リチウム反応剤よりも官能基許容性が高い点もメリットとなっている．金属－ハロゲン交換反応による Grignard 反応剤の生成は α 位/γ 位のハロゲンよりも β 位のハロゲンで選択的に進行する．

別の一般的な方法は配向基のオルト位がメタル化される反応である〔直接的オルトメタル化 (DoM)〕．下の例に示したように，4-クロロピリジンや 4 位にカルバミン酸エステルをもつピリジンでは C3 位のリチオ化が進行する．また，3 位置換ピリジンのリチオ化は C2 位ではなく C4 位で進行するのが一般的であり，3-フルオロピリジンでは C4 位のリチオ化が進行する．メタル化や脱プロトンでは n-ブチルリチウムやリチウムジイソプロピルアミドが用いられるのに対し，金属－ハロゲン交換反応では n-ブチルリチウムのみが用いられる．

5・6 0価パラジウム〔Pd(0)〕触媒反応

ハロピリジン，ピリジントリフラート，ピリジン Grignard 反応剤，ピリジン亜鉛反応剤，ピリジンスズ反応剤，ピリジンボラン，ピリジンボロン酸を用いたパラジウム(0)触媒クロスカップリング反応は幅広く利用されている．図に厳選した代表例を示す．C2 位にボロン酸をもつピリジンは（塩基存在下）きわめて不安定であるが，N-フェニルジエタノールアミンエステルは安定性と反応性を兼備しており，クロスカップリングに用いることができる．C3 位にボロン酸をもつピリジンはより安定であり，特段工夫することなく，クロスカップリングに使用することができる．

N-フェニルジエタノールアミンエステルはピリジン-2-イルボロン酸の不安定性を回避するために用いる

5・7 酸化と還元

芳香族炭素環化合物であるベンゼンとは異なり，ピリジンは容易に還元される．たとえば，酸性条件下，水素と白金を用いると，ピリジンの還元反応が進行する．窒素が保護されたピリジンもまた還

ピペリジン

元され，N^+-アルキルピリジニウム塩は水素と触媒により容易に還元される．

極性溶媒中，水素化ホウ素ナトリウム（テトラヒドロホウ酸ナトリウム）はピリジニウム塩と反応し，ジヒドロピリジン中間体のエナミン部位のプロトン化を経て，テトラヒドロピリジンを与える．

一方，ピリジンは容易には酸化されない．しかし，N^+-アルキルピリジニウム塩は塩基性条件下酸化され，N-アルキル-2-ピリドンを与える．この反応はヒドロキシ基が付加した若干量の中間体が酸化剤に補足されて進行する．

5・8 ペリ環状反応

ピリジン誘導体が電子環状反応に組込まれる例は限られている（複数の窒素をもつヘテロ六員環とは対照的である．§6・7, p.161, 162 参照）．2-ピリドンが Diels–Alder 反応のジエンとして反応する例を下に示す．

別の興味深い付加環化反応の例は 1,3 双極付加環化反応であり，3-ヒドロキシピリジニウムカチオンと穏和な塩基により生成するベタインの反応である．図示した例の通り，1,3 双極子中間体が分極したアルケン（アクリル酸メチル）と反応する．

5・9 アルキル置換体あるいはカルボン酸置換体

ピリジン α 位のアルキル基は酸性度が高く，強塩基と反応し，アニオンを与え，このアニオンは求電子剤と反応する．ケトン α 位の脱プロトン反応（この場合，より穏和な塩基が必要であり，エノラートが生成する）から類推されるように，窒素に負電荷が局在化する．ピリジン β 位のアルキル基も脱プロトンされるが，より過激な反応条件が必要である．メチルピリジンはしばしばピコリ

ン，ジメチルピリジンはルチジン（例：2,4-ルチジン）とよばれる．

ピコリニウム塩の側鎖アルキル基の脱プロトン反応は比較的穏和な反応条件で進行する．

ピリジンカルボン酸は，単純なアミノ酸同様，両性イオン（内部塩）として存在する．ピコリン酸の両性イオンは加熱分解され，二酸化炭素の放出を伴い，イリド中間体を生成し，このイリドはベンズアルデヒドなどと反応する．3 位にカルボン酸をもつピリジンはニコチン酸，4 位にカルボン酸をもつピリジンはイソニコチン酸とよばれる．

5・10 酸素置換体

2-ヒドロキシピリジンや 4-ヒドロキシピリジンはおもに互変異性体であるピリドン型で存在している．一方，3-ヒドロキシピリジンはヒドロキシ型として存在している．

ピリドンの NH は比較的酸性度が高く，pK_a 値は約 11 である．したがって，穏和な塩基存在下，アニオンとなり，第一級ハロゲン化アルキルと反応して，N-アルキル化される．ベンゼノイドフェノールと異なり，α-および γ-ピリドンに共通する重要な反応はハロゲン化リンとの反応であり，ハロピリジンが得られる．アミドのように，カルボニル酸素がハロゲン化リンと反応し，ピリジニウム塩を与え，このピリジニウム塩へのハロゲン付加，続く 1,2-脱離（三塩化リンの場合は $HOPOCl_2$）

が進行する．

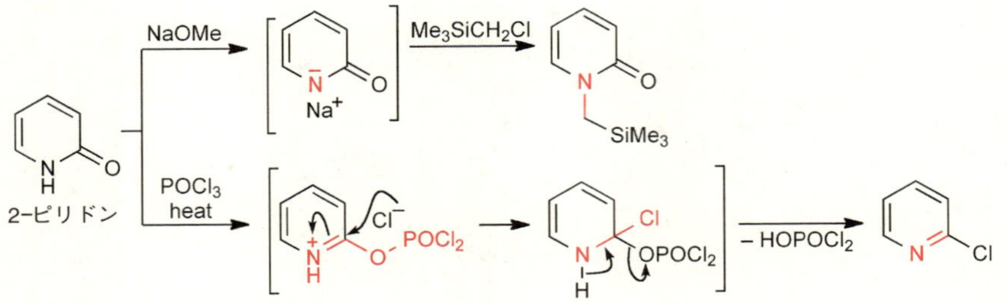

カルボニル酸素への求電子攻撃により，ピリドンはトリフラートに変換される．このときに用いられる反応剤はトリフルオロメタンスルホン酸無水物と塩基であり，得られるトリフラート誘導体はとりわけパラジウムクロスカップリングで有用である．

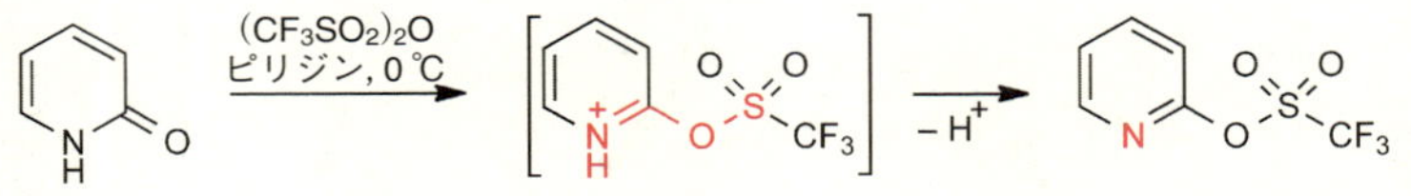

5・11　ピリジン N-オキシド

ピリジン N-オキシドは両親媒性であることから合成反応剤として特に有用である．すなわち，ピリジン N-オキシドの窒素上正電荷・酸素上負電荷は α 位あるいは β 位に局在化することが可能であることから，求電子剤・求核剤両方と反応することができる．一般的反応条件による4位臭素化と4位ニトロ化は，求電子置換反応の例である．下図に示した通り，4-ニトロピリジン N-オキシドでは容易に求核置換反応が進行する（ニトロ基は脱離基）．ピリジン N-オキシドの酸素はさまざまな還元剤で容易に除去され，ピリジンになる．なかでも3価リン反応剤はよく用いられる（p.39 参照）．

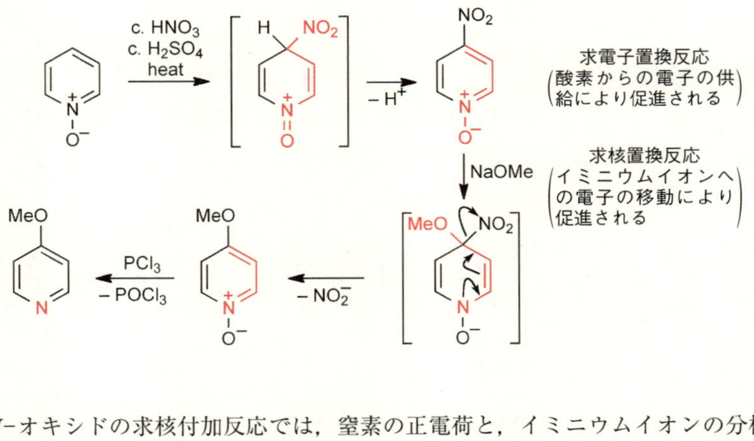

ピリジン N-オキシドの求核付加反応では，窒素の正電荷と，イミニウムイオンの分極を強めるため，酸素を最初にアシル化する．付加反応により形成される 1,2-ジヒドロピリジン中間体は，窒素上のアセトキシ基の脱離を含む 1,2-脱離により再芳香化する．4-メトキシピリジン N-オキシドは無水酢酸と反応し，2-アセトキシ-4-メトキシピリジンを与える．反応中間体である 2- および 4-ヒドロキシピリジンなどのエステルは容易に加水分解され対応するピリドンになるので，全体としては

α位に置換基のないピリジンが2-ピリドンに変換されることになる.

ピリジン N-オキシドを経由するピリジンの別の有用な化学変換として,2-ハロピリジンへの変換があげられる.α位に置換基のないピリジンが簡単な2工程で容易に官能基化される.次に示す図ではピリジン N-オキシドへの付加と,$HOPOCl_2$ の脱離が進行する.

2-メチルピリジン N-オキシドは無水酢酸と高温条件下反応し,2-アセトキシメチルピリジンを与える.この反応でもピリジン N-オキシドの酸素官能基への求核攻撃が一連の反応の引き金となっている.

5・12 アミノ置換体

すべてのアミノピリジンはアミノ互変異性形(イミン形ではない)として存在しており,環上の窒素がプロトン化される.2- あるいは 4-アミノピリジンは置換したアミノ基の非共有電子対が正電荷を安定化するため特に安定な塩を与える(3-アミノピリジンの pK_{aH} は 6.6 である).このため,4-ジメチルアミノピリジン(DMAP)は有機合成で最もよく用いられる求核触媒である.

DMAP は求核触媒として用いられる.その触媒機構は,求電子剤のピリジン窒素への付加,続く生成したピリジニウム塩への求核剤の攻撃とDMAP の再生である

アミノピリジンはアニリンに似た反応性をもっている．たとえば，ジアゾ化が進行するので，さらなる化学変換を経て，ハロゲンに変換することが可能である．しかし，ピリジンジアゾニウム塩はアニリンジアゾニウム塩よりも反応性が高いため，容易に加水分解されて，ピリドンを与える．たとえば，次に示すように，4-アミノピリジンは対応するジアゾニウム塩が加水分解されて，4-ピリドンに変換される．ピリジンの2位および4位のジアゾニウム塩は逆向きの電子求引効果があることから，特に不安定である．

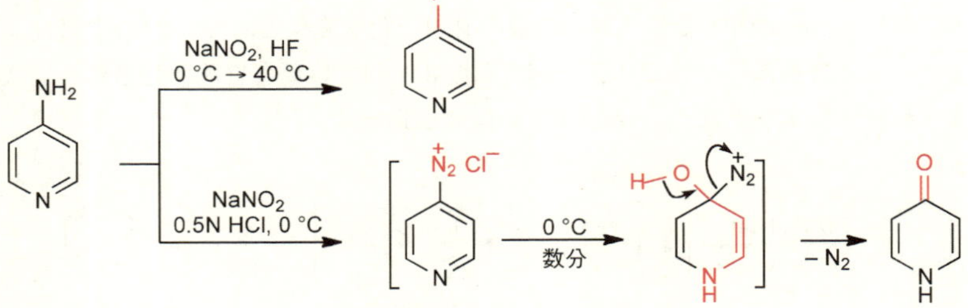

5・13 環合成 —— 切断する場所

ピリジン環の合成法はたくさんあるが，本節ではピリジン環を構築するうえで重要な三つの切断箇所について触れる．下図には新しく形成する結合とともに三つの方法を示した．なお，ピリジンは付加環化反応で合成することも可能である（§6・7，§12・11，p.161, 162参照）．

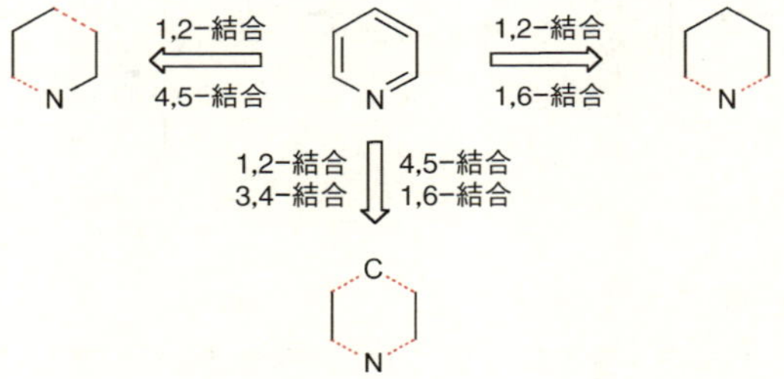

5・14 1,5-ジカルボニル化合物からのピリジン合成
（1位と2位，あるいは1位と6位の結合形成）

ピリジンが五つの炭素と一つの窒素をもっていることから，アンモニアと1,5-ジカルボニル化合物によるピリジン合成は明らかに実用的な方法である．アンモニア/アミン窒素の二つのカルボニル基への分子間に続く分子内求核反応，さらに，2分子の水の脱離を経て，ジヒドロピリジンが合成される．このとき合成されるジヒドロピリジンはおそらく1,4-ジヒドロピリジンであるが，これは容易に酸化されて，ピリジンを与える．

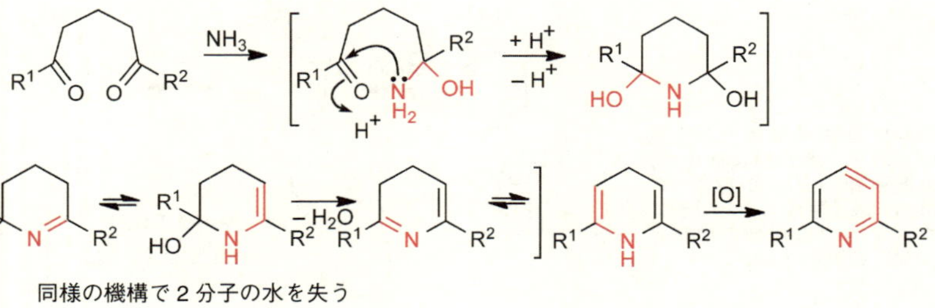

同様の機構で2分子の水を失う

5・14 1,5-ジカルボニル化合物からのピリジン合成

アンモニアの代わりにヒドロキシルアミンを用いると酸化剤を用いなくても類似の反応が進行する．この場合，1,4-ジヒドロ-1-ヒドロキシピリジン中間体の芳香化が水の脱離とともに進行する．1,5-ジケトンの合成はさまざまな方法により可能であり，たとえば，エノラートのエノンへのMichael 付加により合成が可能である．

不飽和 1,5-ジカルボニル化合物を用いると，芳香化したピリジンを直接的に得ることができる．たとえば，2,2′:6′,2″-テルピリジン（2,2′:6′,2″-ターピリジンともいう）は 2-アセチルピリジン，N,N-ジメチルホルムアミドジメチルアセタール（DMFDMA）とアンモニアからワンポットで合成できる．本反応の最初の段階はメチルケトンに対するジメチルアミノメチル化と考えられ，これに付加-脱離が続き反応が完了する．

不飽和 1,5-ジカルボニル化合物はアンモニアと反応し，直接（芳香化した）ピリジンを与える

1,5-ジカルボニル化合物が酸素官能基をもっている場合，対応するピリジンの酸化体が得られる．たとえば，ケトンと DMFDMA との反応により容易に生成するジエナミンは 1,5-ジアルデヒド等価体であるが，中心炭素は酸素官能基をもっており，メチルアミンとの閉環反応により，4-ピリドンを与える．

1,5-ジカルボニル化合物のカルボニル基一つがニトリルである場合，この酸化準位が生成物に反映され，α 位にアミノ基をもつピリジン誘導体が得られる．例を下に示すが，カルボニル等価体であるピロリジンエナミンのピロリジンがまずアンモニアにより置換され，付加-脱離-閉環を経て，2-アミノピリジンに変換される．

5・15 アルデヒド,2 当量の 1,3-ジカルボニル化合物,アンモニアからのピリジン合成 (1 位と 2 位,3 位と 4 位,4 位と 5 位,1 位と 6 位の結合形成)

この合成法は Hantzsch ピリジン合成法として古くから知られている.2 当量の 1,3-ジカルボニル化合物(ジケトンかケトエステル),各 1 当量のアルデヒドとアンモニアがワンポットで反応し,ピリジンを与える.生成する対称性 1,4-ジヒドロピリジンは,たとえ目的化合物であっても安定であっても,酸化剤により芳香化される.なお,3 位あるいは 5 位のカルボニル基は窒素と共役し,これらジヒドロピリジンを安定化する.このジヒドロピリジンはビニロガスアミドとよばれる.本反応の反応機構についてすべてが解明されている訳ではないが,アルドール縮合に続く Michael 付加により,前節で述べた 1,5-ジカルボニル中間体が反応系中で形成されていると考えることができる.

本合成法により得られる 1,4-ジヒドロピリジンの例として特に重要なのは,抗高血圧薬〔カルシウム受容体阻害薬(カルシウム拮抗薬),§18・10 参照〕である.実際の医薬品は対称化合物ではないので,合成法の改良が必要となる.すなわち,アルデヒドと一つ目の 1,3-ジカルボニル化合物とのアルドール縮合化合物が第一級エナミン(二つ目の 1,3-ジカルボニル化合物とアンモニアが反応)と反応するように改良する.

5・16 1,3-ジカルボニル化合物と C_2N ユニットからのピリジン合成 (3 位と 4 位あるいは 1 位と 6 位の結合形成)

この合成法は 1,3-ジケトン化合物が二つの炭素と窒素をもつ別の化合物(C_2N ユニット)と反応するものである.C_2N ユニットの例としては,シアノアセトアミドがあげられ,3-シアノピリドン誘導体を与える.本合成法は Guareschi ピリジン合成法として知られている.反応順序を含め反応機構のすべてがわかっている訳ではないが,形成する二つの結合,3 位-4 位間の二重結合は形式的なアルドール縮合により,1 位-6 位間の結合は形式的なエナミン形成により構築されている(場合に

5・16 1,3-ジカルボニル化合物と C_2N ユニットからのピリジン合成

よっては，1,3-ジカルボニル化合物のエノール体が含まれている可能性がある).

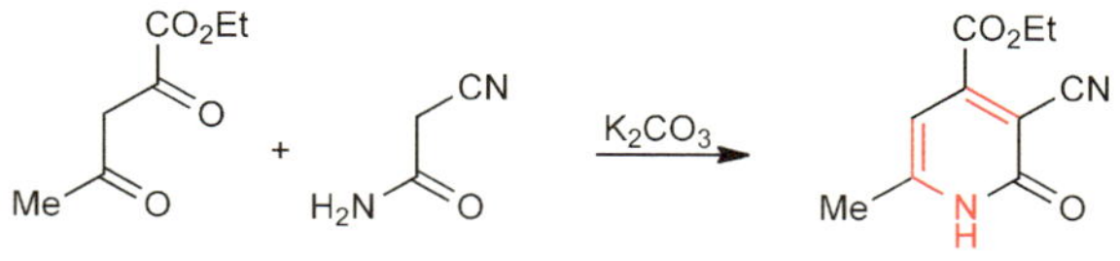

別の C_2N ユニットとしては，1,3-ジケトン由来の第一級アミンをあげることができる．たとえば，ペンタン-2,4-ジオン由来のエナミンはペンタン-2,4-ジオンと反応し，3-アセチル-2,4,6-トリメチルピリジンを与える．

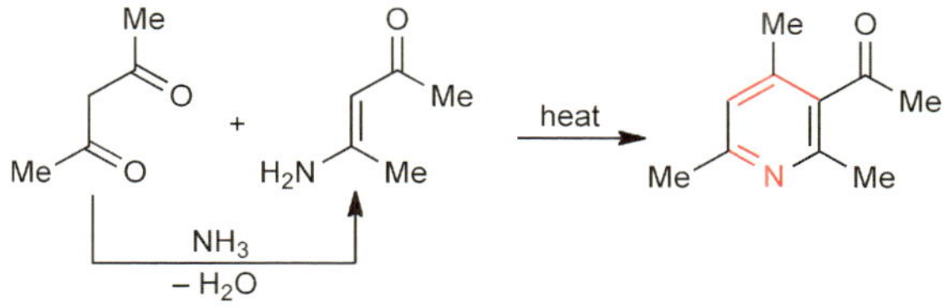

1,3-ケトエステル由来の第一級アミンも C_2N ユニットになりうる．下図では，4, 5, 6 位に置換基をもたないピリジンの合成を目指し，1,3,3-トリエトキシプロパン-1-エン（マロンジアルデヒドのアセタールエノールエーテル）を合成等価体として利用している．これは構造的に単純な 1,3-ジカルボニル化合物であるマロンジアルデヒドがあまりにも不安定で，貯蔵・使用が困難なためである．

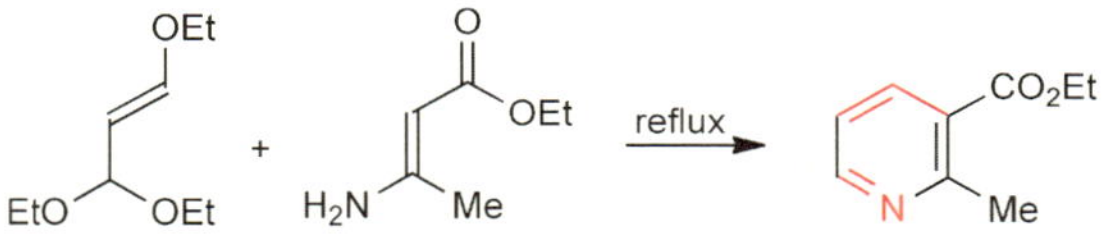

カルボン酸（RCH_2CO_2H），塩化ホスホリル（オキシ塩化リン）$POCl_3$ と DMF により容易に得られるビナミジウム塩は 2 位に置換基をもつマロンジアルデヒド等価体として使用することができる．

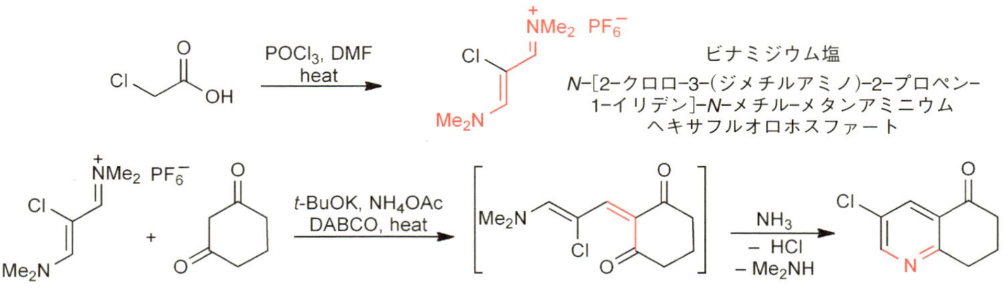

ビナミジウム塩
N-[2-クロロ-3-(ジメチルアミノ)-2-プロペン-1-イリデン]-N-メチルメタンアミニウム ヘキサフルオロホスファート

最後に取上げるのは，Bohlmann–Rahtz ピリジン合成法である．この合成法ではエナミノケトンと

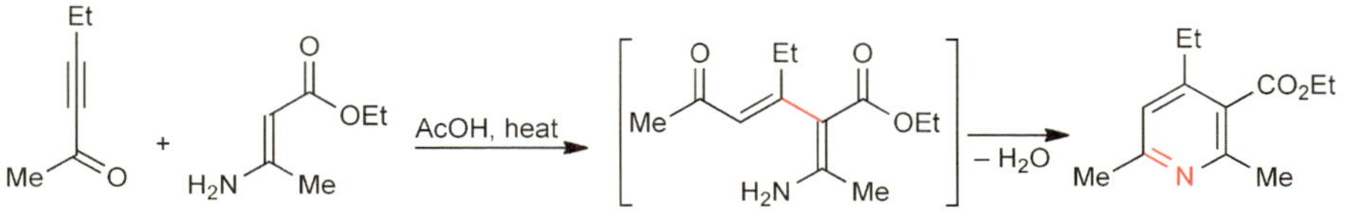

1,3-カルボニル等価体としてのインオンが反応する．最初の段階はアルキンへの共役付加であり，この段階で生成物の置換基の位置を決定する．

練習問題

5・1 ピリジンへの求電子付加反応がベンゼンよりも困難な理由を述べよ．また，ピリジン上で求電子付加反応が起こる位置について理論的に説明せよ．

5・2 アニリンのニトロ化は一般に困難であるが，2-アミノピリジンあるいは4-アミノピリジンのニトロ化は容易である．この理由を説明せよ．

5・3 次の反応で得られる生成物の構造を示せ．(i) 3-エトキシピリジン，発煙硝酸，濃硫酸，100℃ で得られる化合物 $C_7H_8N_2O_3$. (ii) 4-メチルピリジン，臭素-硫酸-発煙硫酸，続く過マンガン酸カリウムにより得られる化合物 $C_6H_4BrNO_2$.

5・4 次の各段階で生成する化合物の構造を示せ．4-メチルピリジンとナトリウムアミド $NaNH_2$ との反応により化合物 $C_6H_8N_2$ (**A**) が生成する．ついで **A** は亜硝酸ナトリウム $NaNO_2$，硫酸と0℃から室温で反応し化合物 C_6H_7NO (**B**) を与える．つづいて **B** とナトリウムメトキシド，ヨウ化メチルを反応させると化合物 C_7H_9NO (**C**) が得られる．最後に **C** とカリウムエトキシド，$(CO_2Et)_2$ を反応させると化合物 $C_{11}H_{13}NO_4$ (**D**) が生成する．

5・5 ブロモベンゼン，2-ブロモピリジン，3-ブロモピリジンのハロゲンがナトリウムエトキシドでエトキシ基に置換される各反応の反応性を詳しく比較せよ．

5・6 3-クロロピリジンと LDA は低温下何を与えるか．

5・7 次の反応で得られる生成物の構造を示せ．(i) 2-クロロピリジンを LDA と反応させた後，ヨウ素と反応させることで得られる化合物 C_5H_3ClNI. (ii) 3-フルオロピリジンを LDA と反応させた後，アセトンと反応させることで得られる化合物 $C_8H_{10}FNO$. (iii) 4-(ジイソプロピルアミノカルボニル)ピリジンを LDA と反応させた後，ベンゾフェノンと酸性・高温条件下で反応させることで得られる化合物 $C_{19}H_{13}NO_2$. (iv) 2-ブロモピリジンを n-ブチルリチウムと -78℃ で反応させた後，塩化トリメチルスタンナン (Me_3SnCl) と反応させることで得られる化合物 $C_8H_{13}NSn$.

5・8 2-メチルピリジンと 3-メチルピリジンの 1:1 混合物に 0.5 当量の LDA，続けて 0.5 当量のヨウ化メチルを加えると何が得られるか．

5・9 2-メチル-5-ニトロピリジンとブロモアセトンを反応させると $C_9H_{11}BrN_2O_3$ の結晶性固体が得られる．その後，この化合物を $NaHCO_3$ で処理すると，化合物 $C_9H_8N_2O_2$ が得られる．得られた各化合物の構造を示すとともに，最終化合物が生成する反応機構について説明せよ．

5・10 4-ビニルピリジンをアセトアミドマロン酸ジエチルのナトリウム塩 [$AcNHCNa(CO_2Et)_2$] で処理して生成する化合物 $C_{16}H_{22}N_2O_5$ の構造について説明せよ．

5・11 ヨウ化 1-ブチルピリジニウムがエタノール中で $NaBD_4$ により還元され，1-ブチル-1,2,5,6-テトラヒドロピリジンが得られるとき，生成物中の重水素化されている場所を示せ．

5・12 シアノアセトアミド H_2NCOCH_2CN を次の反応条件で処理すると，どのようなピリドンを与えるか示せ．(i) $EtCOCH_2CO_2Et$, (ii) 2-アセチルシクロヘキサノン，(iii) プロピオン酸エチル．

5・13 ホルミルアセトンのナトリウム塩 ($MeCOCH=CHO^-Na^+$) をアンモニア，ピリジンで処理すると化合物 C_8H_9NO が得られる．その構造を示せ．

5・14 2,3-ジヒドロフランはアクロレインと反応し，付加体 $C_7H_{10}O_2$ を与える．この化合物をヒドロキシルアミン-塩酸水溶液で処理すると，ピリジン誘導体 C_7H_9NO を与える．このピリジン誘導体の構造を示せ．

6

ジアジン

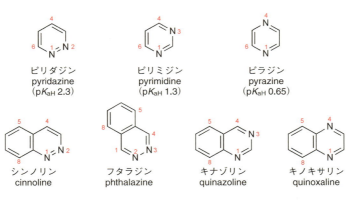

ピリダジン, ピリミジン, ピラジンといったジアジン(アジンについては§2・4参照)はピリジンと似た化学反応性をもっているが, まったく同じではない. 特に, イミンとして機能する二つの窒素が存在するので, 炭素上の電子が不足しており, 求核攻撃を受けやすく, 求電子攻撃を受けにくくなる.

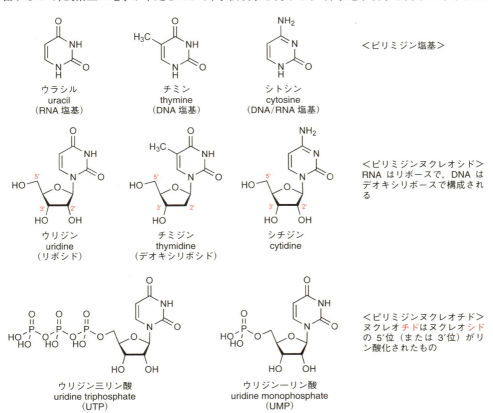

プリン（第13章参照）同様，アミノピリミジン（シトシン）あるいはオキソピリミジン（ウラシル，チミン）はこれらがデオキシリボ核酸（DNA）やリボ核酸（RNA）の構成成分（核酸塩基）であること（§17・4参照）から盛んに研究されている．これら3種のピリミジンと対応するヌクレオシドは天然物からの単離が可能であるが，大量に入手するためには，発酵（欲しいものが得られることもあれば，半合成になることもある）や化学合成に頼る必要がある．なかでも，最も構造が単純なことからも予想されるように，ウラシルは廉価である．

2-あるいは4-アミノピリミジンはアミノ互変異性体として存在しており，2-あるいは4-オキソピリミジンはカルボニル互変異性体として存在している．核酸塩基間の水素結合が二重らせん構造を保持するDNAにおいて，これら互変異性は欠かせないものである（§17・4参照）．

プリンとは異なり，ピリミジン塩基とそのヌクレオシド/ヌクレオチドは核酸の構成に関与する以外に生物学的役割は担っていない．ただし，ウリジン二リン酸/三リン酸は例外で，グルコースの代謝やグリコーゲンの生合成で重要な役割を担っている．ピラジンは濃度こそ低いもののさまざまな天然由来物質に含まれているが（§19・6参照），ピリダジンは自然界にほとんど存在しない．

6・1 窒素への求電子付加反応

二つ目の窒素の誘起効果および共鳴効果により，ジアジンはピリジン（pK_{aH} 5.2）よりも塩基性が減少している．しかし，この二つ目の窒素の効果は単なる誘起効果からの予測以上に各ジアジンで異なっており，塩基性にも大きな差がある．特にピリダジンは比較的高い塩基性を示す．これは隣接した窒素の非共有電子対の不安定な相互作用による．超強酸のみが両方の窒素をプロトン化でき，2箇所の窒素がプロトン化された塩を与える．

ピリジンよりは反応性が幾分低いものの，ジアジンはハロゲン化アルキルと反応し，第四級アンモニウム塩を与える．なお，ジアジンのなかではピリダジンが最も反応性が高い．また，環上の窒素に隣接する立体的にかさ高い置換基は位置選択性を制御する．

3種のジアジンはすべて過酸と反応し，N-オキシドを与える．しかし，ピリミジン N-オキシドは酸により分解するので，弱い酸性条件にする必要がある．

6・2 炭素上での求電子置換反応

単純なジアジンの炭素上で直接求電子攻撃が起こることはまれである．ピリジン同様，ピリミジンは臭素化されるが，反応は5位で進行する．この位置は窒素の α 位でも γ 位でもなくピリジン β 位に相当し，反応点はジアジン全般で共通している．2-メチルピリジンの塩素化は芳香族求電子置換反応以外の反応機構が含まれることから，大変穏和な反応条件で進行する．反応は，窒素への求電子

付加に始まる 3,4-イミン部位への塩素の付加，続く塩酸の脱離と考えられる．

電子供与基が付加したアミノジアジンでは求電子付加反応が一般的な反応条件で進行する．オキシジアジンもまた電子供与基が付加していることで活性化されていると考えられるが，実際は，環内の窒素から電子を提供されるケト体として存在し，エナミン様の反応性を示す．アミノ基もカルボニル基ももっているジアジンでは，弱い求電子剤であっても付加する．

ピリジン同様，N-オキシドは求電子付加反応をするうえで，大変有用な基質になる．

6·3 求核置換反応

単純な構造のジアジンはピリジンよりも求核攻撃による影響を受けやすい．たとえば，ピリミジンは高温下，塩基性水溶液中では水酸化物イオンの攻撃を受け，分解する．ピリミジンはヒドラジンで処理すると，求核剤の付加，開環，閉環（ANRORC: addition of nucleophilic ring opening ring closure）を経て，ピラゾールを与える．

水素の置換

ジアジンのイミン部位の炭素は Grignard 反応剤，アルキルリチウム反応剤，アリールリチウム反応剤の付加を受け，ジヒドロ中間体を与えるが，この中間体は再芳香化し，最終的に，水素が置換された化合物を与える．この反応はクロロジアジンにおいて特に有用であり，ハロゲンで置換されていない炭素上で反応が進行することは，特に注目すべき点である（後述する軟らかい求核剤と比較されたい）．

アミドアニオンがジアジンに容易に付加するので，アミノ化も効果的に進行する（本反応は可逆反応である）．しかし，ピリジンの Chichibabin 反応とは異なり，再芳香化が進行するためには酸化剤が必要である．

脱離基の置換

ハロゲンや他の脱離基が軟らかい求核種（アミン，チオール，アルコキシド，エノラート）により置換される反応はジアジンを取扱ううえで大変重要である．例外として，3-ハロピリジン同様，5-ハロピリミジンにこの反応を適用することは困難である．5-ハロピリミジンを除く，すべてのハロジアジンの相対的反応性は次にまとめた通りであり，対応するハロピリジンよりも高い反応性をもっている．

求核置換に対する反応性（X＝ハロゲン）

塩素はよく用いられる脱離基であるが，スルホンもまた大変有用である．メトキシ基でさえ，反応性の高い基質においては置換される．カルバミン酸のナトリウム塩は求核剤として働き，2,4,6-トリクロロピリミジンの4位塩素が選択的に置換される．

スズ誘導体は低温下の求核置換反応により製造できる．

環上にアミノ基のような電子供与基が付いていると，ハロゲン化物の反応性が大幅に下がることはよく覚えておいてもらいたい．このことは，ハロゲンを二つもつ基質の一つのハロゲンを電子供与基で置換することは容易であるが，二つ目のハロゲンを置換するためには"超求核剤"などの特別な方法が必要となることを意味する．ヒドロキシルアミン NH_2OH はとても反応性の高い求核剤であり，反応後に窒素−酸素結合を水素化分解することが可能であることから，二つ目のアミノ基を導入するときに，使用できる．

ピリジンやプリン同様，ハロゲンをよりよい脱離基である第四級アンモニウム塩に変換しておくことは，反応性を上げるうえで有用な手法である．

6・4 ラジカル置換反応

ジアジンの Minisci 反応（§3・5参照）は高い位置選択性で進行することが多く，特に有用である．

6・5 C-メタル化ジアジン

ジアジンは一般的なリチオ化剤を用いると，求核付加反応に付すことができる．しかし，メタル化や金属−ハロゲン交換反応では注意深く反応条件を制御する必要があり，低温条件下かさ高い塩基〔リチウムテトラメチルピペリジド（LiTMP）〕を脱プロトン剤として使用する．ジアジンのリチオ

化反応は窒素隣接位で進行し（ピリミジンでは C2 位ではなく C4 位），リチオ化の時間をごく短時間にしたり，メタル化剤を加える前に求電子剤を添加しておくなどの工夫を施せば，対応する付加体がよい収率で得られる．

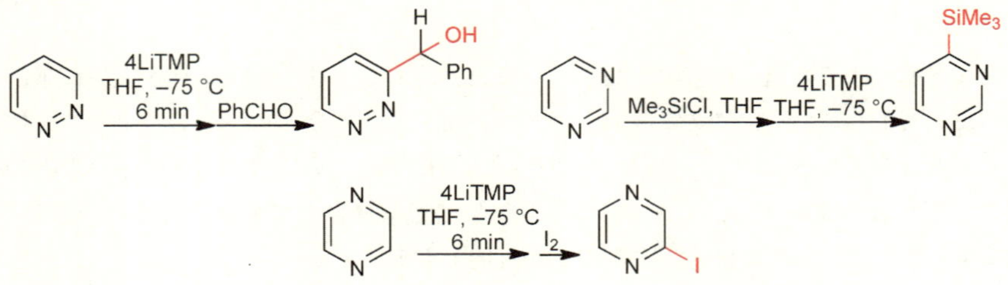

オルト配向基をもつジアジンのリチオ化はよく用いられている．たとえば，2,4-ジメトキシピリミジン（ウラシル等価体）は LiTMP により C5 位がリチオ化される．

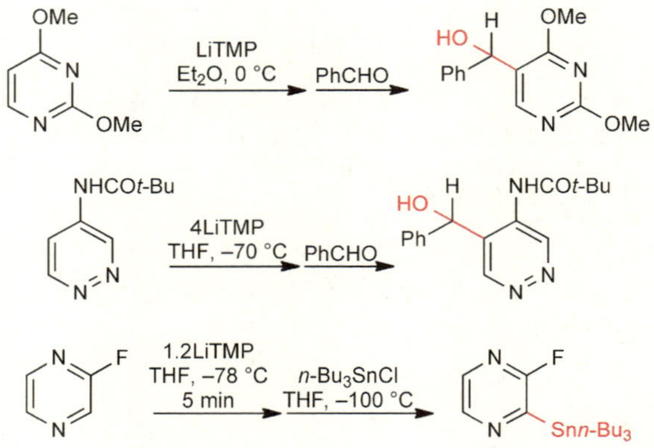

ヌクレオシド中のピリミジンジオンのメタル化では，酸性度の高い窒素上の水素（NH）を保護する必要はなく，過剰のリチオ化剤を用いればよい．この方法はリボシドでは特に有用であり，下図に示した通り，リボースの 5′ 位のヒドロキシ基の保護基の有無でリチオ化の位置選択性を制御することが可能である（C5 位対 C6 位）．

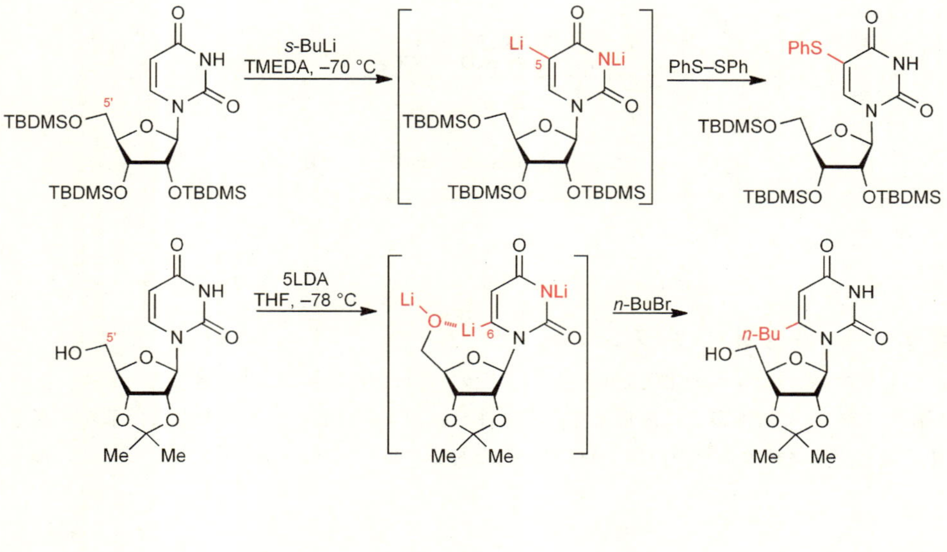

リチオジアジンはアルキルリチウム反応剤とハロゲンとの交換反応により合成することも可能である．5-ブロモピリミジンの置換反応の例を図に示すが，超低温条件や，求電子剤を n-ブチルリチウムを加える前から存在させ，生成する5-リチオピリミジンが求電子剤と瞬間的に反応するような工夫をしている．

ジアジン Grignard 反応剤の調製は超低温条件を必要としない．ジアジン亜鉛化合物は対応するリチオ体との交換反応により得られる（§6・6参照）．

6・6 0価パラジウム〔Pd(0)〕触媒反応

ジアジンのボロン酸（あるいはボロン酸エステル）誘導体，およびスズ誘導体は各種知られており，ピリミジン-2-ボロン酸，ピリミジン-5-ボロン酸，ピリダジン-4-ボロン酸はよく用いられる．

2,4,6-トリクロロピリミジンを鈴木-宮浦カップリングに付すと，C4位＞C6位＞C2位の順で反応する．代表的な例を図に示す．

有機亜鉛を用いる根岸カップリングや，有機スズを用いる小杉-右田-Stille カップリングもジアジンの変換で用いられる．

6・7 ペリ環状反応

一般的な Diels-Alder 反応は電子豊富なジエンと電子不足なジエノフィル（求ジエン体）との反応であるが，電子求引基をもつジアジンとジエノフィルとの間では，電子状態が通常とは逆になった"逆電子要請型 Diels-Alder 反応（IEDDA）"が進行する（§3・11 参照）．IEDDA は，分子内反応の場合，特に電子求引基がなくても進行する．最終生成物が生成する際，窒素（ピリダジンの場合）やシアン化水素（ピリミジンやピラジンの場合）が脱離し，ベンゼンやピリジンが生成する．後者は，ピリジン骨格の構築法として捉えることもできる．

メソイオンピラジニウム-3-オラートではピリジニウム-3-オラート（§5・8 参照）やピリリウム-3-オラート（§8・5 参照）と類似した付加環化反応が進行する．3,5-ジハロ-2(1H)-ピラジノンと

その誘導体では付加環化に続く，開環反応を経て，ピリドンを与える．

光触媒によるウラシルの二量化反応は突然変異誘発的な反応機構と関連しているかもしれない．

6·8 酸素置換体 (p.55, 189 参照)

オキシジアジンの多くはケト体として存在しており，ジアジノンとよばれている．例外としては，フェノール様化合物である 5-ヒドロキシピリミジンと 6-ヒドロキシピリダジン-3(2H)-オン（マレイン酸ヒドラジド）があげられる．後者は，カルボニル基とヒドロキシ基を一つずつもった化合物として存在しており，隣り合った窒素の両方が（アミド部分の共鳴により）電荷を帯びるという好ましくない状態を回避している．"バルビツール"はカルボニル基を三つもつ構造をとる必要があることから，5,5-二置換体として存在しており，無置換バルビツール酸は存在しない．

N-脱プロトン，N-アルキル化，N-アリール化

ピリドン，ジアジノンは比較的酸性度の高い化合物であるので，穏和な条件下 N-脱プロトンされ，生成した窒素アニオン（場合によっては転位した酸素アニオンや炭素アニオン）が求電子剤と

反応する．

O-シリル化誘導体の *N*-アルキル化はウラシルのリボシル化で特に有用である．

塩基と反応性の高いハロゲン化アリールを用いれば，*N*-アリール化が進行する．また，銅触媒を用いたボロン酸誘導体とハロゲン化アリール（通常の反応性でよい）とのカップリング反応でも *N*-アリール化が進行する．

酸素の置換

ハロジアジンの合成ではジアジノンが最もよい出発物であり，塩化チオニル $SOCl_2$ や塩化ホスホリル（オキシ塩化リン）$POCl_3$ が用いられる．チオンは五硫化二リン P_4S_{10} を用いた酸素の直接的置換反応により合成される．

求核付加

ウラシルへの求核付加で，興味深く有用なものとして，1,3-ジメチルウラシルとグアニジンとの反応があげられる．本反応では，環を構成していた三つの元素（N–CO–N）が置き換えられている．

6·9 *N*-オキシド（§6·1 参照）

ピリダジン *N*-オキシドの C3 位（*N*-オキシドの β 位）および C4 位（*N*-オキシドの γ 位）のニトロ基は求核置換反応を受ける．前者は後者よりもその反応速度が速い．

ハロゲン，シアン化物，エナミンやアセタート（無水酢酸との反応による）などの炭素求核剤による求核置換反応では，酸素の脱離も付随して起こるため合計 3 段階の反応が円滑に進行する．しかし，求核剤の導入される場所はピリジンの化学で予想された *N*-オキシドの α 位とは限らない．

6·10 アミノ置換体（p.55，189 参照）

アミノジアジンはアミノピリジンと類似しており，アミノ互変異性体が存在する．アミノ基のついていない化合物に比べ塩基性が増しており，環内窒素上でのプロトン化や第四級アンモニウム塩への変換が容易に進行する．

pK_{aH} 5.7   pK_{aH} 3.1

2-アミノピリジンの第四級アンモニウム塩を塩基性条件に付すと，Dimroth 転位が進行する．本反応は環内の窒素と環外の窒素が入替わる（ANRORC の別の例）．正電荷を帯びた窒素の置換基が大きければ大きいほど，窒素の置換基と隣接するアミノ基との反発により，転位反応はより速やかに進

行する.

[reaction scheme: 2-aminopyrimidine + MeI → methylated salt → aq. NaOH, warm → ring-opened intermediates → Dimroth 転位 → 2-(methylamino)pyrimidine + $-H_2O$]

ジアジンジアゾニウム塩はピリジンジアゾニウム塩よりも不安定であり，アミノジアジンをジアジノンへ変換するときに有用である.

[reaction scheme: 2-aminopyrazine + $NaNO_2$, c. H_2SO_4 → diazonium → +H_2O → $-N_2$, $-H^+$ → 2-hydroxypyrazine ⇌ 2(1H)-pyrazinone]

6・11 環合成 ―― 切断する場所

　ここでは最も代表的なもののみを取扱う．ピリダジン，ピリミジン，ピラジンの切断箇所を新しい結合とともに下記に示す．ピリミジンは1,3,5-トリアジン，ピリダジンは1,2,4-トリアジンあるいは1,2,4,5-テトラジンの付加環化反応によっても合成可能である（p.161, 162 参照）．

[schemes showing disconnections: pyridazine → 2,3-結合 / 1,6-結合; pyrimidine → 3,4-結合 / 1,6-結合; pyrazine → 1,2-結合 / 4,5-結合; pyrazine → 1,2-結合 / 3,4-結合]

6・12 1,4-ジカルボニル化合物からのピリダジン合成
　　　（2位と3位，1位と6位の結合形成）

　ピリダジンは1,4-ジカルボニル化合物とヒドラジンとの縮合により合成される．飽和1,4-カルボ

[reaction scheme: PhCO-CH$_2$CH$_2$-COPh + N_2H_4 → 3,6-diphenyl-dihydropyridazine → [O] → 3,6-diphenylpyridazine]

1,4-ジカルボニル化合物を用いた反応はジヒドロピリダジンを与え，その後芳香化する

[reaction scheme: ethyl levulinate + N_2H_4 → 6-methyl-4,5-dihydropyridazin-3(2H)-one → Br_2 → bromide intermediate → $-HBr$ → 6-methylpyridazin-3(2H)-one]

[reaction scheme: 2,5-dimethoxy-2-acetoxymethyl-2,5-dihydrofuran + aq. H_2SO_4 → enedione (OHC-CH=CH-CO-CH$_2$OH) → N_2H_4 → 3-(hydroxymethyl)pyridazine]

エンジオンを用いると芳香化した化合物が直接得られる

ニル化合物を用いる場合，最終的には酸化反応を経て芳香化する必要がある．あらかじめ炭素−炭素間に二重結合があるジカルボニル化合物を用いることができれば，芳香化したピリダジンが直接的に得られる．

6・13 1,3-ジカルボニル化合物からのピリミジン合成
（3位と4位，1位と6位の結合形成）

ピリミジンは1,3-ジカルボニル化合物と尿素，チオ尿素，アミジン RC(=NH)NH$_2$，グアニジン RHNC(=NH)NH$_2$ などの N-C-N ユニットとの反応により合成される．尿素を用いた場合は2-カルボニル（チオカルボニル）体，アミジンを用いた場合は2-アルキル体，グアニジンを用いた場合は2-アルキルアミノ体が得られる．これら縮合反応はアミノ基のカルボニル基への付加により始まる（あるいは，アミノ基の1,3-ジカルボニル化合物のエノールへの付加）が，その後に形成される結合や水の脱離の順番については不明な点が多い．

1,3-ジカルボニル化合物が酸やエステルの場合，これらは酸素官能基をもっているので，酸素官能基をもつピリミジンが得られる．カルボニル化合物の代わりにニトリルを用いると，アミノピリミジンが得られる．

6・14 1,2-ジカルボニル化合物からのピラジン合成
(4位と5位, 1位と6位の結合形成)

ピラジンは1,2-ジカルボニル化合物と1,2-ジアミンとの反応により合成される。飽和ジアミンを用いた場合，付加に続く酸化（芳香化）の段階を必要とするが，アミンの一つがアミドであれば，芳香化は必要なく，ピラジノンが得られる．

不飽和1,2-ジアミン（エンジアミン）を用いれば，芳香化の段階を確実に除くことができるが，不飽和1,2-ジアミンは一般に不安定である．しかし，例外があり，ジアミノマレオニトリルは安定な反応剤である．5,6-ジアミノウラシルは安定なエンジアミン等価体であり，反応後の加水分解により，3-アミノピラジン-2-カルボン酸を与える．なお，中間体である二環性化合物はプテリジンとよばれる．重要天然物のなかにはプテリジン骨格をもつものがある（§17・2参照）．プテリジンはジアジンの反応性ももっており，例に示したように，ピラジンやピリミジンの一般的合成法でも製造することができる．

6・15 α-アミノカルボニル化合物からのピラジン合成
(1位と2位, 4位と5位の結合形成)

塩の状態でのみ安定なα-アミノケトンは2-ジアゾケトン，2-オキシイミノケトン，2-アジドケトンの還元により生成する．このアミノケトンは自己縮合し，二置換ジヒドロピラジンを与えるが，熱だけで芳香化する（似たような現象が自然界や調理でも起こっている）．

α-アミノエステルはα-アミノケトンよりも安定ではあるが，容易に自己縮合し，2,5-ジケトピペラジンなどの安定なヘテロ環化合物を与える（名称に注意．カルボニル部位はケトカルボニルでは

なくアミドである). ヘキサヒドロピラジンはピペラジンとよばれる.

6・16 ベンゾジアジン

ピリジン, キノリン/イソキノリン同様, ベンゾジアジン環の反応は原則的に窒素への求電子付加反応と炭素への求核付加反応である (ピリジンのような β 炭素はない). この芳香環は容易には酸化されない.

典型的なベンゾジアジン環合成

練習問題

6・1 窒素の α 位に酸素をもつオキシジアジンの次の化合物への変換方法を述べよ. (i) クロロジアジン, (ii) N-メチルジアジン-2-オン.

6・2 ピリミジンをピリミジン-4-オンに 2 工程で変換する方法を述べよ.

6・3 ピリミジン-2-チオンを 2-アジドピリミジンに 3 工程で変換する方法を述べよ.

6・4 次の化合物の構造を示せ. (i) 3-メチルチオピリダジンとヨウ化メチルから得られる化合物 $C_6H_9IN_2S$, (ii) 3-クロロ-6-メチルピリダジンとヨウ化メチルから得られる化合物 $C_6H_8ClIN_2$, (iii) 2,6-ジクロロピラジンを LiTMP (§6・5 参照), 続いて HCO_2Et で処理することにより得られる化合物 $C_5H_2Cl_2N_2O$.

6・5 次の環形成反応により得られる生成物を示せ.

(i) クロロベンゼンを無水コハク酸,塩化アルミニウムで処理（→ $C_{10}H_9ClO_3$）．その後,この化合物をヒドラジンで処理（→ $C_{10}H_9ClN_2O$）．続いて,この化合物を臭素-酢酸で処理（→ $C_{10}H_7ClN_2O$）．

(ii) 2,5-ジメチルフランをメタノール溶液中,臭素で処理（→ $C_8H_{14}O_3$）．その後,この化合物を酸,ついでヒドラジンで処理（→ $C_6H_8N_2$）．

(iii) 4,4′-ジメトキシブタン-2-オンを炭酸水素グアニジニウムで処理（→ $C_5H_7N_3$）．

(iv) シアノ酢酸エチルをグアニジン-ナトリウムエトキシドで処理（→ $C_4H_6N_4O$）．

(v) シアノ酢酸エチルを尿素-ナトリウムエトキシドで処理（→ $C_4H_5N_3O_2$）．

(vi) $(EtO)_2CHCH_2CH(OEt)_2$ を塩酸-尿素で処理（→ $C_4H_4N_2O$）．

(vii) $MeOCH_2COMe$ を EtO_2CH-ナトリウムで処理（→ $C_5H_8O_3$）．その後,この化合物をチオ尿素で処理（→ $C_6H_8N_2OS$）．続いて,この化合物を水素-ニッケルで処理（→ $C_6H_8N_2O$）．

(viii) $PhCOCH_2CO_2Et$ を $EtC(=NH)NH_2$ で処理（→ $C_{12}H_{12}N_2O$）．

(ix) $PhCOCHO$ を $MeCH(NH_2)CONH_2$ で処理（→ $C_{11}H_{10}N_2O$）．

7

キノリンとイソキノリン

キノリン
quinoline
(pK_{aH} 4.9)

イソキノリン
isoquinoline
(pK_{aH} 5.4)

7・1 窒素への求電子付加反応

キノリンとイソキノリンの化学は類似しているので，本章では，両方の骨格を特に区別せず，反応例を紹介する．キノリン/イソキノリンのベンゼン環とピリジン環はそれぞれ単環のときと類似した反応性を示すが，他の環と縮環することにより反応性の異なる部分がある．ピリジン同様，求電子剤は芳香環の窒素に付加する．たとえば，酸や求電子ハロゲン化物との反応ではキノリニウム塩やイソキノリニウム塩を与え，過酸との反応では N-オキシドを与える．

キノリン N-オキシド　　　　　　　　塩化 1H-キノリニウム
　　　　　　　　　　　　　　　　　　（キノリン塩酸塩）

キノリン，イソキノリンの環内窒素への求電子剤の付加は容易に進行する

ヨウ化 2-メチルイソキノリニウム

7・2 炭素上での求電子置換反応

すでに p.11, 12 で述べたように，求電子置換反応はベンゼンの典型的な反応である．また，p.12, 13, 39 で述べたように，活性化基をもたないピリジンでは，炭素上での求電子置換反応は起こりにくい．したがって，キノリンやイソキノリンの標準的な求電子置換反応がベンゼン環上で進行するこ

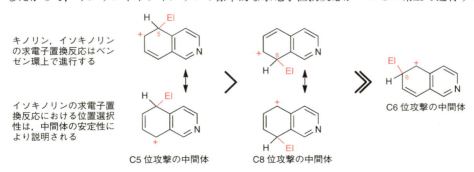

キノリン，イソキノリンの求電子置換反応はベンゼン環上で進行する

イソキノリンの求電子置換反応における位置選択性は，中間体の安定性により説明される

C5 位攻撃の中間体　　　　C8 位攻撃の中間体　　　　C6 位攻撃の中間体

とは驚くことではない．さらに，ナフタレンでは求核攻撃が1位で進行しやすかったように，キノリンやイソキノリンの求電子置換反応は5位や8位でのみ進行する．これらの置換反応において，キノリニウムカチオンやイソキノリニウムカチオンが反応中間体となっているであろうことを知っておくことは重要である．

例外として，異なる反応機構により，キノリンやイソキノリンのピリジン環に求電子置換反応が進行することが知られている．有名なものとして，臭素化とニトロ化をあげることができる．ピリジン単環の場合とは異なり，これらの反応は二環性化合物の窒素に求電子剤が反応した後に求核剤が反応することにより生成したエナミンを反応中間体としており，エナミン β 位へ求電子剤が付加する段階が含まれている．

キノリン，イソキノリンのヘテロ環上での求電子置換反応はジヒドロ中間体を経由する．その中間体はキノリニウム塩，イソキノリニウム塩の求核付加により生成する

電子供与基が置換しているヘテロ環化合物では本反応はより進行しやすい．キノリン-4-オンのニトロ化反応は用いる酸の強度により反応点が異なることは興味深い．すなわち，特に強い酸を用いない場合は，ヘテロ環上でニトロ化が進行するのに対し，強い酸を用いた場合，酸素原子がプロトン化された中間体，4-ヒドロキシ-1H-キノリニウムカチオンの生成を経て，ベンゼン環上でニトロ化が進行する．

7・3 求核置換反応

ピリジンへの求核剤の反応が α 位や γ 位で進行したこと，ベンゼンが通常求核剤の攻撃を受けないことを考慮すると，キノリンやイソキノリンのヘテロ環のみが求核剤の攻撃対象となることが理解

できる．キノリンの場合，一つの α 位（2 位）と一つの γ 位（4 位）がある．イソキノリンの場合，二つの α 位があるが，1 位の方がより反応活性である．

イソキノリンの求核置換反応における位置選択性は中間体の安定性により説明される

C1 位攻撃の中間体　　C3 位攻撃の中間体　　負電荷が窒素上に非局在化するためには，ベンゼン環の共鳴を壊さなければならない

水素が置換される反応

ヘテロ環化合物と求核剤との反応により生成する中間体は共鳴安定化しているベンゼン環がそのまま残存していることから，二環性ヘテロ環化合物はピリジンよりも求核剤の攻撃を受けやすい．この原因は，出発物から中間体（厳密には遷移状態）に変換される際の，共鳴エネルギーの損失が少ないことによるものである．いくつかの例を示す．キノリンもイソキノリンも水酸化カリウム存在下加熱すると，ヒドロキシ化が進行する（それぞれ 2 位と 1 位）が，ピリジンではこのような反応は起こらない．生成物はカルボニル互変異性体として存在しており，ヒドロキシピリジンとピリドンの平衡状態にある．

二つ目の例は，イソキノリンへのアミドアニオンの付加である．この反応は −65 ℃ でも進行し，室温下再芳香化が進行する（ピリジンへのアミノ化は高温条件を必要とする）．

二環性化合物のヘテロ環に求核剤が攻撃することは容易なので，付加体の安定性によっては，再芳香化が困難となり，この付加体が単離されることもある．

単離可能な付加体
（ベンゼン環の芳香族性は維持している）

脱離基が置換される反応

キノリン 2 位あるいは 4 位，イソキノリン 1 位の脱離基は求核剤による置換反応を穏和な条件下で受ける．この反応は付加と脱離の 2 段階反応である．その他の位置のハロゲンはベンゼン環上のハロゲンと類似した反応性を示し，イソキノリン 3 位のハロゲンはより過激な反応条件でなければ置換されない．

求核置換反応はキノリンの2位または4位で，また，イソキノリンの1位で容易に進行する

7・4 キノリニウム塩/イソキノリニウム塩の求核付加反応

キノリニウム塩やイソキノリニウム塩への求核剤の付加は容易に進行する．なぜなら，すでに述べたように，付加体には出発物のベンゼン環がそのまま残っているからである．この反応はきわめて有用であり，以下に三つの例を示す．一つ目の例は，合成した N-トシルキノリニウム塩の2位にシアン化物を付加させ，その後，塩基で処理すると，p-トルエンスルフィン酸塩が脱離して2-シアノキノリンが得られるというものであり，反応全体を見直すと，水素が求核置換されている．

キノリンやイソキノリンを塩化ベンゾイルなどの酸塩化物で処理すると "Reissert 化合物" を与える．シアン化物存在下でこの反応を行うと，シアン化物が求核剤として働き，単離可能で安定な付加体が得られる．"Reissert 化合物" としてさまざまなものが考案されている．シアノ基が付加した炭素上の水素は酸性度が高いので，強塩基で引抜かれ，生成したカルボアニオンがアルキル化され，加水分解条件によって1位がアルキル化されたヘテロ環化合物を与える．

Reissert 化合物の調製とそれを用いた 1-アルキルイソキノリンの合成

イソキノリンと 2,4-ジニトロクロロベンゼンにより得られる N-アリール化塩は Zincke 塩とよば

れ，第一級アミンが1位に容易に付加する．この付加体では"ANRORC (addition nucleophilic ring opening ring closure の頭文字)"などの開環閉環反応が進行し，別のイソキノリニウム塩を与える．なお，生成物の構造を確認すると，求核剤である第一級アミンの窒素はイソキノリニウム塩の窒素になっており，2,4-ジニトロアニリンは除外されて生成物上に存在しない．

7・5 C-メタル化キノリン/イソキノリン

キノリンやイソキノリンの直接的脱プロトン反応は，オルト位置換基の補助（DoM：directed *ortho* metallation）を経て進行する．3位に配向基をもつキノリンでは2位ではなく4位がリチオ化される．金属-ハロゲン交換反応はベンゼン環およびヘテロ環どちらのハロゲンからも有機金属求核種を生成することができる．上で述べた求核付加を防ぐため，本反応は低温下で行う必要がある．

7・6 0価パラジウム〔Pd(0)〕触媒反応

キノリンおよびイソキノリンのヘテロ環では，どの位置にボロン酸やスズの誘導体が置換していても，クロスカップリング反応に用いることができる．二つの典型例を示す．カップリング反応にジハロゲン化合物を用いた場合，一方のハロゲンのみが選択的に反応する．たとえば，1,3-ジクロロイソキノリンでは1位で反応が進行し，2,4-ジクロロキノリンでは2位で反応が進行する．

7・7 酸化と還元

N^+-アルキルキノリニウム塩およびイソキノリニウム塩は，塩基性条件下酸化され，N-アルキルキノリン-2-オンおよび N-アルキルイソキノリン-1-オンをそれぞれ与える．本反応では，ヒドロ

キシ付加体が酸化されている.

ヘテロ環はベンゼン環よりも還元反応をより受けやすい. ヒドリド還元剤は N^+-アルキルキノリニウム塩およびイソキノリニウム塩のヘテロ環部位を選択的に還元する.

はじめにイミニウムへ水素化物イオン (H^-) が付加し, つづいてエナミン β 位がプロトン化される. 生じたイミニウムに再度水素化物イオンが付加する

7・8 アルキル置換体

ピリジン α 位や γ 位のアルキル基がもつプロトンは特に酸性度が高く, この特性は, キノリン 2 位および 4 位のアルキル基やイソキノリン 1 位のアルキル基においても同様である. これらの活性なアルキル基では, 酸性・塩基性条件下において縮合反応が進行する.

7・9 酸素置換体

キノリンおよびイソキノリンのベンゼン環上のヒドロキシ基は通常フェノールである. イソキノリン 1 位およびキノリン 2 位/4 位に置換した酸素にはカルボニル互変異性があり, イソキノリン 1-オンやキノリノンの反応性はピリドンと類似しており, たとえば, ハロゲン化リンと反応し, 対応するハロゲン体に変換される.

7・10 N-オキシド

キノリンやイソキノリンの N-オキシドはさまざまな反応に使用することのできる合成反応剤であ

り，ピリジン N-オキシドと同様の反応性をもっている．ここでは，イソキノリン N-オキシドの典型的な例を数例示す．いずれの化学変換も求電子剤と酸素との相互作用を経て，イソキノリニウム塩が生成し，このイソキノリニウム塩1位への求核剤付加，1,2-脱離による再芳香化を経て最終生成物が生成する．

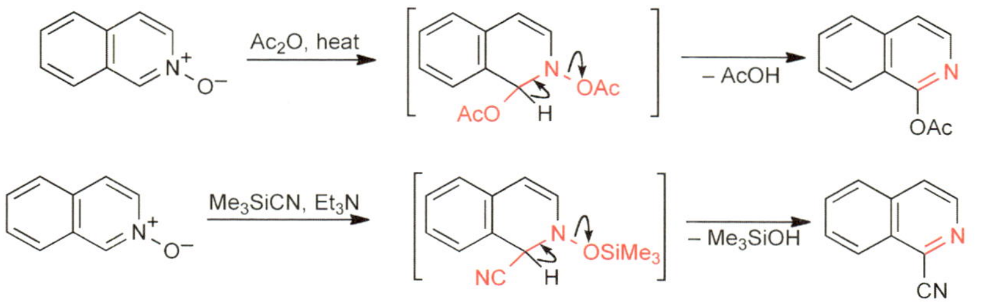

7・11 環合成 ── 切断する場所

環合成については，キノリンとイソキノリンの合成を分けて議論する．キノリン合成の重要な原料はアニリンである．イソキノリンは2-アリールエタンアミンやアリールアルデヒドから合成される．新たに形成される結合を下図に示す．

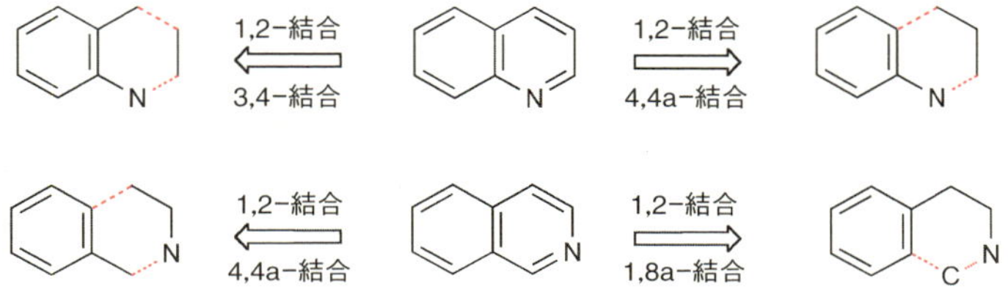

7・12 アニリンからのキノリン合成（1位と2位，4位と4a位の結合形成）

アニリンは1,3-ジカルボニル化合物と反応し，β-アリールアミノエノンを与え，これを酸性条件下に付すとベンゼン環への求核攻撃が起こり，水の脱離を経て芳香族キノリンを与える．この合成法は Combes 合成法とよばれる．一つのカルボニル基がエステルの場合，生成物はキノリノンになる．

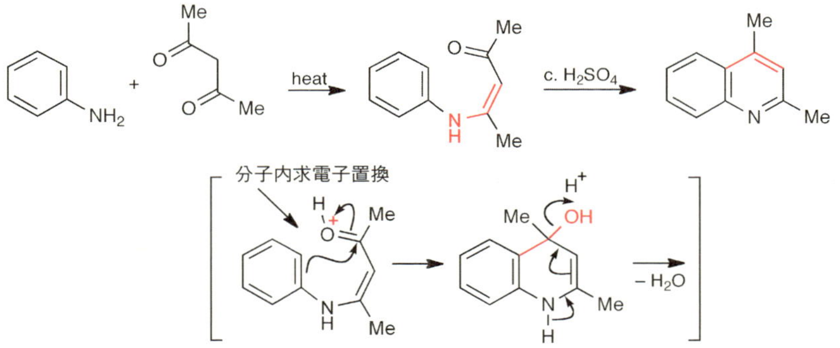

似たような方法として，α,β-不飽和ケトンや α,β-不飽和アルデヒドを用いる方法があるが，図に示すように，酸化剤を加える必要がある．本反応は Skraup 反応という古典的な反応である．アニリンと酸化剤（アニリンに対応した芳香族ニトロ化合物の場合もある）を濃硫酸とグリセロールとと

もに加熱する．この"魔女の雰囲気"を醸し出す，しばしば発熱量の多くて危険な反応により，ヘテロ環上に置換基をもたないキノリンが得られる．グリセロールから2回の脱水を経て系中で発生したアクロレインにアニリンが共役付加する．酸触媒閉環，ベンゼン環への分子内求電子攻撃，脱水を経て1,2-ジヒドロキノリンが得られ，続く酸化により芳香族化合物となる．事前に用意したアニリンのアクロレイン付加体と穏和な酸化剤（クロラニル，2,3,5,6-テトラクロロ-1,4-ベンゾキノン）を用いると，反応の制御が容易で，より安全である．

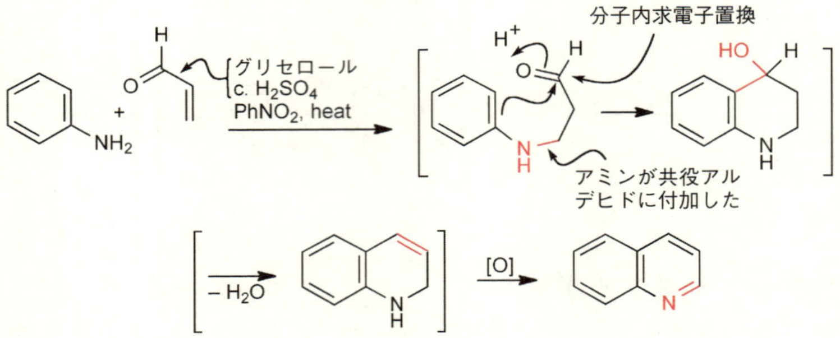

7・13 o-アミノアリールケトンおよびアルデヒドからのキノリン合成
（1位と2位，4位と4a位の結合形成）

おそらくキノリンの最も代表的な逆合成解析は，ヘテロ環の1位-2位間の二重結合をイミンとして，3位-4位間の二重結合をアルドール型縮合により構築するものであろう．詳しい反応機構は不明であるが，o-アミノアリールケトン（あるいはアルデヒド）とα位にメチレン（アルドール型縮合に必要な部位）をもつケトン（イミンを形成する部位）との反応である．本合成法は Friedländer 合成法とよばれる．

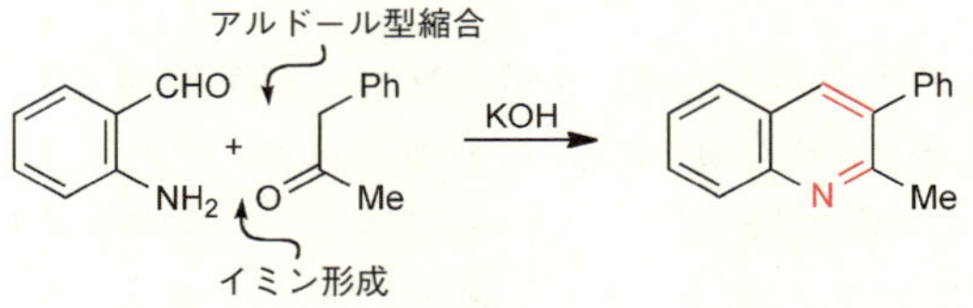

o-アミノアリールケトン酸を用いる類似した合成法は Pfitzinger 合成法とよばれ，下図に示す通り，この o-アミノアリールケトン酸はイサチンの加水分解により得られる．

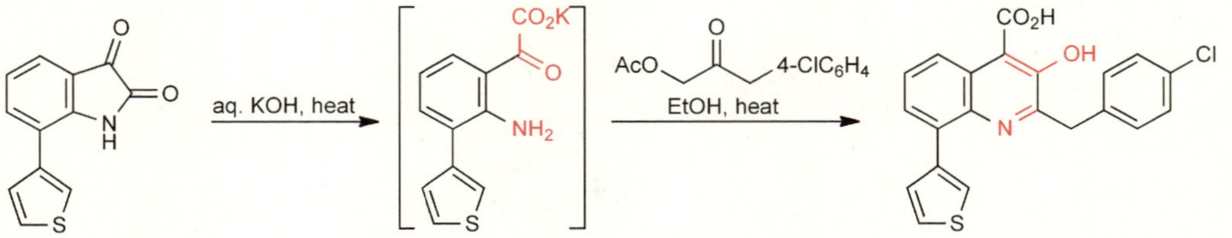

7・14 2-アリールエタンアミンからのイソキノリン合成
（1位と2位，1位と8a位の結合形成）

2-アリールエタンアミンのアミド誘導体は閉環して3,4-ジヒドロイソキノリンを与え，これは脱

水素され芳香族化合物を与える．この合成法は Bischler-Napieralski 反応とよばれ，1893 年に開発されたものであるが，現在でもイソキノリン合成では最も汎用されている．閉環と続くベンゼンへの求電子攻撃はハロゲン化リンにより促進され，求電子種は Vilsmeier 反応同様，クロロイミニウムイオンである（p.13 参照）．閉環の段階は，ベンゼン環に電子供与基の置換している方が有利であり，図に示したようにパラ位でその効果は大きくなる．

7・15 芳香族アルデヒドとアミノアセトアルデヒドアセタールからのイソキノリン合成（1 位と 2 位，4 位と 4a 位の結合形成）

Pomeranz-Fritsch 合成法とよばれる上記合成法とはまったく趣の異なるこの合成法は芳香族アルデヒドとアミノアセトアルデヒドアセタール $H_2NCH_2CH(OMe)_2$（アルデヒドが保護された形の化合物）との反応によるものである．生成物であるイミンは環化に供することができるが，イミンをアミンに還元しかつこのアミンをトシルアミンとしてから酸触媒環化反応に用いた方が効率がよい．なお，このトシル基は反応工程中 p-トルエンスルホン酸として脱離し（硫黄の酸化準位が変わっている），ヘテロ環上に置換基をもたない芳香化したイソキノリンが得られる．

7・16 o-アルキニルアリールアルデヒドやそのイミン体からのイソキノリン合成（2 位と 3 位の結合形成）

o-アルキニルアリールアルデヒド t-ブチルイミンと求電子剤との反応により，環化反応が進行し，

4位に求電子種が置換したイソキノリンが得られる．1,6-ナフチリジンの合成を図示したように，本合成法はナフチリジン合成にも適用可能である．

イミンの代わりにアルデヒドオキシムを用いると，イソキノリン N-オキシドが得られる．

より簡便なナフチリジン合成法としては，各種 o-アルキニルピリジニルアルデヒドとアンモニアを用いたナフチリジン合成があげられる（ヒドロキシルアミンを用いるとナフチリジン N-オキシドが得られる）．図に示した通り，本法はイミンを経由していると考えられる．

練習問題

7・1 最も高収率で得られるニトロ化合物の構造を示せ．(i) 6-メトキシキノリンから得られる化合物 $C_{10}H_8N_2O_3$，(ii) 7-メトキシイソキノリンから得られる化合物 $C_{10}H_8N_2O_3$，(iii) 1-ベンジルイソキノリンから得られる化合物 $C_{16}H_{12}N_2O_2$．

7・2 1,3-ジクロロイソキノリンと $NaCH(CO_2Et)_2$ から得られる化合物 $C_{16}H_{16}ClNO_4$ の構造を示せ．

7・3 2-(t-BuCONH)-キノリンを3当量の n-BuLi，ジメチルジスルフィド MeSSMe と反応させ得られる化合物 $C_{15}H_{18}N_2OS$ の構造を推測せよ．

7・4 次の化合物を合成するうえで必要な反応剤を示せ．(i) 6-メトキシキノリン，(ii) 6-メトキシ-2,4-ジエチルキノリン，(iii) 7-メトキシイソキノリン．

7・5 次の手順により得られるキノリンの構造を示せ．イサチン（§10・8参照）を水酸化ナトリウムで加水分解すると，化合物 $C_8H_6NNaO_3$ を与える．この化合物とジメドン（5,5-ジメトキシシクロヘキサン-1,3-ジオン）により得られる化合物 $C_{16}H_{15}NO_3$．

8

ピリリウム，ベンゾピリリウム，ピロン，ベンゾピロン

8・1 ピリリウム塩

ピリリウム過塩素酸塩（ClO_4^-），テトラフルオロホウ酸塩（BF_4^-），ヘキサクロロアンチモン(V)酸塩（$SbCl_6^-$）は安定な化合物であるが，反応性の高い芳香族化合物である．歴史的には過塩素酸塩が使われてきた（過塩素酸塩は乾燥すると爆発の可能性があり，注意深く取扱う必要がある）が，現在では，有機溶媒に溶けやすいテトラフルオロホウ酸塩，ヘキサクロロアンチモン酸塩を使うことが多い．

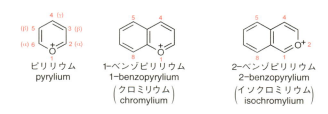

8・2 求電子剤

ピリリウムカチオンは求電子剤とは反応しない．ピリリウムやベンゾピリリウムのベンゼン環上で求電子置換反応が進行した例はない．

8・3 求核付加反応

ピリリウムの正電荷と基質の負電荷が相互作用するので，ピリリウムカチオンへの求核攻撃，なかでも負電荷をもつ求核剤の求核攻撃は進行しやすい．O-プロトン化されたカルボニル化合物への求核付加反応と同じように，攻撃点は α 位である．この反応により得られる付加体は中性化合物 1,2-ジヒドロ体（$2H$-ピラン）であり，この化合物の化学がピリリウムの化学の大部分を占める．

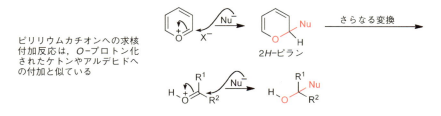

ピリリウムの α 位置換基は求核攻撃をある程度受けにくくする．たとえば，無置換のピリリウムイオンは 0 ℃ で水の求核攻撃を受けるが，2,4,6-トリメチルピリリウムは水中で 100 ℃ でも安定である．負電荷を帯びた求核剤である水酸化物はより反応性が高く，すべてのピリリウムカチオンと低温下反応する．

8・4　2H-ピランの開環反応

水酸化物は2,4,6-トリメチルピリリウムカチオンと可逆的に反応し，環状ヘミアセタール構造を与える．この環状ヘミアセタール構造はさまざまな開環異性体と平衡状態にある．本反応を加熱条件で行うと，エノラートアニオンを中間体とするアルドール反応が進行し，脱水と互変異性化を経て，3,5-ジメチルフェノールになる．

ピリリウム塩とアンモニア（もしくはアミン）との反応ではピリジン（もしくはピリジニウム塩）が生成する．この反応では，最初に生成するヘミアミナール付加体の開環，アミノアルデヒドの縮合環化を経て含窒素ヘテロ環が生成する．

ベンゾピリリウム塩はピリリウム塩同様，1位への求核攻撃を受けやすい．2-ベンゾピリリウム塩にアンモニアが求核攻撃すると，開環を経て，最終的にイソキノリンになる．対照的なことに，1-ベンゾピリリウム塩にアンモニアが求核攻撃しても，対応するキノリンは生成しない．

有機金属反応剤はピリリウム塩と素早く反応する．2H-ピランへの付加体は開環を経て，ジエンではなく，ジエノンを与える．このとき，原料の4位-5位間の幾何異性は保持される．たとえば，ピリリウム過塩素酸塩はn-ブチルリチウムと反応し，(Z,E)-ノナ-2,4-ジエナールになる．

別の例を下に示すと，トリフェニルホスホニウムメチリドはピリリウム塩に求核攻撃し，Wittig反応，電子環状開環，二重結合の平衡を経て，すべての二重結合がトランス配置の7位置換2,4,6-ヘ

プタトリエナールを与える．

2,4,6-トリメチルピリリウム過塩素酸塩の例を示すが，ピリリウムの還元反応では，水素化物イオン（H⁻）がα位に付加する．生成する2H-ピランは単離不可能であるが，開環し，(Z,E)-ジエノンを与える．なお，副生成物の4H-ピランは安定化合物である．

8・5 酸素置換体 —— ピロンとベンゾピロン

ピリジニウム3位のヒドロキシ基を脱プロトンすると，ピリリウム-3-オラートが生成する．この化合物の2位と6位では1,3双極付加環化反応〔ピリジニウム-3-オラート：§5・8参照，ピラジニウム-3-オラート：§6・7参照〕が進行する．両性イオン化合物であるピリリウム-3-オラートは，別分子あるいは分子内の求双極子存在下，6-アセトキシ-2H-ピラン-3(6H)-オンの酢酸の脱離により得られることが多い．

α-およびγ-ヒドロキシピリリウムのO-脱プロトン体は中性化合物ピロンであり，その役割はピリドン（p.40, 46, §5・10参照）と類似している．これにベンゼンがついた誘導体，クロモン，クマリン，イソクマリンはキノロンとイソキノロンの誘導体でもある（p.72, §7・9参照）．ピロンやベンゾピロンのカルボニル酸素を無理やりプロトン化すると，ヒドロキシピリリウム塩やヒドロキシベンゾピリリウム塩が生成する．Meerwein塩のような強力なアルキル化剤はカルボニル酸素をアルキル化し，アルコキシピリリウムを与える．

2-ヒドロキシピリリウム 2-ピロン 4-ピロン クマリン クロモン イソクマリン
2-hydroxypyrylium 2-pyrone 4-pyrone coumarin chromone isocoumarin

ピロンへの求電子置換反応はあまり報告されてないが，3位/5位へのニトロ化と臭素化の二つをあげることができる．クロモンとクマリンは中性条件下3位に求電子攻撃を受ける．

第8章 ピリリウム，ベンゾピリリウム，ピロン，ベンゾピロン

2-ピロンの求電子置換反応は C3 位または C5 位で選択的に進行する

クロモンとクマリンの求電子置換反応は中性溶液中，ピロン環上で選択的に進行する

強酸条件下，ベンゼン環上で置換が起こる．これはおそらくカルボニル酸素がプロトン化され生じるヒドロキシベンゾピリリウムカチオンを経由している

ピロンおよびベンゾピロンの化学的特徴は不飽和ケトンやラクトンの化学と類似していることであろう．2-ピロンは原理的に求核剤の付加を2位（カルボニル炭素），4位，6位で受ける．たとえば，アンモニアやアミンとの反応では，2-ピロンは，おそらく2位への反応を経て，2-ピリドンに変換される．同様に4-ピロンはアンモニアやアミンと反応し，4-ピリドンに変換される．この反応では明らかにアンモニア/アミンがカルボニル炭素ではなく，2位炭素を最初に攻撃していることがわかる．

2-ピロンは Diels–Alder 反応におけるジエンとして反応する．付加環化体は高温下，逆 Diels–Alder 反応により二酸化炭素を失う傾向にある．この二酸化炭素の脱離は低温条件，高圧条件や特定

2-ピロンは容易に Diels–Alder 反応が進行し，その付加体は加熱により CO_2 を失うことで 1,3-ジエンを与える．このジエンは再度ジエノフィルと反応する

の触媒の利用により抑制することができる．

　3-ブロモ-，5-ブロモ-，および 3,5-ジブロモ-2-ピロンのペリ環状反応は大変特徴的である．というのも，これらはジエンとして優れており，電子不足ジエノフィル（通常の電子要請型）および電子豊富ジエノフィル（逆電子要請型）の両方と反応することができる．3,5-ジブロモ-2-ピロンは 3 位で選択的に 0 価パラジウム触媒クロスカップリングが進行し，得られる 3 位置換 5-ブロモ-2-ピロンは図に示したように（主生成物であるエンド付加体のみを示した），両方の型のジエノフィルとして使うことができる．

8・6　1,5-ジケトンからのピリリウム環合成（1 位と 2 位の結合形成）

　ピリリウムカチオンは 1,5-ジカルボニル化合物（系中で生成するものを含む）から合成されることが多い．たとえば，ヘプタン-2,6-ジオンのエノール化により，分子内ヘミアセタールが形成し，水の脱離と酸化を経て，芳香族六員環塩が生成する．例を図に示したように，さまざまな酸化剤を用いることができる．$4H$-ピランから水素化物イオン（H^-）を引取るのはトリフェニルメチルカルボカチオン（Ph_3C^+）であり，無水酢酸は $4H$-ピランの生成を促進する．

　エノールやエノラートがカルコン（"カルコン"は α,β-不飽和ケトンであり，芳香族アルデヒドとアリールメチルケトンとのアルドール縮合により生成する）に付加することにより，系中で生成する 1,5-ジケトンはピリリウム環の合成に適している．過剰に存在するカルコンは $4H$-ピラン中間体の酸化剤である．

出発物となる 1,5-ジカルボニル化合物が二重結合をもっている場合は，酸化の段階は不要である．ピリリウム過塩素酸塩（爆発の可能性あり）の合成は正にその例であり，ピリジン-三酸化硫黄複合体の加水分解により得られるグルタコンアルデヒド（ペンタ-2-エン-1,5-ジアール）のナトリウム塩が過塩素酸により閉環する．

8・7 1,3,5-トリケトンからの 4-ピロン環合成（1位と2位の結合形成）

4-ピロンの合成も1位-2位間の結合形成を含む．アセトンとシュウ酸ジエチルとの二重 Claisen 縮合により容易に合成される 1,3,5-トリカルボニル化合物を無機酸で処理すると閉環し，4-ピロンニカルボン酸を与える．出発物の中心に存在するカルボニル基は環化したヘテロ環にそのまま残存する．

8・8 1,3-ケトアルデヒドからの 2-ピロン環合成（1位と2位，4位と5位の結合形成）

2-ピロンの古典的合成法はリンゴ酸〔リンゴをはじめとする果実の酸味成分（1785年，Scheele らによってリンゴジュースから単離された）〕の脱カルボニルを含み，リンゴ酸由来の2分子のホルミル酢酸が縮合し，クマリン酸（2-ピロン-5-カルボン酸）が生成する．クマリン酸の脱炭酸により 2-ピロンが，臭素化により 3,5-ジブロモ-2-ピロンが生成する（炭酸の臭素によるイプソ置換は起こりやすく，中間体の脱炭酸は起こりやすい状態にある）．

8・9 1-ベンゾピリリウム/クマリン/クロモン環合成

ベンゼン環と融合したピリリウムおよびベンゾピロンの実用的合成法はフェノールを出発物としている．たとえば，レゾルシノールは酸性溶液中 1,3-ジケトンと反応し，ベンゾピリリウム塩を与える．1,3-ジケトンの一つのカルボニルの酸化準位を変え，エステルとした場合，レゾルシノールと β-

8・9 1-ベンゾピリリウム/クマリン/クロモン環合成

ケトエステルとの反応が進行し,クマリンが生成する.これら合成法の反応開始段階は酸素上にプロトン化された1,3-ジカルボニル化合物の芳香環への求電子攻撃にあり,攻撃点のパラ位に存在するヒドロキシ基は本反応を促進する.

レゾルシノールと1,3-ジケトンまたは1,3-ケトエステルの反応は,それぞれ1-ベンゾピリリウム塩,クマリンを与える

サリチルアルデヒドは酸性条件下アリールメチルケトンと反応し,フラビリウム塩(2-アリール-1-ベンゾピリリウム塩)を与える.この反応はアルドール縮合,閉環,脱水で構成されている.先と同様,カルボニル基の酸化準位を変え,サリチルアルデヒドと無水酢酸とが反応するとクマリンが生成する(Perkin 縮合,§19・9参照).

サリチルアルデヒドとアリールメチルケトンまたは無水酢酸の反応は,それぞれ1-ベンゾピリリウム塩,クマリンを与える

o-ヒドロキシアリールメチルケトンは単純にフェノールがアシル化されフェノールエステルを与える.この化合物を塩基性条件下で処理すると,転位が進行し1,3-ジケトンフェノラートアニオンが生成する.さらにこの化合物を酸性条件に付すと,閉環反応が進行し,クロモンを与える.2-アリールクロモンは一般に"フラボン"と認知されている.

練 習 問 題

8・1 2,4,6-トリフェニルピリリウム過塩素酸塩と2当量の $Ph_3P=CH_2$ から1,3,5-トリフェニルベンゼンが得られる反応機構について考察せよ.

8・2 次の式で得られる化合物 **A**～**C** の構造を示せ.

2-メチル-5-ヒドロキシ-4-ピロン＋トリフルオロメタンスルホン酸メチル → $C_7H_9O_3^+$ TfO^- (塩, **A**)

A＋2,2,6,6-テトラメチルピペリジン (立体的にかさ高い塩基) → $C_7H_8O_3$ (双極子化合物, **B**)

B＋アクリロニトリル → $C_{10}H_{11}NO_3$ (**C**)

8・3 4-ピロンとメチルアミンから1-メチルピリジン-4-オンを得る反応機構を示せ.

8・4 次の式で得られるピリリウム塩の構造を推察せよ. ピナコロン (Me_3CCOMe) とピバルアルデヒド ($Me_3CCH=O$) が縮合し, 化合物 $C_{11}H_{20}O$ (**A**) を与える. ついで **A** はナトリウムアミド $NaNH_2$ 存在下ピナコロンと反応し, 化合物 $C_{17}H_{32}O_2$ (**B**) を与える. 最後に **B** は酢酸中 $Ph_3C^+ClO_4^-$ と反応し, ピリリウム塩が生成する.

8・5 次の式で得られるピロンの構造を推察せよ. (i) ナトリウムエトキシド NaOEt 存在下, $PhCOCH_3$ と $PhC\equiv CCO_2Et$ との反応, (ii) $PhCOCH_2COCH_3$ と2当量の水素化ナトリウム NaH, 続いて4-クロロ安息香酸メチル.

8・6 デヒドロ酢酸 (2-ヒドロキシ-4-ピロン-3-カルボン酸エチル) はアセト酢酸エチル $MeCOCH_2CO_2Et$ と炭酸水素ナトリウム $NaHCO_3$ との加熱により1886年に初めて合成された. 2分子の3炭素ユニットの縮合によるクマリン酸合成を参考に, デヒドロ酢酸生成の機構を示せ.

8・7 次の式で得られる中間体 (**A**, **B**) と最終化合物 (**C**) の構造を示せ. サリチルアルデヒド, $MeOCH_2CO_2Na$, 無水酢酸 Ac_2O を加熱すると化合物 $C_{10}H_8O_3$ (**A**) が得られる. ついで **A** を1当量の PhMgBr と反応させると化合物 $C_{16}H_{14}O_3$ (**B**) が生成する. 最後に **B** を塩酸処理することで最終化合物 $C_{16}H_{13}O_2^+Cl^-$ (**C**) が得られる.

9

ピロール

ピロール
pyrrole

9・1 炭素上での求電子置換反応

　ピロールは窒素上で求電子剤と反応しない（ピリジンとは異なる）．窒素上の非共有電子対は芳香環形成の 6 電子に組込まれており，窒素上への求電子剤の付加はエネルギー的に不利な非芳香族化合物を与える．

ピロールの窒素には求電子剤（またはプロトン）は付加しない

　ピロールの α 位炭素上では求電子置換反応が進行しやすく，反応性は劣るものの β 位でも進行する．ピロールはベンゼンよりも求電子剤の攻撃を受けやすく，その反応速度は 10^5 速い．これら二つの反応性は，ピロールのニトロ化をみると理解しやすい．この反応は，求電子的に弱いニトロ化剤 $AcONO_2$ を用いた低温反応であり，2-ニトロピロールおよび 3-ニトロピロールの混合物が得られ，前者が優先的に生成する．穏和な条件下，ピロールの四ヨウ素化体が得られることは，ピロールが弱い求電子剤とも反応するほど高い反応性をもっていることを示す別のよい例である．

ピロールは容易にヨウ素化またはニトロ化される

$4 \times I_2$ ← ピロール → $AcONO_2$, $-10\ °C$ → 2-ニトロピロール + 3-ニトロピロール　4:1

　位置選択性と高い反応性は求電子置換反応中間体の共鳴効果により説明できる（暗に安定な遷移状態が対応する生成物を与えることを意味する）．α 位や β 位が求電子攻撃を受けたカチオン中間体は

El^+ の α 位への攻撃はより安定な中間体を与える

ピロールの求電子置換反応における位置選択性は，中間体の安定性により説明される

El^+ の β 位への攻撃はより不安定な中間体を与える

よく安定化されている．しかし，ヘテロ原子からの電子供与により，α位に攻撃を受けた中間体では分極が増大しており，図に示した通り，共鳴構造式が β 位中間体（2 個）よりも多い（3 個）ことから共鳴効果が大きくなっている（β 位中間体の炭素−炭素二重結合は電荷の非局在化には含まれない）．

窒素上に立体的にかさ高い置換基が存在すると，位置選択性を β 位に偏らせることができる．この場合，窒素上の置換基が α 位の反応を立体的に妨げる．たとえば，1−トリイソプロピルシリルピロール（TIPS ピロール）の求電子置換反応は β 位で選択的に進行する．窒素上のトリアルキルシリル基はフッ化物を用いて容易に除去することができ，窒素上が無置換の β 位置換ピロールを得ることができる．

求電子置換反応は
TIPS ピロールの β
位で起こる

ピロールの求電子置換反応は，強いプロトン酸や Lewis 酸条件は避けなければならないものの，有用である．ヘテロ環は反応性が高く，強いプロトン酸や Lewis 酸条件では，ただちに分解やポリマー化が進行する．幸いにも，この高い反応性により，ピロールのアシル化では強い Lewis 酸触媒は必要なく，たとえば，トリクロロアセチルクロリドとの反応ではまったく触媒を必要としない．1−アロイルベンゾトリアゾール（酸塩化物と類似した反応性をもつ）はアロイル基を導入するときに使用され，触媒として四塩化チタンを要するのみである．

アシル化は α 位
で容易に起こる

2-PyCOBt = 2-Py−ベンゾトリアゾール

2-PyCOCl と同じ
ように反応する

よく用いられる置換反応は Vilsmeier 反応であり，ピロールアルデヒドを効率良く合成することができる．

ピロールの Vilsmeier
ホルミル化は α 位で
進行する

ピロールと α,β−不飽和ケトンが反応すると，C−アルキル化が容易に進行する．Mannich 反応を用いると，ジアルキルアミノアルキルピロールが生成する〔求電子剤は系中で生成するイミニウムイオン（例：$H_2C=N^+Me_2$）〕．ピロールは酸素がプロトン化されたアルデヒドやケトンと反応するが，

生成物であるヒドロキシアルキル置換体は通常得られず，酸性条件下さらに反応した化合物が得られる（§9・7, §9・8参照）．

ピロールの高い反応性を調整することで，若干反応性の高い反応剤を用いることができるようになり，これはしばしば有用である．具体的には窒素あるいは炭素上に電子求引基を置換する方法が用いられる．たとえば，1-(t-ブトキシカルボニル)ピロール（Bocピロール）はN-ブロモスクシンイミドと反応し，2,5-二臭素化体を選択的に与える．N-トシルピロールも二臭素化されるが，反応点は3位および4位である．これらの実験事実は，ハロピロールは本質的には不安定であるが，窒素上に電子求引基が存在すると，これらを安定化することを示している．

さらに，炭素上の強い電子求引基は求電子剤との反応位置を変えることができる．たとえば，4-ニトロピロール-2-カルボン酸メチルの合成は2-トリクロロアセチルピロールのニトロ化を含む．このとき，アシル基は3位および5位を選択的に不活性化し，この効果とピロールが本来もつα位での置換反応が起こりやすい性質との相乗効果により，クロロアセチル基のメタ位で求電子攻撃が起こる．トリクロロアセチル基のメタノリシスでエステルが生成する．

2-アシルピロールの求電子置換反応において，ピロールのα位選択性はアシル基のメタ配向性に負ける

9・2 N-脱プロトンおよびN-メタル化ピロール

ピロールの窒素上水素（NH）は強塩基により定量的に除去され，ピリルアニオンを与える．この過程のpK_aは17.5であり，ピロリジンのpK_a 44と比較すると，ピロールはアミンよりもかなり酸性であることがわかる．ピリルアニオンは依然として芳香族性を保っており，窒素上の二つの非共有電子対のうちの一つの非共有電子対は環に直交しており，芳香族性を保つ六つの電子に加わっている．もう一つの非共有電子対は，環の平面上にあり，芳香族性を崩すことなく，求電子剤との反応が可能であることから，窒素上の置換反応が可能となる．

p軌道上の2電子は芳香族6π電子系に含まれる

非共有電子対は芳香族6π電子系に含まれない

ピリルアニオン
pyrryl anion

窒素上の置換反応は4-ジメチルアミノピリジン（DMAP）などの弱塩基により生成するわずかながらのピリルアニオンから進行する．N-BocピロールやN-TIPSピロールはピロールアニオンが捕捉されることにより生成する合成化学上有用な化合物である．ハロゲン化アルキルはピリリウムアニ

オンと反応し，N-アルキル体を与える．

ピリルアニオンの求核性を利用したピロール窒素上の置換反応

触媒の添加が必要であるが，ピロールのN-アリール化も進行する．よく銅触媒が用いられる．

ピロールのN-アリール化には触媒が必要．ピリルアニオンのアルキル化とは異なる反応機構で進行する

9・3　C-メタル化ピロール

N-置換ピロールのα位プロトンは強塩基により脱プロトンされ，メタル化された中間体を与える．このメタル化された中間体は，たとえば，アルデヒドやケトンといった弱い求電子剤とでも反応することが可能であり，α位が置換された生成物を与える．適切な処置を施せば，窒素上の置換基は除去可能で，NH体を与える．窒素上の置換基のなかには，誘起効果やリチウムとの配位により，α-メタル化を促進するものもある．

脱プロトンによるリチオ化はα位で起こる

窒素上の電子求引基は誘起効果により，また多くの場合リチウムとの配位形成により，α-リチオ化を促進する．

ピロリルリチウムは金属-ハロゲン交換反応により得ることができる．

9・4　0価パラジウム〔Pd(0)〕触媒反応

ハロゲン，ボロン酸，スズをもつピロール化合物は0価パラジウム〔Pd(0)〕触媒によるクロスカッ

プリングに用いることが可能であり，図示したように，2 位あるいは 3 位置換ピロールの合成に用いられる．

9・5 酸化と還元

単純なピロールは容易に酸化される．通常，環が分解するが，マレイミドが単離されることもある．科学技術とヘテロ環化学が交差する重要な領域に有機電子材料がある．ピロールは電気化学的にあるいは化学的〔例：塩化鉄(Ⅲ)の利用〕に酸化され，2 位および 5 位で結合したポリマーを与える．最初に生成する中性ポリマーは非伝導性であるが，さらに酸化を進めると，カチオンラジカルやジカチオンがポリマー上部分的に生成し，"ドーピング"とよばれる反応媒体からの対イオン取込みを経て，伝導性材料を与える（§19・11 参照）．

ピロールはさまざまな触媒の存在下水素化され，ピロリジンになる．酸存在下で還元剤を用いると，部分還元が起こり，α-プロトン化中間体を経て 2,5-ジヒドロピロールを与える．図示した通り，この反応は 1-フェニルスルホニルピロールを用いると効率よく進行する．

9・6 ペリ環状反応

芳香族化合物であるピロールは通常ジエンとして反応することはない．しかし，窒素上に電子求引基が存在すると，誘起効果と共鳴効果により，芳香族性がある程度低下し，Diels-Alder 反応のジエン体として反応する．N-Boc ピロールの反応は有名であり，アセチレンジカルボン酸ジメチルとの反応を示す．

9・7 側鎖置換基の反応性

　ピロールの電子豊富な性質は側鎖置換基の重要な機能を向上させる．ピロールカルボン酸は容易に脱炭酸する．図示した通り，この反応は C-プロトン化によるカチオン中間体が二酸化炭素を失うことにより進行する．ピロール環合成法のなかにはピロールエステルを生成するものがあるが，エステル部位が不要な場合は，加水分解と脱炭酸により容易に除去することができる．

　Mannich 反応により容易に得られるジアルキルアミノメチルピロールは，アミノ基（あるいはアミンの四級化により得られるアンモニウム基）がシアノ基などの求核剤により容易に置換されることから，さらなる構造変換が可能である．なお，この反応は直接的求核攻撃ではなく，環窒素上水素の脱プロトンにより生成するアザフルベン中間体への求核攻撃（広義のアザ Michael 反応）である．

　酸触媒下アルデヒドやケトンとの反応により生成する 2-(ヒドロキシアルキル)ピロールは容易に脱水し，求電子剤であるアザフルベニウム種を生成する．これらは，もう1分子のピロールに捕捉され，ジピロメタンが生成する．

9・8 生活の中の色素

　ピロールの化学的説明をどれだけ短くしたとしても，すべての生命の中心となる二つの色素，ヘムとクロロフィルの生物学的重要性を省くことはできない（§17・3 参照）．複雑な大員環化合物をいとも簡単に構築することは驚愕に値するものの，前述の議論で合成の機構をすべて説明することができる．たとえば，酸触媒下でのピロールとアセトンとの反応では大員環化合物が高収率で得られる．

この反応機構は図に示した通り，① α位選択的求電子置換反応，② 芳香環側鎖ヒドロキシ基の脱離，③ 生成したアザフルベニウムカチオンが求電子剤としてもう一つのピロール α位へ攻撃，となっており，同じような調子で反応が繰返される．

9・9 環合成 ―― 切断する場所

下にまとめた通り，ピロールの合成では三つの重要な切断位置がある．

9・10 1,4-ジカルボニル化合物からのピロール合成
　　　　（1位と2位，1位と5位の結合形成）

最も代表的なピロール合成法はアンモニアあるいは第一級アミンと1,4-ジカルボニル化合物によるものであり，Paal–Knorr 合成法とよばれる．アンモニア/アミン窒素が二つのカルボニル基へ分子間，続いて分子内求核付加反応し，2分子の脱水，互変異性化により，芳香環化合物が得られる．

9・11 α-アミノケトンからのピロール合成（1位と2位，3位と4位の結合形成）

この合成法は Knorr 合成法とよばれ，ワンポット条件下，α-アミノケトンと1,3-ジケトンあるいは1,3-ケトエステルが逐次縮合する．なお，出発物となるジカルボニル化合物が活性メチレン（CH_2）をもっていることが，本反応が進行するための必須条件である．3位-4位間を結合するアルドール型縮合と1位-2位間を結合するアミノ基のケトンカルボニル基への求核付加反応が含まれる本合成法の実際の反応順序は明らかではないが，おそらく，窒素-炭素結合が最初に形成され，エナミンが生成するものと考えられる．ただし，α-アミノケトンは不安定であり，自己縮合によりジヒドロピラジンを生成する（§6・15参照）．この問題の解決法は二つある．一つはアミノケトンをプロトン化された塩などの窒素保護体として用いるもので，出発物存在下，塩基によりアミノ基を無置換にする方法である．もう一つの方法は，アミノケトンを α-ケトオキシムなどの前駆体の還元によ

り系中で発生させるものである．下図に示した通り，2,4-ジメチルピロロカルボン酸エチルの合成では，ピルブアルデヒドオキシムとアセト酢酸エチルが用いられる．対応するアミノケトンがオキシムの還元により系中で生成する．

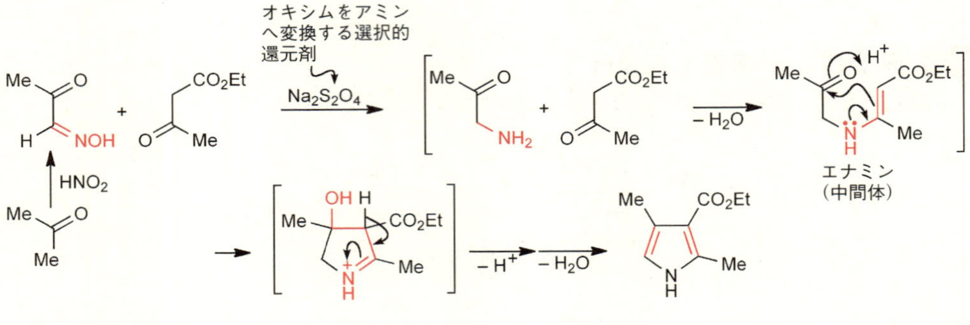

窒素上に保護基をもつアミノケトンの有用な例は，N-Cbz-α-アミノ酸の"Weinreb アミド" RCON(OMe)Me と Grignard 反応剤（あるいはアルキルリチウム，アリールリチウム）との反応であり，ケトンを与える．接触水素化による Cbz 基の除去により，もう一方の出発物存在下，α-アミノケトンが生成する．図にはアセト酢酸エチルとの反応を示した．

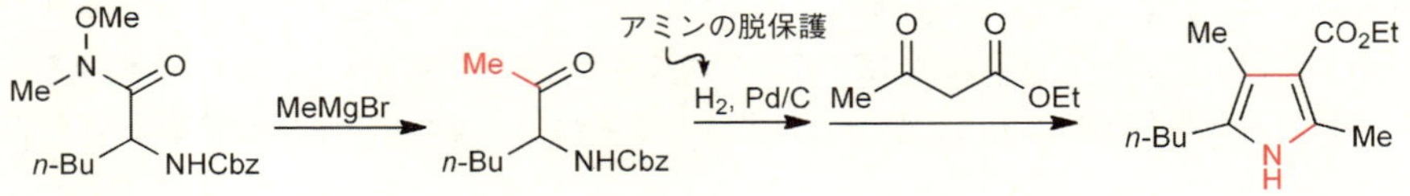

Knorr 合成法はしばしばピロールエステルを与えるが，不要なエステル部位は，先に示した加水分解と脱炭酸（§9・7参照）により容易に除去できる．

9・12 イソシアニドを用いたピロール合成（2位と3位，4位と5位の結合形成）

ピロール環合成の重要な切断法として，2炭素フラグメントと C-N-C フラグメントへの切断がある．後者フラグメントとしてイソシアニドをあげることができ，トシルメチルイソシアニド TsCH₂NC（TosMIC）がよく用いられ，これは van Leusen 合成法とよばれる．容易に生成する TosMIC のアニオンがエステルやケトンと共役したアルケンと反応する．本書では Michael 型の反応から反応式を書き始めている（繰返しになるが，一つの反応容器の中で，いくつかの反応が進行している）．一見奇妙に思うかもしれないが，次の段階は，エノラートの α 炭素のイソシアニド炭素

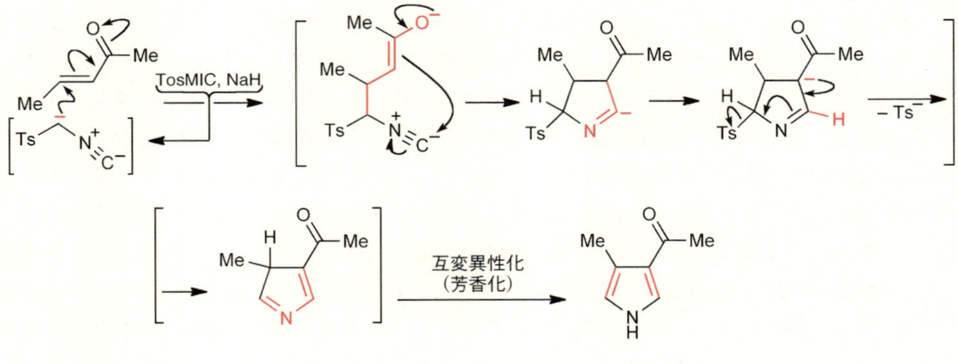

（共鳴構造では形式上負電荷が記載されるが，別の表記法では RN＝C となる）への分子内求核付加反応である．水素移動と，*p*-トルエンスルフィナート（硫黄の酸化準位はスルホナートからスルフィナートに変化している）の脱離，互変異性化により，芳香族ピロールを与える．

　ベンゾ[1,2-*b*:4,3-*b*']ジピロールは本章で述べたピロールの化学，すなわち二つの van Leusen 合成法により構築することが可能である．最初の van Leusen 合成法の基質はソルビン酸エチルである．生成したピロールの窒素をフェニルスルホニル基で保護し，続いて，もう1分子の TosMIC により，ピロール環をもう一つ形成する．この中間体は二つのピロール環をもつが，フェニルスルホニル基をもつピロールは反応性が低く，続く Mannich 反応はもう一方のピロール環で選択的に，かつエステル（不活性化基）のオルト位でないピロール α 位で進行する．側鎖アミノ基を第四級アンモニウムに変換し，シアノ基の付加（§9・7 参照），シアノ基の酸塩化物への変換を行う．最後に，四塩化チタン(IV)を用いたもう一方のピロール環への分子内 Friedel–Crafts アシル化反応による六員環の形成，続く互変異性化により，フェノール性化合物が生成する．

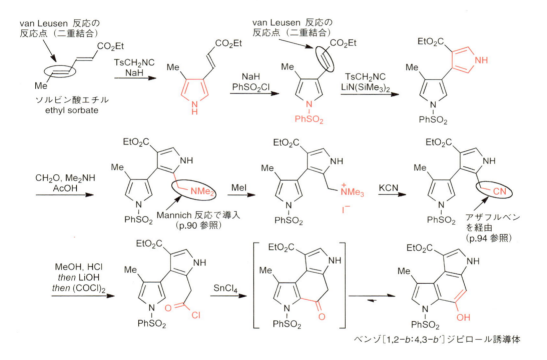

ベンゾ[1,2-*b*:4,3-*b*']ジピロール誘導体

練習問題

9・1 2-メチルピロールを無水酢酸と硝酸で処理すると，ニトロ基を一つもつ化合物 $C_5H_6N_2O_2$ の二つの異性体が 6:1 の比で生成する．これら異性体の構造と，主生成物を予想せよ．

9・2 ピロールから次の化合物を合成する方法を示せ．(i) 2-ブロモピロール，(ii) 3-ブロモピロール（2 工程以上必要）．

9・3 次式で得られる化合物の構造を推察せよ．(i) ピロールと CH_2O–ピロリジン–AcOH，(ii) ピロールと水素化ナトリウム NaH，ヨウ化メチル MeI．

9・4 ピロールからピロール-2-イル-$CH_2CH(CO_2Me)_2$ を得る方法を示せ（2 工程以上必要）．

9・5 ピロールから 2-フェニルピロールを得る方法を示せ（多工程必要）．

9・6 炭素上は無置換で，窒素上に CH(Me)(CO₂Me) 基をもつピロールを合成するには，どのピロール合成法が適切で，どのような出発物を用いればよいか示せ．

9・7 ペンタン-2,4-ジオン MeCOCH₂COMe と反応し，3-アセチル-2-メチル-4,5-ジフェニルピロールを与える出発物を示せ．

9・8 TsCH₂NC (TosMIC) と反応し，4-エチルピロール-3-カルボン酸メチルを与える出発物を示せ．

10

インドール

インドール
indole

10・1 炭素上での求電子置換反応

インドールは塩基性化合物ではなく、窒素がプロトン化されて塩が形成することはない。なぜなら、窒素がプロトン化されるということは芳香族性を崩すことになり、局部的な（すなわち、共鳴安定化されてない）アンモニウム塩をつくることになるからである。

インドールの窒素には求電子剤（またはプロトン）は付加しない

インドールβ位（3位）へのプロトンの求電子付加はある程度進行する。しかし、少量でもこの反応の生成物が生じれば、3位がプロトン化された中間体（3H-インドリウムカチオンまたはインドレニウムカチオンとして知られている）由来の生成物が得られる。したがって、図に示した通り、窒素の保護されたトリプトファンエステルは3H-インドリウムカチオンを経て、三環性化合物に変換される。

アミンを保護したトリプトファンメチルエステル 3H-インドリウムカチオン（インドレニウムカチオン）

同様に、インドールは窒素上に求電子剤の付加を受けず、より電子豊富なピロール環の炭素上で求電子剤の攻撃を受ける。インドールはベンゼンよりも求電子置換反応を受けやすい。この求電子攻撃はβ位（3位）で選択的に進行するが、α位（2位）でも反応が若干遅いものの進行する。したがって、

El$^+$のβ位攻撃による中間体   El$^+$のα位攻撃による中間体   ベンゼン環の壊れた共鳴構造は重要ではない

β位に置換基をもつ基質の場合は，α位での反応が選択的に進行する．この反応の位置選択性と反応速度は，求電子置換反応中間体の共鳴構造を考えることにより説明できる．α位あるいはβ位に攻撃を受けたカチオン中間体は安定化されている（ともにベンゼン環をそのままもっている）が，ヘテロ原子からの電子供与性を含めた非局在化が，α体よりもβ体の方が大きい．特に前者はベンジルカチオンになるので，若干不安定である．

インドールの求電子剤との高い反応性をいくつかの置換反応（下図）で示す．インドールの臭素化は臭素単独で進行する．また，酸塩化物によるアシル化ではFriedel-Crafts触媒を必要としない．さらに，3位アシル化は酸無水物と加熱するのみである．トリフルオロアセチル化は0℃で進行し，生成物は加水分解により対応する酸に変換することも3-カルボキサミドに変換することもできる．

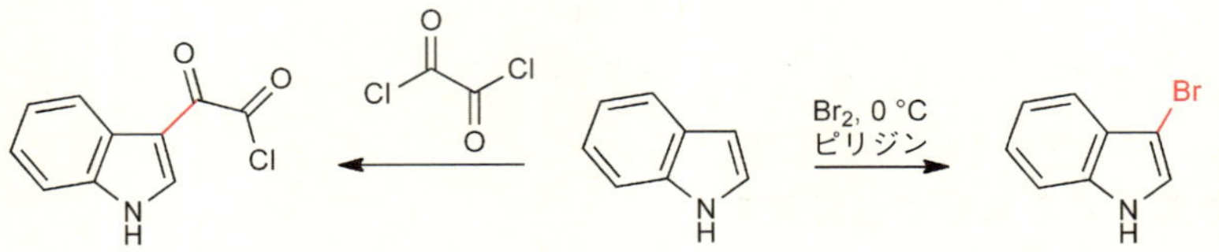

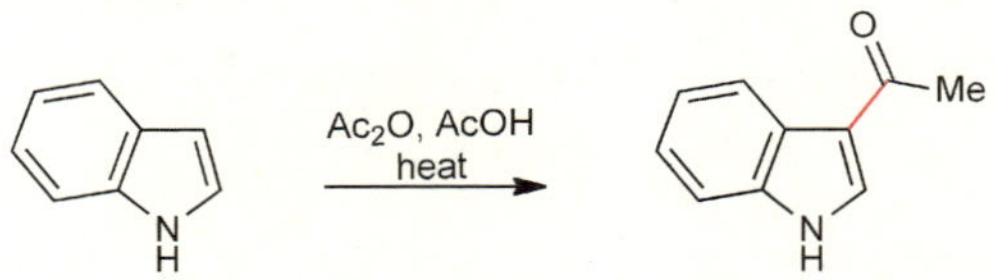

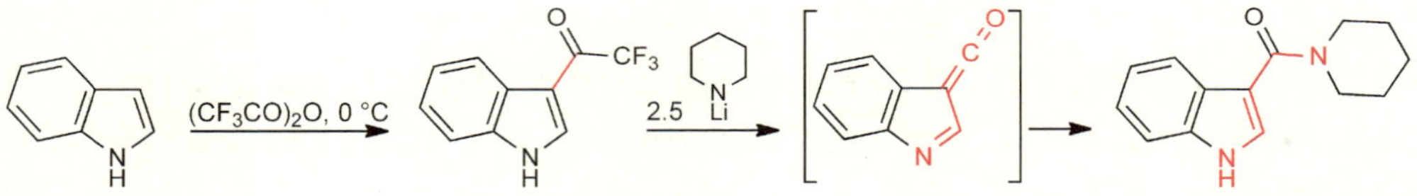

求電子置換反応により，硫黄も導入できる．スルホン化ではピリジン-三酸化硫黄複合体を用いる．スルフェニル化ではハロゲン化スルフェニルを用いる（しばしば系中で発生させることもある）．

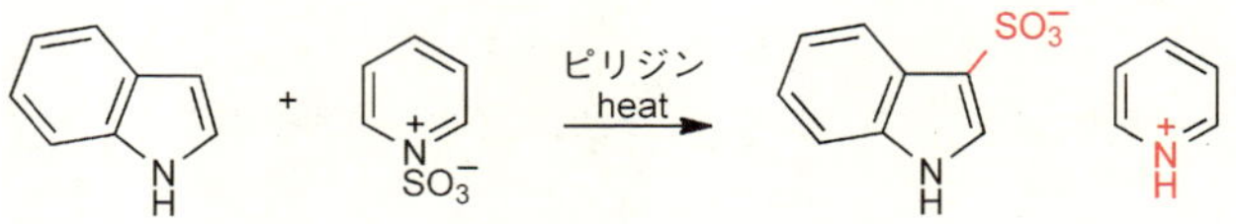

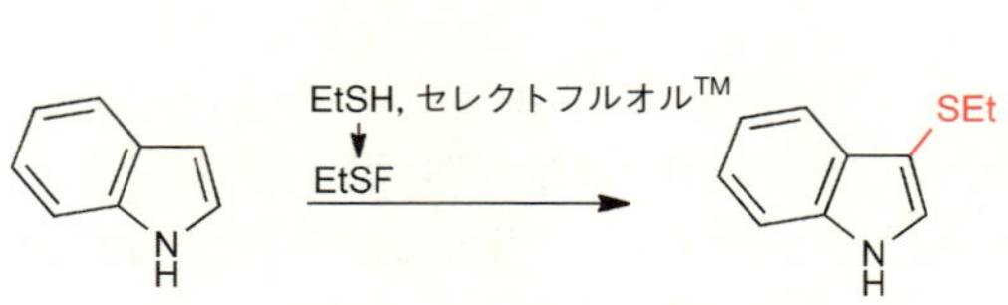

α位での置換反応が容易であることは，トリプタミンのMannich反応（求電子的イミニウム中間

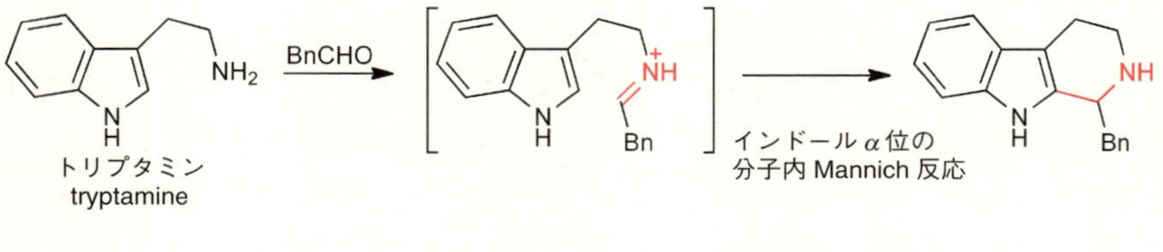

トリプタミン
tryptamine

インドールα位の
分子内Mannich反応

体を経由）が穏和な条件下進行し，1,2,3,4-テトラヒドロ-β-カルボリン（β-カルボリンはピリド[3,4-b]インドールの慣用名である）を与えることからわかる．

インドールの求電子置換反応は広く用いられており，ここでは 3 例のみ示す．① 酸や触媒非存在下でのニトロエタンとのアルキル化，② Vilsmeier 反応を経る 3-アルデヒドへの変換，③ イミニウム求電子種 $[H_2C=NR_2]^+$ の攻撃を含む Mannich 反応を経て 3-ジアルキルアミノメチルインドールを合成（インドール，ホルムアルデヒドとジメチルアミンから"グラミン"が生成）．図示したすべての反応が β 位選択的に進行している．

インドール α 位で分子内 Vilsmeier 反応が進行すると，3,4-ジヒドロ-β-カルボリンが得られる．

1-フェニルスルホニルインドールの 3 位ニトロ化のように，窒素上に電子求引基（不活性化基）が置換しているインドール誘導体においても，ニトロ化は β 位（3 位）で進行する．実際，インドール化合物が安定になる利点があるので，インドールの窒素上に置換基を一時的に存在させることがしばしばなされており，ハロゲン化のときにもよく利用される手法である．たとえば，1-トリイソプロピルシリルインドール（TIPS インドール）の臭素化体は，3-ブロモインドールよりも取扱いが容易である．

インドール化合物と α,β-不飽和ケトンあるいは α,β-不飽和アルデヒドとの共役付加反応は，通常酸性条件下で行われ，インドールのアルキル体を与える．二つ目の例は，キラル有機触媒が光学活

性体を与える例である.

3-アルキルインドールの酸性条件下での α-アルキル化は，最初に生成する 3,3-ジアルキル-3H-インドリウムカチオンの転位を含んでいる．この反応の反応機構は，4-(インドール-3-イル)ブタン-1-オールの放射性標識化合物がフッ化ホウ素触媒存在下 1,2,3,4-テトラヒドロカルバゾールを与えることから検証されている．最初に得られる β 位対称スピロ中間体の転位反応に選択性はなく，最終生成物の 1 位，4 位ともに同じ割合で標識された元素が確認できる．

10・2　N-脱プロトンおよび N-メタル化インドール

インドールの NH 水素は強塩基により定量的に引抜かれ，インドリルアニオンを与える．pK_a は 16.2 であり，ピロールの 17.5 に近く，芳香族アミンたとえばアニリン（pK_a 30.7）より小さい．インドリルアニオンは依然として芳香族種であり，窒素上の二つの非共有電子対のうち一つは環の平面にあり，芳香族性を崩すことなく，求電子剤と反応することが可能で，N-置換体を与える．弱塩基や相関移動触媒存在下でも，わずかにインドリルアニオンが生成するので，N-置換反応が進行する．

インドリルアニオン
indolyl anion

合成化学上重要なインドリルアニオンと求電子剤との反応を下に示す．水素化ナトリウムなど強塩基存在下での N-ベンゾイルインドール，N-メチルインドールの合成，弱塩基存在下での N-フェニルスルホニルインドール，N-Boc インドールの合成があげられる．

インドールの N-アリール化はパラジウムや銅触媒を用いると効率よく進行し，さまざまな配位子が用いられている．以下に代表的な2例を示す．

10・3 C-メタル化インドール

N-置換インドールは強塩基存在下，α位（2位）選択的に C-脱水素反応が進行し，有機金属中間体を与える．この中間体は，たとえば，カルボニル化合物などの弱い求電子剤とでも反応し，α-置換化合物を与える．この反応は窒素上が容易に除去できる保護基で置換されていても進行する．いくつかの一般的な窒素の保護基（たとえば，フェニルスルホニル基）は，分子内配位結合や電子求引効果により，位置選択的 α-リチオ化反応を補助する．ほかにも，t-ブトキシカルボニル基やジエトキシメチル基も有用かつ除去が容易な窒素の保護基である．図に示す通り，このリチオ化法はインドー

α-リチオ化，続く求電子剤との反応，最終的な窒素保護基の除去により，窒素無置換の2位置換インドールが得られる

ルの化学では重要である.

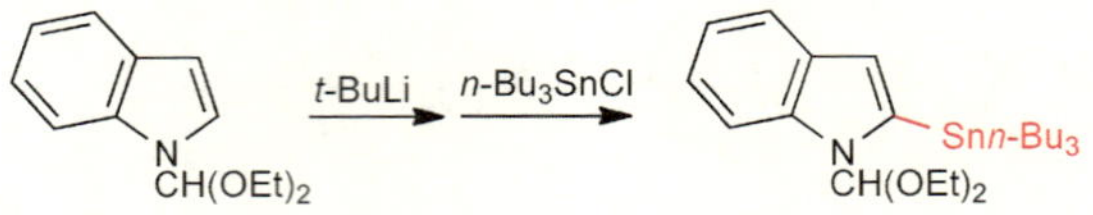

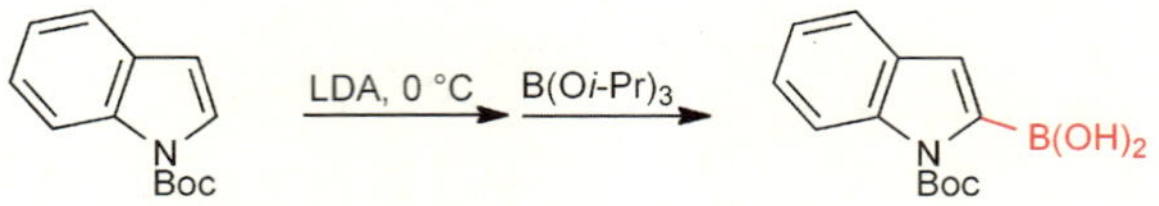

[reaction scheme: N-CH(OEt)₂ indole → t-BuLi, n-Bu₃SnCl → 2-Sn(n-Bu)₃ indole with N-CH(OEt)₂]

[reaction scheme: N-Boc indole → LDA, 0 °C, B(Oi-Pr)₃ → 2-B(OH)₂ N-Boc indole]

別の有用な窒素の保護基として，α-リチオ化前のインドールの N-カルボキシ化（塩基と二酸化炭素を利用）をあげることができる．この反応はカルバミン酸のリチウム塩を形成する（カルバミン酸の一般式は $R^1R^2NCO_2H$．カルバミン酸エステルの一般式は $R^1R^2NCO_2R^3$）．N-リチオ化，二酸化炭素の添加，2 位求電子反応，N-脱保護を，中間体を単離することなく，一つのフラスコで行うことができる．下図には 2-ヨードインドールの合成を示す．

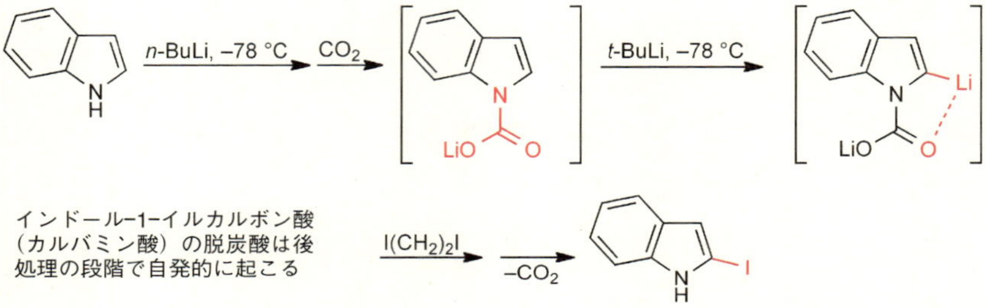

[reaction scheme: indole → n-BuLi, −78 °C → CO₂ → N-CO₂Li intermediate → t-BuLi, −78 °C → 2-Li lithiated intermediate → I(CH₂)₂I, −CO₂ → 2-iodoindole]

インドール-1-イルカルボン酸（カルバミン酸）の脱炭酸は後処理の段階で自発的に起こる

3-リチオインドールは金属-ハロゲン交換反応により得ることができる．しかし，インドールの直接的 3-リチオ化では立体的にかさ高い N-トリアルキルシリル基が用いられる.

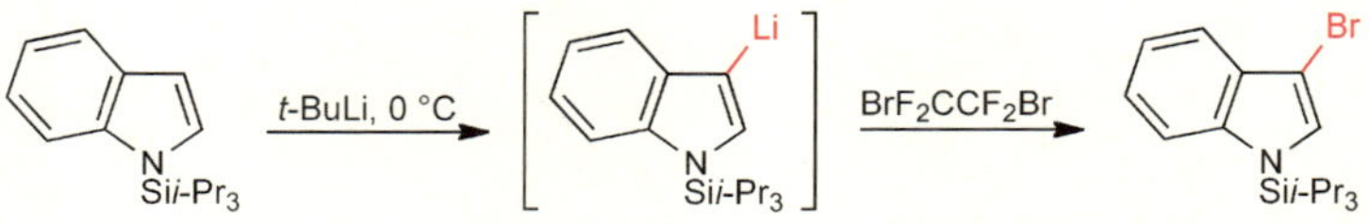

[reaction scheme: N-Si(i-Pr)₃ indole → t-BuLi, 0 °C → 3-Li N-Si(i-Pr)₃ indole → BrF₂CCF₂Br → 3-Br N-Si(i-Pr)₃ indole]

3-リチオインドールを与える金属-ハロゲン交換反応は，酸性 NH があると進行しない．より安定な 2-リチオインドールへの異性化を抑制するため，極低温条件が必要である（ちなみに，N-t-ブチ

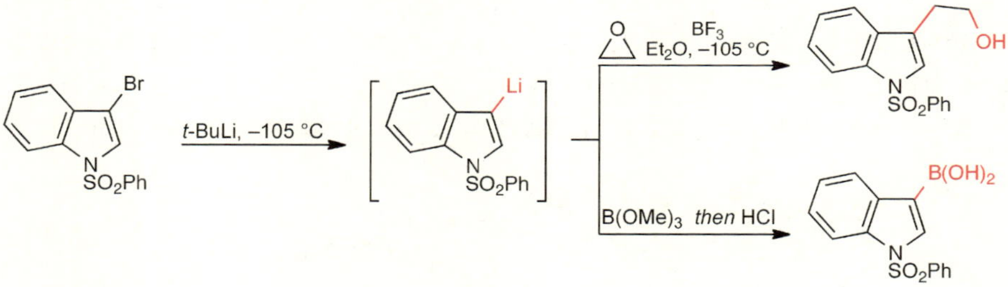

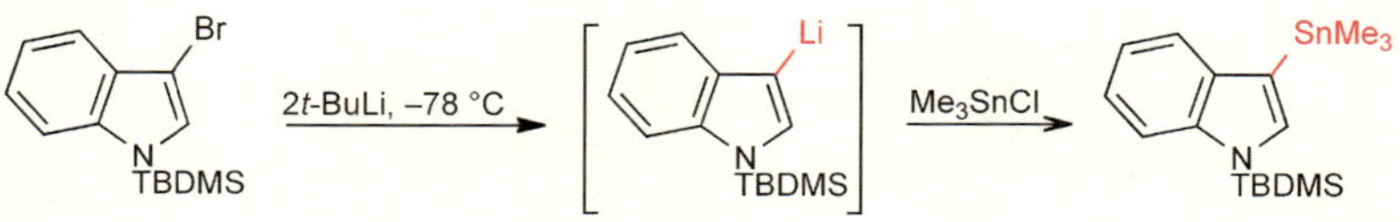

[reaction scheme: 3-Br N-SO₂Ph indole → t-BuLi, −105 °C → 3-Li N-SO₂Ph indole → epoxide, BF₃, Et₂O, −105 °C → 3-(CH₂CH₂OH) N-SO₂Ph indole; or B(OMe)₃ then HCl → 3-B(OH)₂ N-SO₂Ph indole]

[reaction scheme: 3-Br N-TBDMS indole → 2 t-BuLi, −78 °C → 3-Li N-TBDMS indole → Me₃SnCl → 3-SnMe₃ N-TBDMS indole]

ルジメチルシリル-3-リチオ誘導体は0℃でもこの異性化が進行しない).

10·4　0価パラジウム〔Pd(0)〕触媒反応

　インドール化合物を取扱う際，遷移金属触媒を用いるカップリング反応はよく用いられる．ボロン酸，スズ化合物，ハロゲン化物に加え，2位あるいは3位が酸素化されたインドール由来のトリフラートも用いられる．典型的な例をいくつか下図に示す．

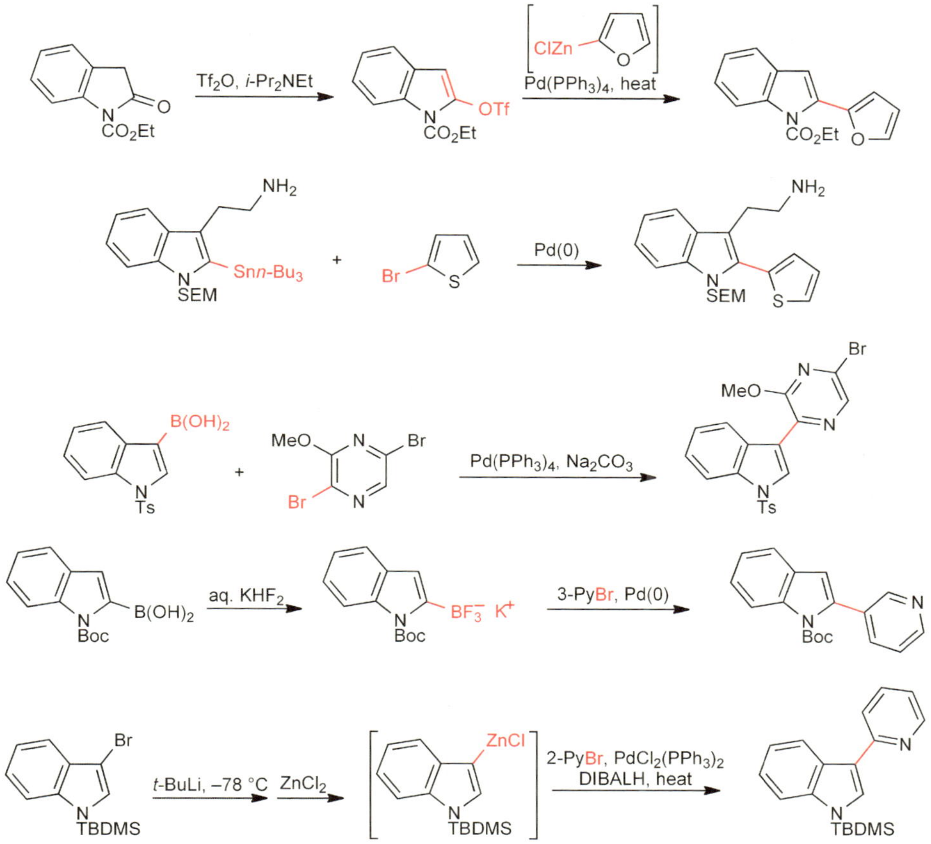

10·5　酸化と還元

　インドールのヘテロ環は容易に自動酸化される．3位置換インドールは酸性条件下ジメチルスルホキシドと反応し，対応するオキシインドール（§10·8参照）が生成する．本反応では，少量生成するβ位がプロトン化されたインドールが鍵中間体となっている（p.99参照）．

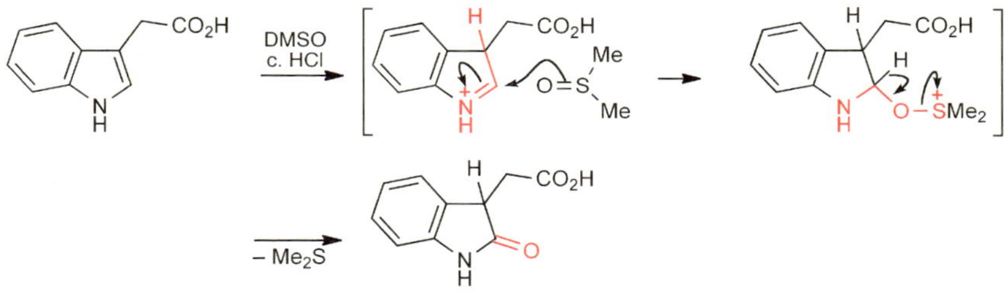

インドールを液体アンモニア中ナトリウムと反応させると（Birch 還元），ベンゼン環のみが還元される．生成物がジアルキルピロールであることに注目していただきたい．一方，金属（あるいは金属水素化物）と酸の組合わせ条件では，少量生成する 3H-インドリウム塩への攻撃を経てヘテロ環のみが還元される．インドリンとして知られている 2,3-ジヒドロインドールの反応性はアニリンと類似している．

10・6 ペリ環状反応

芳香族化合物インドールが電子環状反応の基質になることはまれであり，2位-3位の二重結合で電子環状反応を進行させるためには，特別な工夫が必要である．単純インドールの2位-3位の二重結合は分子内の双極子 4π 化合物や電子欠乏ジエンと反応することができる（逆電子要請）．

電子供与基が窒素上や炭素3位に置換している場合は，電子豊富なジエンとでも反応することができる．たとえば，3-ニトロ-1-フェニルスルホニルインドールではアゾメチンイリドとの双極付加

環化反応や，1-アシルアミノブタ-1,3-ジエンとの Diels-Alder 反応（硝酸とアミンの脱離を経てカルバゾールが得られる）が進行可能である．2- および 3-ビニルインドールは Diels-Alder 反応のジエンとして働くことができる．

10・7 側鎖置換基の反応性

インドールの電子豊富な性質は側鎖官能基に特別な影響を与える．3-ジアルキルアミノメチルインドール〔Mannich 反応で容易に合成可能（p.101 参照）〕はアミノ基への求核置換反応が容易に進行することから，合成中間体としてよく用いられる．これらの反応は直接的な置換反応ではなく，求核剤が塩基として働くことによるインドール NH 水素の脱プロトン，側鎖窒素の脱離，中間体 3-アルキリデンインドレニンへの共役求核付加である．

インドール-3-イルカルビノール（あるいは相当するケトン）の LiAlH₄ 還元も同様の反応機構で進行し，3-アルキルインドールの有用な合成法である．

10・8 酸素置換体

インドールベンゼン環上のヒドロキシ基は一般的なフェノールと同じ反応性を示す．2-ヒドロキシインドールは互変異性体として存在し，"オキシインドール"とよばれる．オキシインドールの反応性は五員環ラクタムと似ているが，3 位メチレンの酸性度が幾分高くなっている．3-ヒドロキシイ

ンドールはケト体との互変異性の関係にあり，インドキシルとよばれるケト体の方に平衡が偏っている．インドキシルは容易に酸化され，インジゴとよばれる古典的な色素になる．イサチンは単純なα-ケトアミド体とみることができる．イサチンではベンゼン環上5位で求電子置換反応が進行する．一方，イサチンのケトンやアミド部位が反応すると，インドールやキノリンの合成に用いることができる（§7・13参照）．

10・9 環合成 ── 切断する場所

インドールの合成法は数多く報告されている．しかし，ここでは，図に示した通り，ピロール環を構築する重要な六つのインドール合成法を示す．インドールはインドリン（2,3-ジヒドロインドール）の還元でも合成することができる．

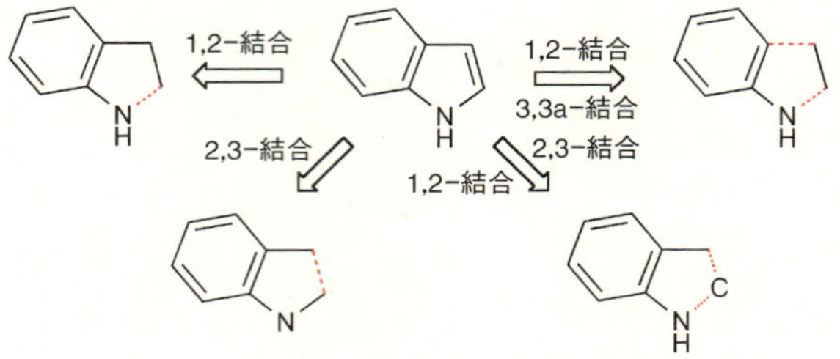

10・10 アリールヒドラゾンからのインドール合成（1位と2位，3位と3a位の結合形成）

インドール合成の最も古典的な Fischer 合成法は1883年，Emil Fischer らによって開発された．この方法は現在でも最も幅広く用いられているインドール合成法である．この反応は，ケトンやアルデヒド由来のアリールヒドラゾンを酸性条件下加熱するものであり，アンモニアが脱離し，インドールが生成する．系中でアリールヒドラゾンを調製し単離することなく用いる場合もある．たとえば，シクロヘキサノンとフェニルヒドラジンとの反応では，テトラヒドロカルバゾールが得られる．

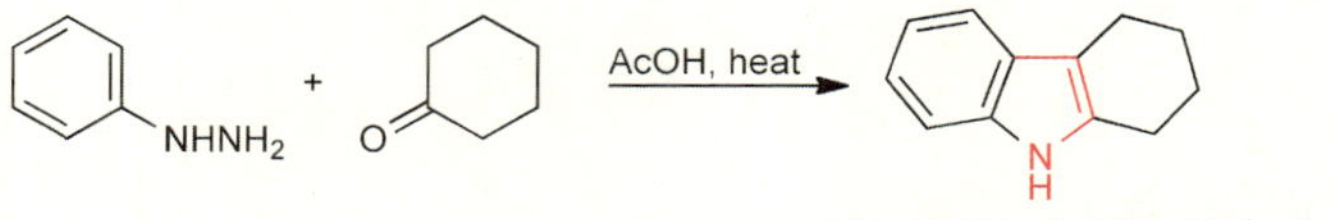

1,2,3,4-テトラヒドロカルバゾール

下図には一般的なケトンとフェニルヒドラジンとの反応機構を示した．フェニルヒドラゾンは N-プロトン化されたエナミンとの互変異性の関係にあり，エナミンの不可逆的電子環状反応で，3

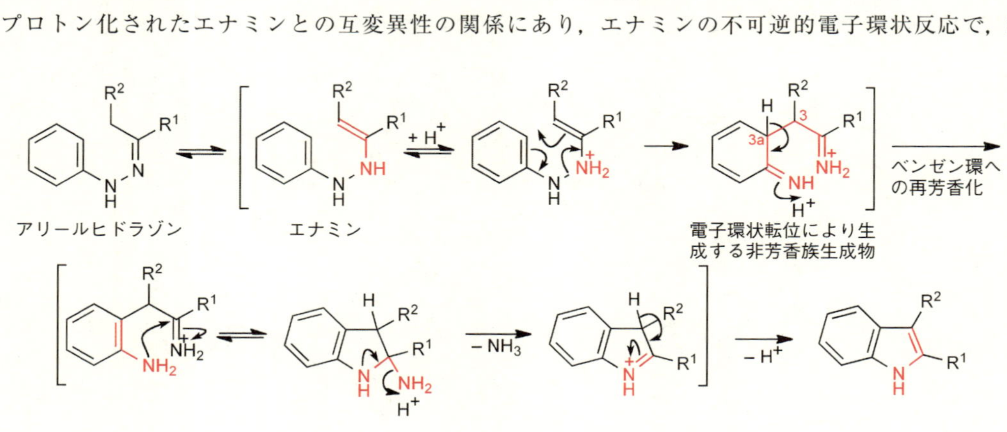

位-3a 位の結合がつくられ，窒素−窒素結合が開裂する．ベンゼン環の再芳香化，分子内アミンのイミンへの付加，そして，アンモニアの脱離を経てインドールが得られる．

アリールヒドラジンの合成は Fischer 合成法を行ううえで有用である．たとえば，遷移金属触媒を用いたハロゲン化アリールのアミノ化反応がそれに該当する．さまざまなヨウ化アリールが N-Boc ヒドラジンによりアミノ化され，N-アリール-N-Boc ヒドラジンを与え，これらは Fischer 合成に直接用いることができる（インドール合成の途中で Boc 基は除去される）．

ベンゾフェノンヒドラゾンもしばしば合成的にアリールヒドラジンとして用いられる．そして，このアリールヒドラゾンはハロゲン化アリールのアミノ化で合成され，系中で生成後ただちに酸触媒下所望のケトンに付け替えられ，Fischer 合成法に用いられる．

10・11　o-ニトロトルエンからのインドール合成（1位と2位，2位と3位の結合形成）

o-ニトロトルエンのメチル基水素は酸性度が高い．なぜなら，生成するアニオンがニトロ基との共鳴効果により安定化されているからである．Leimgruber–Batcho 合成法はこの酸性度を利用した合成法である．

o-ニトロトルエンと N,N-ジメチルホルムアミドジメチルアセタール（DMFDMA）を加熱すると，単離可能なエナミンが生成する．このエナミンのニトロ基を酸性条件下還元すると，インドールが生成する．この反応の最後の工程は，Fischer 合成法の最後の工程と類似している．

10・12 o-アミノアリールアルキンからのインドール合成（1位と2位の結合形成）

パラジウム触媒を用いたクロスカップリング反応が開発されたことにより，インドールを芳香族炭化水素，具体的には窒素をもつベンゼン（ニトロベンゼン誘導体かアニリン誘導体）のオルト位がハロゲン化された化合物から合成することが可能になった．パラジウムカップリングによりハロゲンをアルキンに変換し，これが環化に用いられる．o-ハロゲン化ニトロアリールをクロスカップリングに用いた場合，ニトロ基がアミノ基に還元されるまで，閉環反応は進行しない．三つの例を図に示す．

10・13 o-アルキルアリールイソシアニドからのインドール合成（2位と3位の結合形成）

低温下生成するo-アルキルアリールイソシアニドのベンジル位のアニオンは，室温下，2位に置換基をもたないインドールを与える．反応機構を図に概説したが，ベンジルアニオンが環化する前に，ハロゲン化物やエポキシドとアルキル化することも可能であり，この場合，3位に異なる置換基をもつインドールを得ることができる．

10・14 o-アシルアニリドからのインドール合成（2位と3位の結合形成）

Fürstnerインドール合成法は，o-アシルアニリドと低原子価チタンとの還元的環化反応であり，ケトンからアルケンを合成するMcMurryカップリングの反応条件と同一である．インドール2，3位にかさ高い置換基をもつ基質にも適用することができる．

10・15 アニリンからのイサチン合成（1位と2位，3位と3a位の結合形成）

イサチンはアニリンとクロラールから合成することができる．本合成法はオキシムの生成と強酸による環化を含むものである．

10・16 アニリンからのオキシインドール合成（1位と2位，3位と3a位の結合形成）

オキシインドールの合成は単純であり，分子間 Friedel–Crafts 反応を環化段階で用いている．

10・17 アントラニル酸からのインドキシル合成（1位と2位，3位と3a位の結合形成）

インドキシルは一般的にアントラニル酸から合成される．まず，窒素が2-ハロ酢酸によりアルキル化され，二酸化炭素の脱離を伴う環化反応が進行し，生成物であるインドキシルのアセチル化体が容易に加水分解される．

10・18 アザインドール

4-アザインドール
4-azaindole
ピロロ[3,2-b]ピリジン
(pK_{aH} 6.94)

5-アザインドール
5-azaindole
ピロロ[3,2-c]ピリジン
(pK_{aH} 8.26)

6-アザインドール
6-azaindole
ピロロ[2,3-c]ピリジン
(pK_{aH} 7.95)

7-アザインドール
7-azaindole
ピロロ[2,3-b]ピリジン
(pK_{aH} 4.59)

インドールのベンゼン環炭素の一つが窒素で置き換えられたアザインドール（ピロロピリジン）は電子豊富な環と電子不足な環が縮合した典型的な二環性化合物であり，化学的にも興味がもたれる．これらは天然には存在しないが，潜在的な有用性をもっている．たとえば，医薬品化学ではインドー

ル化合物のさらに窒素を含む等価体や置換体として有用である．ピロールエナミンおよびピリジンイミンの系であることから，四つのすべての位置で反応することができる．

インドール同様，五員環上では求電子置換反応が進行するが，インドールほどは酸に弱くないという長所をもっている．求核置換反応はクロロピリジン同様六員環上で進行する（クロロキノリン，クロロイソキノリンよりは反応性が低い）．

練習問題

10・1 次に記す反応式の中間体（**A**, **B**）と最終化合物（**C**）の構造を示せ．インドールと $(COCl)_2$ → $C_{10}H_6ClNO_2$（**A**）．**A** とアンモニア → $C_{10}H_8N_2O_2$（**B**）．**B** と $LiAlH_4$ → $C_{10}H_{12}N_2$（**C**）．

10・2 次の反応の生成物と反応機構について考察せよ．NaH と $Ph_3P^+CH=CH_2Br^-$ 存在下，2-ホルミルインドールが三環性化合物 $C_{11}H_9N$ へ変換される．

10・3 次に記す反応式で得られる化合物（**A**, **B**）の構造を示せ．3-ヨウ化インドールと LDA，続いて $PhSO_2Cl$ を反応させて得られる化合物 $C_{14}H_{10}INO_2S$（**A**）．**A** と LDA，続いてヨウ素を反応させて得られる化合物 $C_{14}H_9I_2NO_2S$（**B**）．

10・4 3-ジメチルアミノメチルインドールを NaCN 存在下加熱すると，3-シアノメチルインドール（インドール-3-イル-CH_2CN）が生成する．この反応機構を示せ．

10・5 インドール-3-イル-CH_2OH を酸性条件下加熱すると，ジ（インドール-3-イル）メタンが得られる．この化学変換の反応機構を示せ．

10・6 次の Fischer インドール合成で必要なフェニルヒドラゾンを示せ．(i) 3-n-プロピルインドール，(ii) 1,2,3,4-テトラヒドロ-6-メトキシカルバゾール，(iii) 2-エチル-3-メチルインドール，(iv) 3-エチル-2-フェニルインドール．

10・7 酢酸中，フェニルヒドラジンと 2,3-ジヒドロフランを加熱還流することにより得られる生成物 $C_{10}H_{11}NO$ の構造を示せ．

10・8 DMFDMA と次に記す芳香族化合物を加熱することにより縮合化合物が得られる．続く還元反応により，インドールが得られる．縮合化合物とインドールの構造を示せ．(i) 2,6-ジニトロトルエンと $TiCl_3$ から化合物 $C_8H_8N_2$，(ii) 2-ベンジルオキシ-6-ニトロトルエンと H_2-Pt から化合物 $C_{15}H_{13}NO$，(iii) 4-メトキシ-2-ニトロトルエンと H_2-Pd から化合物 C_9H_9NO，(iv) 2,3-ジニトロ-1,4-ジメチルベンゼンと H_2-Pd から化合物 $C_{10}H_8N_2$．

10・9 2-ブロモアニリンから 2-フェニルインドールを合成する方法を示せ（2 工程以上必要）．

11

フランとチオフェン

チオフェン thiophene

フラン furan

11・1 炭素上での求電子置換反応

フランとチオフェンの反応性はフラン，チオフェン，ピロールの3者間で比較されることが多い．ピロール同様，フラン，チオフェンも求電子剤との反応性がベンゼンより高い．フラン，チオフェン，ピロールのなかで，チオフェンが最も芳香族性が高く，最もベンゼンに類似している．一方，フランは最も芳香族性が低く，1,3-ジエンに類似している．たとえば，チオフェンの場合，ニトロ化が通常の反応条件で α 位選択的に進行する（ピロールと同様，p.89 参照）が，フランの場合，2,5-ジヒドロフラン付加体が生成する．後者は求核剤（ニトロ化の場合 AcONO$_2$）が付加することにより，芳香族性が失われて生成する．塩基性条件下，酢酸が脱離し，芳香族求電子置換体が容易に得られる．

チオフェンのニトロ化はベンゼンのニトロ化に似ているが，その反応速度は 10^8 倍速い

フランは芳香族性が低いため付加反応が進行する

脱プロトンするよりも求核剤として付加する

2,5-ジヒドロフラン（付加体）

別の例は臭素化である．チオフェンは −5 ℃で臭素と反応し，触媒を用いなくとも，2-ブロモチオフェンを与える．チオフェンはベンゼンよりも反応性が高く，フランはチオフェンよりも反応性が高い．やや強い条件を用いると，2,5-ジ，2,3,5-トリ，2,3,4,5-テトラブロモチオフェンを得ることが可能であり，2,3,5-トリブロモチオフェン，2,3,4,5-テトラブロモチオフェンは亜鉛-酢酸条件下，α 位の臭素が選択的に還元され，3-ブロモチオフェン，3,4-ジブロモチオフェンに変換される．

フランもまた臭素と素早く反応する．しかし，メタノールなどの求核性溶媒中では最初に生成するカチオン性中間体が溶媒の付加を受ける．最終生成物である 2,5-ジヒドロ-2,5-ジメトキシフランは最初に付加した臭素が置換されて生成するが，これは臭素が酸素のアリル位かつ α 位であることによるものである．2,5-ジヒドロ-2,5-ジメトキシフランは合成的に 2-ブテン-1,4-ジアールおよ

びそのジヒドロ体のブタン-1,4-ジアールと等価であり、いずれもヘテロ環合成の中で有用な化合物である（§6・12，§9・10参照）.

チオフェンでは四塩化スズ存在下，フランでは三フッ化ホウ素存在下，Vilsmeier ホルミル化，Friedel-Crafts アシル化が効率よく進行する．

一般に α 位選択的な反応であるが，2 位や 5 位が反応できない場合，β 位でも反応が進行する．一例をチオフェンから 4-オキソ-4,5,6,7-テトラヒドロベンゾ[b]チオフェンの合成で示す．この合成では，二つのアシル化反応が含まれており，最初は α 位選択的であり，二つ目が β 位選択的である．

チオフェンやフランは事前に調製したイミニウム塩と反応し，Mannich ジメチルアミノメチル化が進行する．フランは酸に不安定なので，この方法は特にフランでは重要である．実例を示すと，フランは酸性条件下，1,4-ジカルボニル化合物へ変換される．実際の反応機構は不明ではあるが，プ

ロトン化とメタノールの付加が含まれている．

11・2　C-メタル化チオフェン/フラン

チオフェンやフランは当然のことながら，ピロールのNH体に相当するものは存在しない．したがって，N-置換ピロール同様，チオフェンやフランは，他の影響がなければ，強塩基存在下，ヘテロ原子のα位がメタル化される．3-リチオ体（3-ハロゲン化体から交換反応により生成）は－40℃以上の温度になると，2-リチオ体に異性化する．

低温条件下，2-リチオ体，3-リチオ体は通常の炭素有機金属求核剤として振舞い，通常の求電子剤と反応する．Grignard反応剤はブロモあるいはヨードチオフェンから容易に調製でき，特に重要なことに，3-マグネシウム体は2-マグネシウム体に室温でも異性化しない．

チオフェンやフランの化学でも，オルト配向基（DoM）を用いた脱プロトン，リチオ化反応剤の形成が広く行われている．具体例を図に示すが，3-ブロモチオフェンはLDAと反応し，5位ではな

く，電子的に陰性なハロゲン置換基の影響を受けたハロゲンのオルト位である2位でリチオ化が進行する．一方，n-ブチルリチウムとの反応では，金属-ハロゲン交換反応が進行し，3-リチオチオフェンを与える．

11・3 0価パラジウム〔Pd(0)〕触媒反応

チオフェンおよびフランのα位あるいはβ位のホウ素体/スズ体はクロスカップリングなどの反応でよく用いられている．しかし，α-ホウ素体は強塩基存在下，ホウ素が外れプロトン化されることがある．さまざまなハロゲン化物がカップリングの相手として用いられる．図にはほんの数例しか示せないが，チオフェンとフランの化学では0価パラジウム〔Pd(0)〕の触媒反応が広く応用されている．

リン酸エステルはトリフラートと同じように振舞う（しかし，反応性はトリフラートよりも低い）

11・4 酸化と還元

チオフェンの徹底的還元とS-酸化

チオフェンにはフランやピロールとは異なる二つの反応性がある．一つ目は，Raneyニッケルと水素を用いると，硫黄が除去されるまで徹底的に還元されることである．したがって，チオフェンは分枝炭素骨格を構築するうえで利用されており，最終工程で硫黄の除去と還元が行われる．たとえば，2,5-ジメチルチオフェンと無水コハク酸とのFriedel-Craftsアシル化反応（β位選択的），続くWolff-

Kischner 還元によるケトンカルボニル基の除去, Raney ニッケルによる水素化分解を経て, 5-エチルオクタン酸が得られる.

二つ目として, 過酸はチオフェンを S,S-ジオキシド体に変換する. チオフェン S,S-ジオキシド体はもはや芳香族化合物ではなく（芳香族 6π 電子を構築する電子が硫黄上にない）, Diels-Alder 反応のジエンとして反応する. 下の例に示したように, 一般的に S,S-ジオキシドは最初の付加体から押し出され, 芳香化する.

フランの制御された酸化

フランはメタノール中ハロゲン化を経て 2,5-ジヒドロ-2,5-ジメトキシフラン〔不飽和 1,4-ジカルボニル化合物と合成的に等価（p.115 参照）〕へ効果的に酸化される. フランから不飽和 1,4-ジカルボニル化合物を合成する方法はほかにもある. m-クロロ過安息香酸（m-CPBA）あるいは過酸化水素とメチルトリオキソレニウム存在下, フラン環は酸化的に開裂し単離可能な（Z）-異性体を与える. 酸触媒を用いると, より安定な（E）-異性体を与える.

フリル-2-カルビノールの酸化では, 6-ヒドロキシ-$2H$-ピラン-$3(6H)$-オンが得られる. 6-ヒドロキシ-$2H$-ピラン-$3(6H)$-オンはピリリウム-3-オラート（p.83 参照）の合成で用いられる.

11・5 ペリ環状反応

フラン, チオフェン, ピロールのなかで最も芳香族性の低いフランは電子欠乏ジエノフィルと反応する. 無水マレイン酸との反応ではエキソ付加体が得られるが, これはこの付加環化反応が可逆反応

であることを示しており，速度(論)支配生成物であるエンド付加体がより熱力学的に安定なエキソ付加体に最終的に変換される．高温条件や高圧条件を用いると，フランはアルキンや電子豊富なアルケンとも付加環化する．ピロールの場合は，Diels-Alder 反応の 4π 化合物として機能するために，窒素上に電子求引基が必要であり，これにより，より芳香族性が下がり，ジエンとして機能していることになる（§9・6 参照）．

フランの分子内付加環化反応の例は多く，複雑な多環性化合物が合成されている．図に示した例では二つの付加環化反応のうち二番目が分子内反応であり，全体の化学変換が 95% で進行する．

チオフェンは無水マレイン酸と過激な反応条件下付加環化するが，チオフェンの S-オキシ化, S,S-ジオキシ化によりチオフェンのジエン性が増せば，通常の反応条件でも Diels-Alder 反応が進行する．

フランと一重項酸素との付加環化反応では，環状過酸化物を与え（シクロブタジエンの効率のよいオゾニド合成法），この環状過酸化物はこのあとの化学変換上有用である．たとえば，フロ酸と一重項酸素との反応では，図示した通り，環化体の脱カルボニル反応が進行し，マレアルデヒド酸（5-ヒドロキシ-2(5H)-フラノン）を与える．フロ酸（フラン-2-カルボン酸）は 2-アルデヒド体（フラナール）の酸化により，簡便に合成することが可能である．フラナールはオートミールやコーンフレークの製造工程で副生する残渣を酸処理すると大量に得ることができる．付加環化体は酸素-酸素結合の開裂を伴う二酸化炭素の脱離を経て，環状ヘミアセタールであるマレアルデヒド酸を与える．

11・6 酸素置換体

3-ヒドロキシフランはカルボニル体と互変異性の関係にありカルボニル体の方に平衡が偏っている。一方，3-ヒドロキシチオフェンもカルボニル体と互変異性の関係にあるが，その存在比は 1 : 3 である。2-ヒドロキシチオフェンや 2-ヒドロキシフランもカルボニル体と互変異性の関係にありカルボニル体の方に平衡が偏っている。3 位-4 位間あるいは 4 位-5 位間の二重結合が置換基の種類により異なるが残存している（3 位-4 位間および 4 位-5 位間の混在ということもある）。天然物生合成分野では，これらフランラクトンはブテノリドとよばれている。4-ヒドロキシブテノリドはテトロン酸とよばれる。

ヒドロキシ互変異性体 （未検出） α-アンゲリカラクトン α-angelica lactone β-アンゲリカラクトン β-angelica lactone テトロン酸 tetronic acid

11・7 環合成 ── 切断する場所

フランとチオフェンの環合成法としてさまざまなものが工夫されてきた。特にフラン環の構築は有名である。ここでは，1 位，4 位がともに官能基化された 4 炭素前駆体を含む直接的合成法を取扱う。形成する結合は図に示した通りである。

11・8 1,4-ジカルボニル化合物からのフラン/チオフェン合成（1 位と 2 位の結合形成）

1,4-ジケトンのフランへの変換は単純な脱水反応であり（加水分解開環反応の逆であり，p.115 で論じた），Paal-Knorr 合成法として知られている。反応機構としては，エノール酸素のもう一方のカルボニル基への付加，続く脱水と考えられる。

1,4-ジケトンの合成法はいくつかあるが，1,3-ケトエステルと α-ハロケトンとのアルキル化はその一例である。

この合成法で要求されるものは "4 炭素ユニットと末端の酸素官能基"，そして，"5 原子のうちのどこかに二つの不飽和な部分が存在すること" である。たとえば，γ-ヒドロキシエノンは 1,4-ジケトンと同じ酸化段階の異性体である。γ-ヒドロキシエノンの合成法もいくつかあるがその一つを紹介すると，Lewis 酸触媒を用いた脱離・エポキシドの開環である。酸はひき続き，閉環，1,4-脱水反

応の触媒となり，芳香族フランが得られる（図では，Lewis 酸の代わりにプロトンを記している）．

この方法はチオフェン合成にも適応可能であり，1,4-ジカルボニル化合物のカルボニル基をチオカルボニル基へ交換することが必要である．カルボニル基が二つともチオカルボニル化されているかどうかはよくわからないが，H_2S（二つのカルボニル基が硫黄化される場合）や水（一つのカルボニル基が硫黄化される場合）の脱離を伴って，芳香族化合物チオフェンが得られる．伝統的には五硫化二リン P_4S_{10} が使われてきたが，有機溶媒に溶ける Lawesson 反応剤もよく用いられる．

チオフェンの合成では，1,3-ジインと硫化物あるいは硫化水素との反応が単純かつ効果的である．この合成法は生合成類似反応である．ジインは 1,4-ジケトンと同じ酸化準位にあり，最初の反応は硫化水素のアルキンへの付加によるチオエノラート生成と思われる．

練 習 問 題

11・1 次の化合物を Vilsmeier 反応に付した場合，得られる生成物の構造を示せ．(i) 2-メチルチオフェン，(ii) 3-メチルチオフェン．

11・2 2-メチルチオフェンを $-20\,°C$ で，硝酸-酢酸で処理したときに得られる主生成物 $C_5H_5NO_3S$ と副生する異性体の構造を示せ．

11・3 2-メトキシチオフェンあるいは 3-メトキシチオフェンを n-ブチルリチウムで処理したときの脱プロトンに関する原理を述べよ．

11・4 チオフェンから n-デカンを合成する方法を示せ．

11・5 次の反応の生成物の構造を示せ．
  (i) フルフリルアルコールと $H_2C{=}C{=}CHCN$（生成物 $C_9H_9NO_2$）
  (ii) 2,5-ジメトキシアルコールと $H_2C{=}CHCOMe$ (15 atm)

11・6 次の化合物の合成法を述べよ．(i) 2,5-ジエチルチオフェン，(ii) 2,5-ジフェニルフラン．

11・7 3-アセチルシクロノナノンと五硫化二リン P_4S_{10} から得られるチオフェン $C_{11}H_{16}S$ の構造を

示せ.

11・8 テトロン酸合成における次の合成中間体（**A**～**C**）の構造を示せ．メチルアミンとジメチレンジカルボキシラート（DMAD）との反応で化合物 $C_7H_{11}NO_4$（**A**）が生成する．ついで **A** の一つのエステルを $LiAlH_4$ で選択的に還元し，化合物 $C_6H_{11}NO_3$（**B**）とする．**B** は酸性条件下に付すと環化し，化合物 $C_5H_7NO_2$（**C**）を与える．最後に **C** を酸性溶液中，加水分解するとテトロン酸が得られる．

12

1,2-アゾールと 1,3-アゾール

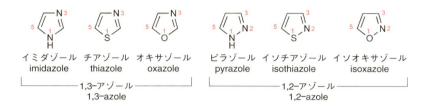

12・1 はじめに

1,2-アゾール，1,3-アゾール（§2・7参照）ともにピリジンの窒素と類似した窒素をもっている．イミン窒素の sp² 軌道上の非共有電子対は環の平面上にあり，芳香族 6π 電子系の中には含まれない．一方，両アゾールにはピロールの窒素と類似したもう一つのヘテロ原子（チオフェンの場合は硫黄，フランの場合は酸素）があり，p 軌道上の非共有電子対が環の平面上に位置することから芳香族 6π 電子系を構成する一部となっている．結果的に，1,2-アゾール，1,3-アゾールの化学的反応性はピリジン類似のものと，ピロール/チオフェン/フラン類似のものが混在している．

12・2 窒素への求電子付加反応

（ピリジンと類似した）イミンの窒素がまず求電子剤と反応する．1,2-アゾール，1,3-アゾールは塩基性化合物であり，酸とアゾリウム塩を形成する．二つ目のヘテロ原子は塩基性を補助する役割を担う．はじめに，イミダゾールとピラゾールについて考えてみると，プロトン付加体には二つの共鳴構造を書くことができるので，N,S,O をもつアゾールトリオのなかで最も強い塩基性をもつ．イミダゾールやピラゾールの NH をより電気陰性な硫黄や酸素に代えると，誘起効果から，イミン窒素の塩基性が低下する．加えて，二つ目の原子の電気陰性度がもう一つの塩基性を減少させる〔例：

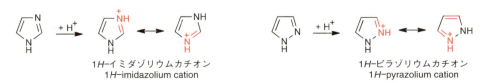

124　第12章　1,2-アゾールと1,3-アゾール

NH_3（pK_{aH} 9.3），NH_2NH_2（pK_{aH} 7.9），NH_2OH（pK_{aH} 5.8）〕．これらのことから，1,3-アゾールの方が1,2-アゾールよりも塩基性が強い．

1,2-アゾール，1,3-アゾールのイミン窒素はハロゲン化アルキルと反応する．そのなかで，ピラゾールとイミダゾールは他のアゾールトリオよりも速く，硫黄を含むチアゾールやイソチアゾールの方が酸素を含むオキサゾールやイソオキサゾールよりも速く，1,3-アゾールの方が1,2-アゾールよりも速く反応する．また，塩基性の強さと求核性との間には相関がある．

イミダゾールとピラゾールのN-アルキル化について理解するため，互変異性（NHが二つの窒素上を迅速に移動する）について考える必要がある．この互変異性は非対称化合物において確認することができ，対称化合物では確認できない．イミダゾールとピラゾールの二つの互変異性体は区別できないので，本書では"4(5)-メチルイミダゾールと表記する．4(5)-置換イミダゾールのアルキル化は二つの窒素上の立体的な込み具合などが異なるため，異なる反応速度で進行する．実際の反応速度は生成物である塩の比率から判定できる．

イミダゾールとピラゾールのアルキル化ではもう一つ重要なことがあり，ピラゾールを例に解説する．最初に生成する塩はN-アルキルピラゾリウム塩であり，N-アルキルピラゾールのプロトン塩でもある．このプロトン塩はN-プロトンを未反応のピラゾールに渡すことが可能であり，出発物のプロトン化された塩とN-アルキルピラゾールになる．前者のプロトン化された出発物（塩）はアルキル化されないが，後者のN-アルキルピラゾールはさらにアルキル化されN^1,N^2-ジアルキルピラゾリウム塩になる．最終的に，出発物，一置換体，二置換体の三つの混合物が生成する．

この混合物の問題を解決する方法の一つにヘテロ環N-アニオンのアルキル化がある（§12・5で後述する）．別の方法はN-アシル体やN-スルホニル体を用いることである．N-アシル体やN-スルホニル体の求核性は下がるが，単一の塩を得ることが可能であり，不要になれば容易に除去（加水分解）でき，アルキル化された一置換体を得ることができる．4(5)-アルキルイミダゾールのN-アシル体をつくるときは，1,4-二置換体が得られること（より立体的に空いた窒素へ反応した結果），さらにN-アルキル化とアシル基の加水分解を進めると，より立体的に混み合っている1,5-二置換

体が得られることに注意してほしい.

立体的な理由から生成する 1,4-二置換体

最終的な生成物は 1,5-二置換体

　N-アシルイミダゾールはアシル化剤と第三級アミンにより合成できる. この際, 第三級アミンは最初に生成する N-アシルイミダゾリウム塩の N-プロトンを取る役割を担っている. N-アシルイミダゾールのカルボニル基は求核攻撃を受けやすく, この特徴を活かした反応剤として 1,1′-カルボニルジイミダゾール (CDI) をあげることができる. CDI はホスゲンの安定等価体であり, 同じ合成ユニット $O=C^{2+}$ である.

N-アセチルイミダゾール (1-アセチルイミダゾール) の生成は NH 上の反応に見えるが, 実際には, イミン窒素上で N-アセチル化が起こり, 生じた塩が Et$_3$N によって脱プロトンされる

1-アセチルイミダゾール

1,1′-カルボニルジイミダゾール
1,1′-carbonyldiimidazole (CDI)

ホスゲン
phosgene

12·3　炭素上での求電子置換反応

　アゾールが芳香族ヘテロ五員環化合物であるということから, ピロール同様炭素上での求電子置換反応が容易と思うかもしれない. しかし, イミン窒素の電子求引効果により, ピロール, チオフェン,

求電子置換反応は 1,3-アゾールの 5 位選択的である. C5 位はピロールの α 位に似ている

4(5)-ニトロイミダゾールはその多くが 4 位ニトロ体として存在しているが, 最初の攻撃はおそらく主として C5 位で進行する

電子の押し引きの相互作用により 4 位異性体が優利

1,2-アゾールの C4 位の選択的求電子攻撃は, イミン窒素の電子求引効果による C5 位の不活性化によるものとされている

フランに比べ，アゾールの炭素上での求電子置換反応は進行しにくくなっている．二つ目に重要なこととして，1,2-アゾールは1,3-アゾールよりも反応性が落ちており，単純な置換反応は進行しない．

反応性の違いはニトロ化をみるとよくわかる．イミダゾールでは通常のニトロ化が室温で進行するが，チアゾールでは硝酸と発煙硫酸を160℃で用いてもニトロ化されない．一方，イミダゾールよりは高温条件が必要なものの，2-メチルチアゾールはニトロ化される．オキサゾールはニトロ化されない．2-メチルチアゾールのニトロ化では，C4位，C5位ともにニトロ化され，後者の方が優勢である．イミダゾールのニトロ化では4-ニトロイミダゾールが得られるが，ニトロ化そのものが4位では起こっていないことに注意してほしい．なぜなら，4(5)-ニトロイミダゾールの互変異性は4-ニトロ体に偏っているからである．1,2-アゾールはいずれもC4位がニトロ化される．ここで注意したいのは，この比較において，ピラゾールとイミダゾールは他のアゾールよりも反応活性であるものの，1,2-アゾール，1,3-アゾールは概して塩基性化合物であり，一般的ニトロ化の反応条件となる強酸条件では，基本的に塩であり，塩の置換反応を比較しているということである．

同様の反応性のパターンが臭素化でもみられる．触媒非存在下，イミダゾールは容易に臭素化され，2,4,5-トリブロモイミダゾールを与える．反応機構は2位臭素が臭化物イオンとして導入される特別なものと考えられる．C2位，C5位のハロゲンは容易に還元的に除去される．チアゾールでは，C2位のメチル基が反応性を上げるうえで必要であり，5-ブロモ-2-メチルチアゾールが得られる．オキサゾールは直接的にはハロゲン化されない．

4-ハロピラゾールの直接的合成は可能であるが，イソチアゾールとイソオキサゾールの反応性は低い．

Friedel–Crafts 反応など，炭素求電子種の1,2-アゾール，1,3-アゾール上での求電子置換反応は，文献上知られていない（強力な活性化基がついている場合を除く）．求電子置換反応はアミノ基やア

シルアミノ基のオルト位で進行する.

12・4 ハロゲンの求核置換反応

1,3-アゾールのC2位はピリジンα位と形式的に類似しており，この位置のハロゲンは求核置換反応を受けやすい．一方，多くのイミダゾールはN1位が保護されており，酸性水素をもたない．

チアゾール 2 位でのハロゲンの求核置換反応は，通常，付加-脱離の2段階機構で進行する

原理的に，イソチアゾールのC3位とC5位はイミンと共役していることから求核攻撃を受けやすい．図に示した例は，オルト位のシアノ基がさらに基質を活性化し，C5位の塩素が選択的に置換されている．

12・5 N-脱プロトンおよびN-メタル化されたイミダゾール/ピラゾール

ピラゾールとイミダゾールにプロトンが付加すると対称なカチオンが生成する．また，ピラゾールとイミダゾールのNHプロトンが脱離すると，対称なアニオンが生成し，これら二つは共鳴関係にある．したがって，イミダゾイルアニオンとピラゾイルアニオンはピリルアニオンよりもより安定化されており，イミダゾールとピラゾールはピロールよりも酸性度が高い〔例：イミダゾール（pK_a 14.2），ピラゾール（pK_a 14.2），ピロール（pK_a 17.5）〕．

これらN-アニオンは求電子剤と反応しやすく，ピラゾールとイミダゾールの窒素上には置換基を導入しやすい．重要なことは，イミダゾイルアニオンとピラゾイルアニオンには共鳴構造が存在し，二つの窒素のどちらでも反応することができるが，実際のところは立体的により空いている窒素の方が反応しやすいということである．

立体障害が小さい　立体障害が大きい

N-アリール化は銅触媒を用いて行われている．アリール化で用いられるもう一方の反応剤はハロ

ゲン化アリールやアリールボロン酸である．N-アルケニル化でも同様に銅触媒が用いられる．

12・6　C-メタル化 N-置換イミダゾール/ピラゾール，C-メタル化チアゾール/イソチアゾール

　酸性 NH を無視できるとすれば，強塩基によるアゾールの脱プロトンは，ピロールやチオフェンのようにヘテロ原子の α 位炭素上に存在する最も酸性度の高い水素で進行する．すなわち，イソチアゾールや N-置換ピラゾールでは C5 位水素である．チアゾールと N-置換イミダゾールでは C2 位と C5 位の水素がこれに該当するが，C2 位の水素の方がイミンの電子求引効果により酸性度が高くなっている．C-メタル化の前にピラゾールとイミダゾールの窒素を保護する訳であるが，後の脱離も容易なさまざまな保護基（ものによってはリチオ化剤の配位を助ける）が用いられている．図にその例を示す．

　C2 位がすでに置換されている場合，C5 位がメタル化される．図に示すように，N-SEM-イミダゾールのリチオ化はまず C2 位で進行し，C2 位に置換基が導入されれば，C5 位でリチオ化が進行する．リチオ化された 1,2-アゾール，1,3-アゾールはすべての求電子剤と反応することができる．図には，PhSSPh，DMF，アルデヒド，イソシアナートの例を示す．

有機リチウム反応剤（場合によっては Grignard 反応剤）は対応するハロゲン化アゾールから合成できる．アゾールにおける位置に応じた金属-ハロゲン交換反応の起こりやすさは，前述の酸性度に準ずる．たとえば，2,4-ジブロモチアゾールは 2-リチオ体を与える．

12・7　オキサゾール/イソオキサゾールの C-脱プロトン

オキサゾールとイソオキサゾールの脱プロトンは別々に考える必要がある．ややこしいのは酸素の電気陰性度が高く，生成するカルボアニオンの開環反応を考える必要がある点である．C3 位に水素をもつイソオキサゾールを塩基で処理すると，酸素が電気陰性な脱離基となり，開環が起こる．この種の反応は，Claisen が 5-フェニルイソオキサゾールのナトリウムエトキシドによる分解を報告した 1891 年から知られている．

オキサゾールの 2 位のリチオ化は開環したイソニトリルエノラートを与える．イソニトリルエノラートの存在は求電子剤と反応することにより明らかになっている．たとえば，トリイソプロピルシリルトリフラートが反応すると 2-トリイソプロピルシリルオキサゾールが得られる．2-トリイソプロピルシリルオキサゾールは C2 位がすでに置換されているので，C5 位のリチオ化の後，酸で除去することも可能である．C2 位に亜鉛やマグネシウムが置換したオキサゾールは閉環体の状態で存在する．

12・8　0 価パラジウム〔Pd(0)〕触媒反応

1,2-アゾール，1,3-アゾールの 0 価パラジウム〔Pd(0)〕触媒によるカップリング反応は広く行

われており，特に，チアゾール，イミダゾール，ピラゾールのハロゲン体，ホウ素体，スズ体が用いられている．1,3-アゾールの2位ボロン酸誘導体は比較的不安定であることから，スズ誘導体が有用である．下図にまとめを示した．

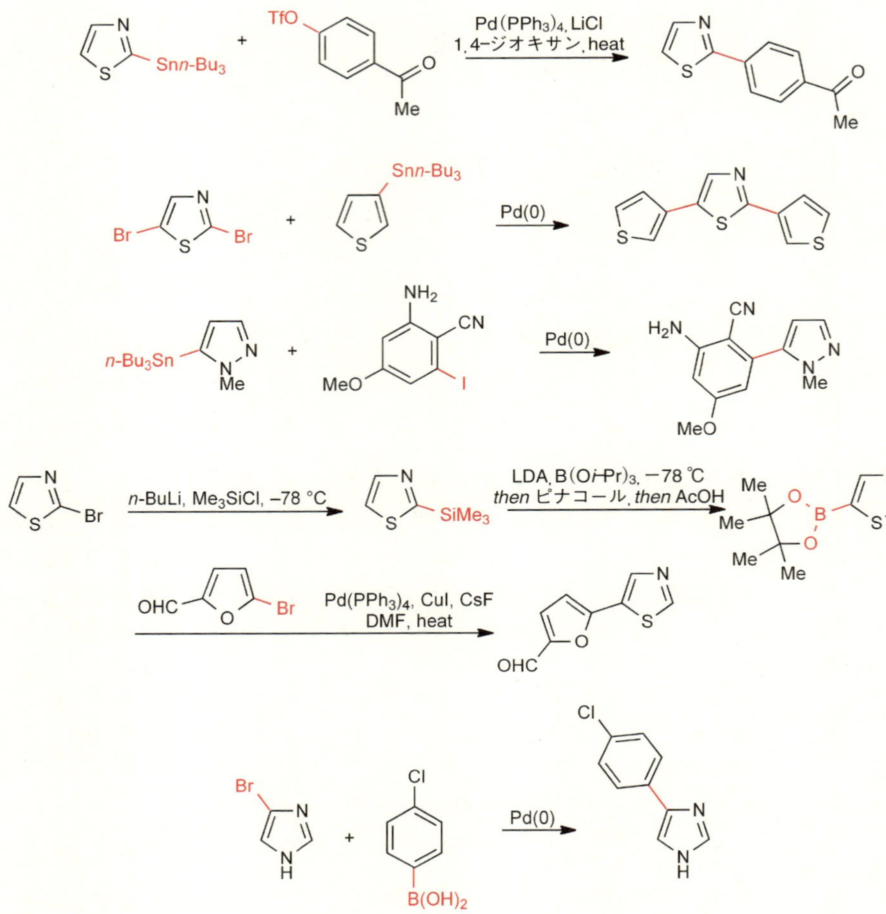

12・9　1,3-アゾリウムイリド

1,3-アゾールの化学における特別な点は1,3-アゾリウム塩のC2位水素の酸性度である．室温下，中性あるいは弱塩基性条件下，1,3-アゾール（3種類ともすべて）はC2位水素が交換され，その反応速度はイミダゾール＞オキサゾール＞チアゾールの順で速い．その反応機構は，まずはじめにN-プロトン化（プロトン塩の生成），続くC2位の脱プロトンを経て，イリドが生成する．イリドがカルベンと共鳴関係にあることが重要である．この化学変換ではすべての中間体が中性であることに注目してもらいたい．続いて第四級塩が生成するが，1-アルキルイミダゾール，オキサゾール，チア

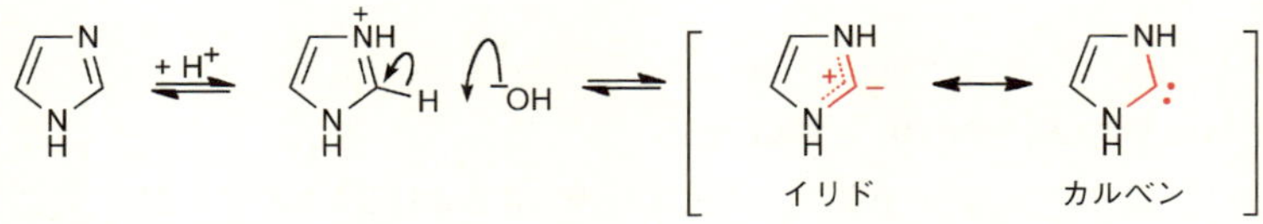

ゾールいずれにおいても，C2位水素が位置選択的に交換される．アゾリウム塩のイリドを経た交換速度はオキサゾリウム(10^5)＞チアゾリウム(10^3)＞N-メチルイミダゾリウム(1) の順で速い〔チアミン（ビタミンB_1）が働く機構でチアゾリウムイリドが出てくる(p.186 参照)〕

立体的にかさ高いアゾールは"N-ヘテロ環カルベン（N-heterocyclic carbene, NHC）"とよばれ，遷移金属触媒の配位子として重要である．なかでも，触媒量で機能する金属触媒では重宝されている．1,3,4,5-テトラメチルイミダゾリウムのように単純な塩からもC2位脱プロトンを経て，単離可能で結晶性のカルベンが合成されている．金属の高原子価および低原子価状態を安定化する最も汎用されている NHC は 1,3-ビス(2,4,6-トリメチルフェニル)基で安定化されたイミダゾールカルベン（1,3-ジメシチルイミダゾール-2-イリデン，通常 IMes と表記される）である．NHC の pK_{aH} 値は 22〜24 であり，非イオン性化合物のなかでは最も塩基性であり，強い求核剤である．

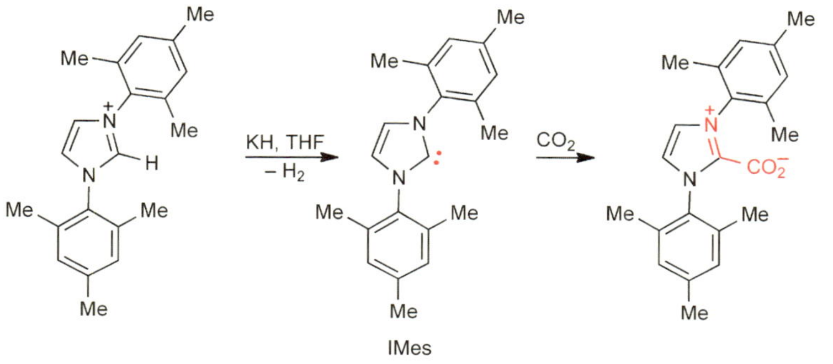

NHC をもつ金属触媒は通常，イミダゾリウム塩と塩基を用いて調製される．

12・10 還 元

1,2-アゾール，1,3-アゾールの酸化について書くべきことはほとんどないが，還元については解説すべき重要事項がある．イソオキサゾールやイソオキサゾリンの N–O 結合は，他の N–O 結合同様，金属触媒による水素化分解を受ける．得られる1位および3位に官能基をもつ化合物は他のヘテロ環の合成シントンとしてはもちろん，さまざまな用途がある．

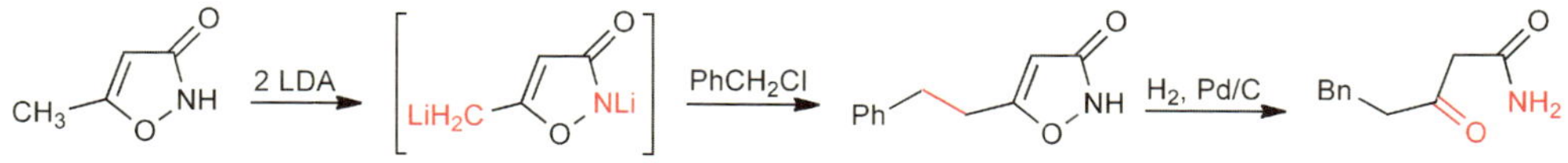

チアゾリウム環もヒドリド還元剤により完全に還元される（硫黄は水素化分解されない）．下図の合成法は，2-ヒドロキシアルデヒドを得る手段として重要である．

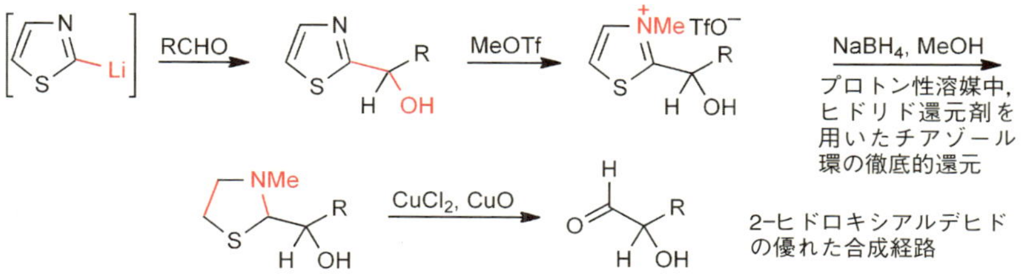

12・11 ペリ環状反応

1,3-アゾールは 4π 電子化合物として付加環化することができ，重要である．なかでも，オキサゾールはよく研究されており，たとえば，アルキン，ベンザイン，一重項酸素，典型的アルケンジエノフィルと反応する．アルキンとの付加環化体の逆 Diels-Alder 反応が進行すると，ニトリルの脱離を伴い，フランが得られる．

オキサゾールは，たとえばアクリル酸との付加環化，続く逆 Diels-Alder 反応と水の脱離により，ピリジンに変換される．

12・12 酸素およびアミノ置換体

酸素の付加した 1,3-アゾールはカルボニル体との互変異性にあり，カルボニル体に平衡が偏っていることから，芳香族性が崩れている．同様に，3-ヒドロキシ-1,2-アゾールや 5-ヒドロキシ-1,2-アゾールは互変異性体のあまり存在しない側の化合物である．2-ピリドンのように，1,3-アゾール-2-オンはハロゲン化リンと反応し，2-ハロアゾールに変換される．2,4-ジブロモチアゾールはチアゾリン-2,4-ジオンから合成できる．

ピラゾール-3-オン
pyrazol-3-one

イソチアゾール-5-オン
isothiazol-5-one

チアゾール-2-オン
thiazol-2-one

アゾロンのカルボニル α 位ではアルデヒドとのアルドール型の反応が起こる．また，アゾロンはアリールジアゾニウムカチオンと反応し，色素に変換される．食品用色素タートラジンはその例である．

タートラジン
tartrazine

昔使われていた鎮痛剤"アンチピリン"の Vilsmeier ホルミル化はエナミン β 位への求電子置換反

応のよい例である.

オキサゾール-5-オンは N-アシル-α-アミノ酸の環状無水物であり,"アズラクトン"として知られている. アズラクトンはアルデヒドと反応後, 二重結合の還元と加水分解を経て, α-アミノ酸に変換される.

出発物のアミド窒素にアルキル基が置換している場合, 環化体は両性イオンを含む中性化合物である. 両性イオンは中性の共鳴構造を書くことができず, メソイオン構造とよばれる. 両性イオンのオキサゾロン(ドイツのミュンヘン大学で発見された"ミュンヒノン"とよばれる化合物. 正式には1,3-オキサゾリウム-5-オラート)では, 1,3 双極付加環化反応と続く脱炭酸が進行し, イミダゾールが得られる.

アミノアゾールはアミノ互変異性体およびすべてのプロトン化体として存在する. 2-アミノイミダゾールの pK_{aH} は, 最も塩基性の高い異性体で 8.46 であり, カチオンの状態では, グアニジニウ

ムカチオンの共鳴と対称性の点で類似している.

アミノアゾールは一般的なアリールアミンと同じ反応性を示し,ジアゾ化を経てハロゲン化アゾールに変換することができる.

12·13 1,3-アゾール環合成 ―― 切断する場所

1,3-アゾールの合成法として重要なものが三つある.新しくつくる結合とともに図示した.

X = O, S, NR

12·14 α-ハロケトンからのチアゾール/イミダゾール合成
（1位と5位,3位と4位の結合形成）

この合成法は,チアゾールの合成法では最も重要である.チオアミドがα-ハロケトンと反応し,1位-5位の硫黄-炭素結合が形成される.下に示すのは2,4-ジメチルチアゾールの合成であり,ヘテロ原子はチオアセトアミド由来である.2-アミノチアゾールの合成では1,2-ジクロロエチルエチルエーテルがクロロエタノールの代わりに用いられており,ヘテロ原子はチオ尿素由来である.これらの典型的な例は Hantzsch 合成法とよばれる〔ピリジン合成でも Hantzsch 合成法があることに注意（§5·15参照）〕.

この合成法はイミダゾールの合成にも有効であり,たとえば,アミジン〔RC(=NH)NH$_2$〕は2-アルキル（およびアリール）イミダゾールを与える.また,N-アシルグアニジンを用いると2-アシルアミノイミダゾールが得られる.

N-アセチルグアニジンを用いた 2-アセチルアミノイミダゾールの合成

12・15 1,4-ジカルボニル化合物からの1,3-アゾール合成
（1位と2位，1位と5位の結合形成）

この合成法はオキサゾール合成において重要であるが，チアゾールやイミダゾールも合成できる．α-アミノケトンのアミドを酸加水分解条件に付すと，オキサゾールを与える．1,4-ジケトンが閉環するとフランを与えたことを思い出してほしい（§11・8参照）．

下にはケトン/アルデヒドの代わりにニトリルを用いた5-アミノオキサゾールの合成を図示した．閉環前駆体はアミノマロノニトリルとカルボン酸とのDCC縮合により合成されている．

α-アシルチオケトンにアンモニアが反応すると，チアゾールを与える．同様に，α-アシルアミノケトンとアンモニアが反応すると，イミダゾールを与える．

本節の最後の例として2-ホルミルイミダゾールの合成をあげる．イミノエーテル（一般的にニトリル，塩酸，アルコールから調製）は，図示した通り，この場合ジクロロアセトニトリルの塩基処理により合成している．メトキシ基がアミノエタノールジメチルアセタールで置換され，アミジンを与える．したがって，この合成法では，一つのカルボニル基がイミンであり，もう一つはアセタールで保護されている．閉環では，アルデヒドの導入とともにジクロロメチル基の加水分解が進行する．

12・16 トシルメチルイソニトリルを用いた1,3-アゾール合成

トシルメチルイソニトリル TsCH$_2$NC（TosMIC）を用いる本合成法は3種類の1,3-アゾールすべてを合成することができる．図にはイミダゾールとオキサゾールの例を示した．強塩基を用いることが多いが，弱塩基でもTosMICのアニオンが生成する．このアニオンがカルボニル基やイミンに付

加し，ヘテロ原子のイソシアニド炭素への攻撃と同時に閉環，最後に p-トルエンスルホン酸が脱離し，芳香族アゾールが生成する〔TosMIC を用いたピロール合成（§9・12 参照）と比較せよ〕．

12・17 脱水素を経る 1,3-アゾール合成

テトラヒドロ-1,3-アゾールの合成はアルデヒドエチレングリコール環状アセタールの N,N-，N,O-，N,S-アナログの合成であり，すなわち，アルデヒドと $HXCHR^1CHR^2NH_2$ との脱水反応である．二酸化マンガン(Ⅳ)などの酸化剤で処理すると，脱水素が進行し，芳香族アゾールが得られる．反応条件が穏和であるほど不斉炭素中心の立体を保持できることに注意したい．

1,3-ジアリール-4,5-ジヒドロイミダゾリウムカチオンは 1,2-ジアミンとオルトギ酸トリエチル $HC(OEt)_3$ との反応により合成できる．1,3-ジ(2,6-ジイソプロピルフェニル)イミダゾール-2-イ

リデンなど N-ヘテロ環カルベンの前駆体となる 1,3-ジアリールイミダゾリウム塩はグリオキサールビスイミンとエチルクロロメチルエーテルから合成される．

12・18　1,2-アゾール環合成 ── 切断する場所

1,2-アゾールには二つの重要な合成法があり，新しくつくる結合とともに図にまとめた．

12・19　1,3-ジカルボニル化合物からのピラゾール/イソオキサゾール合成 （1位と5位，2位と3位の結合形成）

この合成法は 1,2-アゾールの直接的合成法であり，ピラゾールとイソオキサゾールの合成でよく用いられる．1,3-ジケトン（あるいはその等価体）とヒドラジン（あるいはヒドロキシルアミン，いずれも二つの求核性官能基をもつ）が，最初は分子間で，続いて分子内で反応することにより，芳香族 1,2-アゾールを直接与える．置換基をもつヒドラジンを用いた場合，1,3-ジカルボニル化合物（あるいはその等価体）の二つのカルボニル基に大きな反応性の差がない限り，位置異性体の混合物を与える．たとえば，フェニルヒドラジンはアセト酢酸エチルと反応し，単一のピラゾロンを与える（出発物のカルボニル基の酸化準位が生成物炭素の酸化準位に反映されることに注意）．

アルキニルケトンなどの 1,3-ジカルボニル化合物の等価体を用いることにより，位置異性体の生成を制御することができる．末端アルキン炭素はカルボニル炭素と同じ酸化準位にある．よい例とし

て，5-(イソキサゾール-5-イル)ピラゾールの合成をあげる．

イソキサゾールも同様に1,3-ジカルボニル化合物や合成等価体とヒドロキシルアミンから合成される．

プロパン-1,3-ジアール
の合成等価体

1,3-ジカルボニル化合物の合成法は多いが，ここでは，一つのカルボニル基をアルデヒド，もう一つのカルボニル基をカルボニル等価体であるエナミンとする合成法を示す．本法の重要中間体はケトンα位でのN,N-ジメチルホルムアミドジメチルアセタール（DMFDMA）との縮合反応により合成できる．

12・20 アルキンからのイソキサゾール/ピラゾール合成
（1位と5位，3位と4位の結合形成）

この合成法はイソキサゾールとピラゾールの一般的合成法である．ニトリルオキシド（R−C≡N$^+$−O$^-$）はアルケンやアルキンと1,3双極付加環化反応により，ヘテロ五員環を与える．アルキンと反応するとイソキサゾールが直接得られる．アルケンと反応すると，4,5-ジヒドロイソキサゾールが生成するが，容易に脱水素される．あまり実施例は多くないが，ニトリルイミンとアルキンを用いるとピラゾールが得られる．

ニトリルオキシドは，もう一方の基質が存在する中，系中で合成する．フェニルイソシアナートを用いたニトロ化合物（RCH$_2$O$_2$）の脱水や，塩基触媒を用いたハロオキシムからのハロゲン化水素の脱離により，ニトリルオキシドを合成することができる．ニトリルイミンも同様に合成できると考えられる．すなわち，ヒドラゾンのNBSあるいはNCS処理で生成するハロゲン化ヒドラゾノイルの脱ハロゲン化水素により合成できる．

ジアゾアルカンもアルキンへ付加することができる．

ジアゾアルカン

12・21 β-アミノ-α,β-不飽和カルボニル化合物からのイソチアゾール合成
（1位と2位の結合形成）

無置換チオヒドロキシルアミンの存在が困難なため，イソチアゾールの一般的な合成法は窒素-硫黄結合による閉環である．β-アミノ-α,β-不飽和チオケトン（五硫化二リン P_4S_{10} を用いて反応系中で合成）やβ-アミノ-α,β-不飽和チオアミドを酸化剤（図の例ではヨウ素）で処理すると，イソチアゾールが得られる．

練習問題

12・1 次の式で生成するハロゲンを含む化合物の構造を示せ．
 (i) イミダゾール＋NaOCl → $C_3H_2Cl_2N_2$
 (ii) 1-メチルイミダゾール＋臭素酢酸溶液（過剰量）→ $C_4H_3Br_2N_2$（**A**）．**A** が EtMgBr と反応し，水で後処理 → $C_4H_4Br_2N_2$（**B**）．**B** が n-BuLi，続いて $(MeO)_2CO$ → $C_6H_7BrN_2O_2$（**C**）．

12・2 1-フェニルピラゾールは次の反応剤と反応する．生成物 $C_9H_7N_3O_2$ の異性体の構造を示せ．また，(i)，(ii)で生成物が異なる理由についても答えよ． (i) 濃硫酸-濃硝酸， (ii) 無水酢酸-硝酸．

12・3 ヒスチジンメチルエステルがカルボニルジイミダゾールと反応すると $C_8H_9N_3O_3$ が生成する．生成物の構造を示せ．この生成物をヨウ化メチルで処理することで得られる塩 $C_9H_{12}N_3O_3{}^+I^-$ の構造を示せ．さらにこの塩をメタノールで処理したときの生成物 $C_{10}H_{15}N_3O_4$ の構造を示せ．

12・4 次の式の中間体と生成物の構造を示せ．
 (i) 4-フェニルオキサゾール＋3-ブチン-2-オン（加熱）→ $C_6H_6O_2$
 (ii) 5-エトキシオキサゾール＋ジメチルアセチレンジカルボキシラート（加熱）→ $C_{10}H_{12}O_6$

12・5 ミュンヒノン（3-メチル-2,4-ジフェニル-1,3-オキサゾリウム-5-オラート）の共鳴構造式を示せ．また，プロピオン酸メチル $HC\equiv CCO_2Me$ と反応したときの生成物の構造を示せ．

12・6 5-メチルイソキサゾールを塩化チオニル SO_2Cl_2 と反応させたときの生成物 C_4H_4ClNO の構造を示せ．また，この生成物と水酸化ナトリウム水溶液と反応させたときの生成物 C_4H_4ClNO（非環状化合物）の構造を示せ．

12・7 次の式で得られる生成物の構造を示せ．1-メチルイミダゾール，n-BuLi（−30℃），その後，TMSCl（Me_3SiCl）→ $C_7H_{14}N_2Si$（**A**）．**A**，n-BuLi（−30℃），その後，TMSCl → $C_{10}H_{22}N_2Si_2$（**B**）．**B** を室温でメタノール処理 → $C_7H_{14}N_2Si$（**C**，最初に生成する中間体とは異なる）．

12・8 次の式で得られる1,3-アゾールの構造を示せ．
 (i) 1-クロロブタン-2-オンとチオ尿素
 (ii) チオベンズアミドとクロロアセトアルデヒド
 (iii) チオホルムアミドとブロモ酢酸エチル $BrCH_2CO_2C_2H_5$
 (iv) 2-アミノ-1,2-ジフェニルエタノンとシアナミド $H_2NC\equiv N$

12・9 ヒドロキシルアミンと $PhCOCH_2CH=O$ が反応したときに得られる二つの生成物の構造を示せ．また，5-フェニルイソキサゾールを合成する方法を示せ．

12・10 1,3双極付加環化反応に用いるニトリルオキシド（$R-C\equiv N^+-O^-$）をニトロアルカン（RCH_2NO_2）とフェニルイソシアナート $PhN=C=O$ から合成する反応機構を考案せよ．

13

プリン

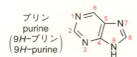

プリン
purine
(9H-プリン
9H-purine)

プリン環の標準的な位置
番号の付け方は歴史的な
理由から変則的である

プリンは多くの観点から大変興味がもたれる化合物である．プリンとピリミジンはすべての生命の遺伝学的な鋳型であるデオキシリボ核酸（DNA）やリボ核酸（RNA）の構成成分（核酸塩基）である（§17・4参照）．また，プリンはそのほかにも多くの生物学的な役割を果たしている．このように生物学的に重要かつ中心的な役割を担っていることは，多方面にわたる医薬品化学領域においてプリンとその類縁体が重要であることを示している．

化学的見地からみると，プリンの反応では構成成分のイミダゾール環とピリミジン環の相互作用をみることができるので，プリンの研究から学ぶべき重要なことは多い．これはちょうどインドールの反応が修飾されたピロールと修飾されたベンゼンの化学を示すのと同じである．ピリミジンは電子不足なそしてイミダゾールは電子豊富な構成成分として構造とその化学に寄与している．下図に示されるようにプリンには4種類の互変異性体が考えられるが，重要なのは7H形と9H形のみである．

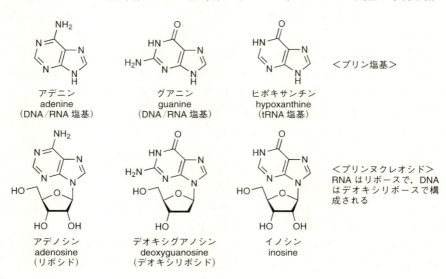

生物学的役割を担うプリン（およびピリミジン）は主としてN9位にリボースまたは2-デオキシリボースが結合したオキシ誘導体とアミノ誘導体である．N9位のリボース残基が単純な糖である場

第13章 プリン

合には，"ヌクレオシド"とよび，さらにその糖にリン酸が結合しているものを"ヌクレオチド"とよぶ（ヌクレオシドとヌクレオチドは紙面節約のためにリボースの上にプリンを描く．実際には，通常，プリンはリボースから回転して離れている）．

このようにプリンはDNAやRNAのようなポリマー中に存在するが，核酸以外にモノマーとしても生体内で重要な役割を果たしている．ヌクレオシドのアデノシンは重要なホルモンでありまた神経伝達物質であるが，ある種の心臓血管疾患の治療にも使われる．アデニン/アデノシンとグアニン/グアノシンはDNAとRNAの構成成分である．一方，ヒポキサンチン/イノシンはtRNAに存在し，また，さまざまなプリンヌクレオシドの生合成前駆体である．

アデノシンヌクレオチドはアデノシン $5'$-三リン酸（ATP）/二リン酸（ADP）/一リン酸（AMP）の相互変換を通して，多くの代謝系におけるエネルギー移動の中心を担っている．環状一リン酸エステルであるcAMP（サイクリックアデノシン $3',5'$-一リン酸，サイクリックAMP）とcGMP（サイクリックグアノシン $3',5'$-一リン酸，サイクリックGMP）はセカンドメッセンジャーとして特に重要である．これらセカンドメッセンジャーは細胞の外部表面上にある受容体に結合したアドレナリンやペプチドホルモン（たとえば，グルカゴン）のような神経伝達物質からの情報を伝達する．cAMPやcGMPは細胞壁の内部表面から放出されて細胞内の系を活性化する．ホスホジエステラーゼ（PDE）はcAMPやcGMPの環状リン酸エステルの分解を触媒する．したがって，ホスホジエステラーゼを阻害するとcAMPやcGMPの活性を引き延ばすことができ，たとえば，シルデナフィル（p.203参照）のような重要な薬が生まれる．また，アデノシンは多くの補酵素の構成成分でもある（p.184, 185参照）．

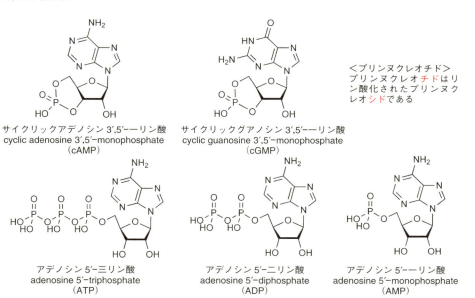

自然界には多数のプリンヌクレオシド類縁体が見いだされている．これらのなかにはプリン骨格の窒素が他の原子によって置換されたような修飾を受けたものがある．たとえば，オキサノシンはN1位が酸素と置換しており，また，ツベルシジン（慣用的に7-デアザプリンとよばれている）はN7位が炭素と置換している．そのほかに修飾されたリボースを含む天然物もある．最もよく知られた例はおそらく環内酸素がメチレン基（CH_2）に置き換わったアリステロマイシンである．この化合物は*Streptomyces*から単離されたが，発酵によっても生産可能で"カルバ"ヌクレオシド合成の有用な出発物である．医薬品化学においてはさらに炭素を窒素で置換したプリン類縁体も合成されている．

第 13 章 プ リ ン

オキサノシン
oxanosine

ツベルシジン
tubercidin

アリステロマイシン
aristeromycin

天然に存在するプリン
ヌクレオシド類縁体

プリンの化学は，ピリミジン同様，オキソ基やアミノ基をもつ化合物（またはハロゲン化物のような誘導体）が中心である．これらの化合物はそのものが生物学的に重要であるばかりでなく，反応や合成の出発物として容易に入手できる点でも有用である．特に核酸塩基のアデニン，グアニン，ヒポキサンチンおよびリボシドのアデノシン，グアノシン，イノシンなどは，すべて発酵や発酵生成物からの部分合成によって量的にも容易に得られる．

ポリオキソプリンである尿酸は入手しやすく，求核置換反応の有用な出発物である 2,6,8-トリクロロプリンに容易に変換できる．尿酸は鳥類，爬虫類における核酸代謝の最終産物であるが，1776 年にスウェーデンの化学者 Carl Sheele によって純粋な物質として単離された最初のヘテロ環化合物の一つである．血液中の尿酸が過剰になると，尿酸の結晶が析出し，典型的な例ではまず足の親指に痛みを生じる（痛風として知られる病気で通常男性にみられる）．ジオキソプリンであるキサンチンは，カフェイン，テオブロミン（チョコレートに含まれる），さらにはテオフィリン（喘息に使用される薬物）にみられる重要な共通骨格である．

尿 酸
uric acid

キサンチン
xanthine

カフェイン
caffeine

テオブロミン
theobromine
（チョコレートに含まれる）

テオフィリン
theophylline
（気管支喘息治療薬）

13・1　窒素への求電子付加反応

プリンそれ自体は比較的弱い塩基（pK_{aH} 2.5）であり，プロトン化で三つのカチオンを生じるが N1-H$^+$ 形が優勢である．アミノ誘導体は塩基性がより強く，たとえばアデニン（pK_{aH} 4.0）は N1 位でのみプロトン化する．6 位にオキソ基をもち，それゆえに N1 位にアミド型窒素をもつヒポキサンチンのプロトン化はイミダゾール環上で起こる．酸としてみると，プリンの pK_a は 8.9 である．

平衡における
主要なカチオン

N-アルキル化（§13・3 参照）

N-アルキル化はプロトン化と似たような（しかし常に同じではないが）形式に従う．たとえば，アデニンはピリミジン環の N3 位で反応する．しかし，N3 位が立体的に込み合っている場合には，アデノシン誘導体にみられるように，N-アルキル化は N1 位で起こる．

アデニン誘導体の N^1-アルキル化から得られる塩を塩基で処理すると Dimroth 転位（§6・10 参照）が起こる．この反応は環内の N1 位の窒素と環外の 6-アミノ基が入替わり 6-N-アルキルアミノア

デニンが生成する．これは ANRORC (addition of the nucleophile, ring opening, and ring closure) 機構による環の開環と再閉環の結果である．これはプリニウム塩およびいくつかの他の環系にもみられる共通の反応であり，6-*N*-モノアルキルアデニン合成において重要な反応である．図に示すように，内部スルホナート脱離基をもつ，1,2-オキサチオラン-2,2-ジオキシドの最初のアルキル化は N1 位で起こり，生成物中ではスルホン酸として存在する．

13・2 炭素上での求電子置換反応

簡単なプリンの炭素上での求電子置換反応は通常進行しないが，オキソ基やアミノ基をもつプリンは一般的な条件下で，電子豊富なイミダゾール環の C8 位で反応する．

プリンの求電子置換反応は C8 位で進行する

種々の 6 位置換プリンは反応機構こそ直接の求電子置換反応ではないが，C2 位でニトロ化される．

144　　　　　　　　　　第13章　プ リ ン

この変換はトリフルオロ酢酸と硝酸から系内で発生する混合無水物による N7 位への求電子攻撃によって開始される．C8 位へのトリフルオロアセトキシイオンの付加，ついでニトロ基の C2 位への転位そして最終的な再芳香化へと続く．これはニトロ基が続く求核置換反応に対してよい脱離基であるので特に有用な反応である．

13・3　N-脱プロトンおよび N-メタル化プリン

イミダゾール環に無置換の NH をもつプリンの N-アルキル化は，反応がイミダゾール環の窒素アニオンを経て起こる場合，通常塩基性条件下で行われる．これはしばしば N7-/N9-異性体の混合物を生じるが，しかし，C6 位に大きな置換基があれば N9-異性体に偏らせることができる．

C6 位置換基による N7 位近傍の立体障害は，N9 位の位置選択的アルキル化をもたらす

位置選択的な N7 位のアルキル化は 9-リボシドの四級化と続く加水分解によって達成される．

ヌクレオシドの位置選択的 N7 位アルキル化と続く加水分解による糖の除去

ヌクレオシドとその類縁体の合成に関連して，プリンの N-リボシル化（そして N-脱リボシル）が研究されてきた．このようなアルキル化ではプリンの位置選択性（N7 位/N9 位）のみならず糖が結合する C1′ 位で要求されるエピマーを選択的に合成する方法も検討しなければならない．普遍的に効果的な条件はないので，それぞれの場合についてその都度検討が必要である．N-リボシル化ではしばしば，プリン誘導体の水銀塩，ケイ素塩，またはナトリウム塩とハロリボースを用いて N-C 結合をつくる．時としてハロリボースの立体選択的置換が達成される．

ナトリウム塩を利用したプリン N9 位のデオキシリボシル化

非常に高い立体選択性を与える他の有用な方法には 2-ベンゾアートの隣接基関与によるものがあ

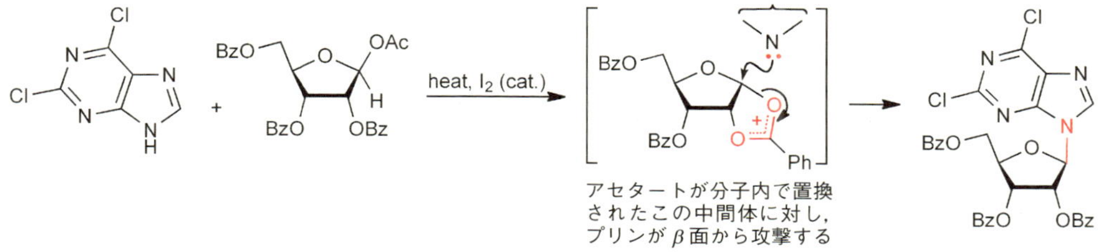

プリンの N9 位アリール化は銅触媒によって達成される．

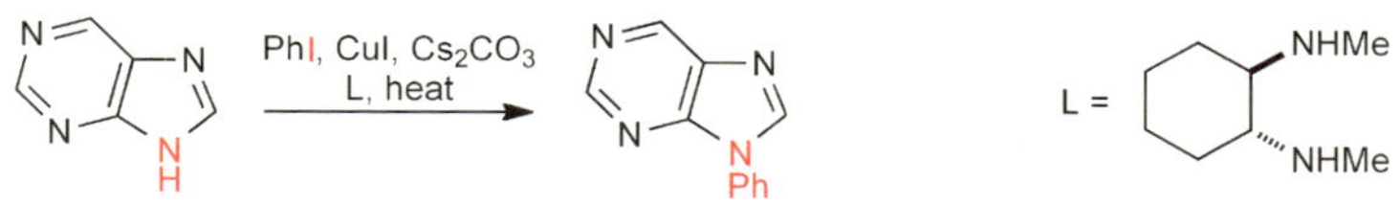

13・4 酸　化

プリンを化学的に酸化すると通常 N-オキシドが生成する．しかし，キサンチンオキシダーゼによる酵素酸化は C8 位で起こる重要な生物学的プロセスである．オキソトランスフェラーゼであるキサンチンオキシダーゼはヒポキサンチンとキサンチンを尿酸まで酸化する（§17・2 参照）．

13・5 求核置換反応

プリン，特にそのハロゲン化物は求核置換を受けやすい．求核置換はプリンの反応のなかでおそらく最も広く使われている反応である．種々の窒素，酸素，硫黄，そして炭素求核剤が用いられ，反応はピリジンと同様に付加-脱離機構で進行する．種々の脱離基が用いられてきたが，脱離基と求核剤の組合わせによる相互作用（反応性，反応速度，そして選択性に関して）は非常に複雑である．

三つの利用可能な炭素，C2 位，C6 位，そして C8 位上のハロゲンはいずれも容易に置換される．N-アニオンを生成できない N9 位置換プリンにおいては，その反応性は C8 位＞C6 位＞C2 位の順である．しかし，9H-プリンにおいては，環に生成したアニオンと結合している C8 位は降格し，反応性は C6 位＞C8 位＞C2 位の順となる．アミノ基が存在するとハロプリンの反応性は減少するが，一方で電子求引性のオキソ基が存在すると反応性は増大する．2- および 6-クロロプリンとヒドラジンとの相対的反応性は下図に示す反応条件の差で理解できる．ハロオキソプリンは弱い求核剤とすら容易に反応する．

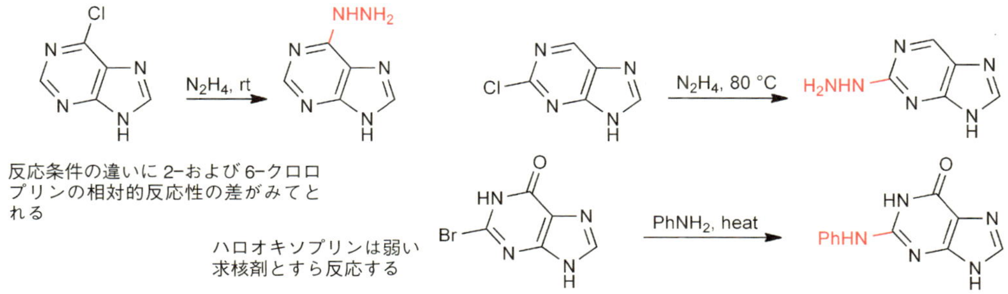

他の有用な脱離基はトリフラート基，アルキルチオ基，アリールチオ基そしてスルホニル基である．スルホニル基はハロゲン化物のスルフィナート置換で得られる．意義深いことに，この過程において

は，スルフィナートは求核剤としてシアン化物イオンよりも反応性に富むが，しかし，また次の化学量論的な反応によって例示されるように，脱離基としても塩化物イオンよりもさらに反応性が高い．

プリンの塩化物を活性化するために通常用いる手段はトリメチルアミンのような第三級アミンとの反応であり，反応性がかなり増強した第四級塩を生成する．これは段階的に行うこともまた反応系内でワンポットで行うこともできる．

反応系内で生成したトリメチルアンモニウム塩はトリメチルアミンを優れた脱離基にしている

第一級アミノ基でさえ1,2,4-トリアゾールに変えることによって容易に脱離基に変わる．

13・6 直接の脱プロトンまたは金属-ハロゲン交換によるC-メタル化

N9位を保護すると，プリンは直接C8位でリチオ化でき，生成したリチオ体は通常の条件下で種々の求電子剤と反応する．無置換のNH$_2$をもつアデニン誘導体ですら，大過剰の塩基を使用すれば，直接メタル化することができる．

六員環がメタル化された化合物はリチウム-ハロゲン交換によって得ることができる．しかし，C8位に置換基がない場合，より安定なC8位リチオ体への急速な平衡が起こる．これを避けるためには

低温を保持しなければならない.

[反応式: 6-ヨード-7-THPプリン → n-BuLi, THF, −130 °C → 6-Li-7-THPプリン → −78 °C → 8-Li-7-THPプリン]

13・7 0価パラジウム〔Pd(0)〕触媒反応

最も一般的なプリンのパラジウム触媒による置換反応はハロプリンで行われる.

[反応式: 2-ヨードアデノシン + HC≡C-Ph → Pd(0), heat → 2-(フェニルエチニル)アデノシン]

6,8-ジクロロプリンのクロスカップリングは高選択的にC6位で起こる.

13・8 酸素置換基またはアミノ置換基をもつプリン

本章のはじめに示したように,そして,ピリジンのようなより簡単なヘテロ環と同じように,オキソプリンとアミノプリンはそれぞれカルボニル基とアミノ基をもった構造が優先的に存在するが,潜在的には互変異性体である.

オキソプリン

a. アルキル化 オキソプリンのアミド窒素上の水素は比較的酸性であるので,塩基性条件下では窒素上でのみアルキル化が起こる.この酸性度はアニオンに対してフェノラートイオンのような共鳴寄与があると考えると理解できる.逆に,アシル化,スルホン化,シリル化は酸素上で起こる.

[反応式: 9-メチルヒポキサンチン → Me₂SO₄, aq. NaOH → アニオン中間体(共鳴構造) → 1,9-ジメチルヒポキサンチン]

b. 酸素の脱離基への変換 すでに述べたように,求核的な置換はプリンの重要な反応である.オキソプリンは求核置換反応に必要な基質を合成するための出発物である.尿酸のような完全に酸化されたプリンでさえも容易に塩化物に変換される.酸素はそのほか,アシルオキシ誘導体やスルホニルオキシ誘導体に変換することによっても活性化され脱離基となる.

[反応式: 尿酸 → POCl₃, heat → 2,6,8-トリクロロプリン]

c. 硫黄による置換 硫黄による酸素の置換は直接硫化リンを作用させるか,または脱離基に

変換した後に求核置換によって達成される．チオプリンはそれ自体興味深い化合物であるが，同時に求核的置換に対して非常に反応性の高いスルホンへの潜在的な前駆物質でもある（§13・5参照）．

アミノプリン

a. アルキル化　先に述べたように，中性条件下でのアルキル化は，環内窒素で起こり，生成物はそれから Dimroth 転位（§13・1参照）によって側鎖アルキルアミノプリンに変わる．これに代わるアミノ基の直接のモノアルキル化はアルデヒドと還元剤を用いる還元的アルキル化である．

b. ジアゾ化　プリンのC2位とC6位のアミノ基と亜硝酸との反応は2-アミノピリジンの反応と似ている．この反応におけるジアゾニウム塩はフェニルジアゾニウム塩と比べると比較的不安定であるにもかかわらず，ハロゲンのような置換基を導入するために利用されている．8-ジアゾニウム塩は電子豊富な環との共鳴があるためにより安定である．またジアゾ化は（デオキシ）リボシドのような酸に敏感な置換基があるときには塩基性条件下で行うことができる．

アミノプリンは必要に応じて酸または塩基性条件下でジアゾ化される

亜硝酸エステルとアミノプリンの反応ではプリニルラジカルが発生する．このラジカルはポリハロゲン溶媒からハロゲンを引抜いて効率的にハロプリンになる．

無水条件下でのジアゾ化では炭素ラジカルが中間体として生成する

13・9 環合成 —— 切断する場所

プリン合成の多くは4,5-ジアミノピリミジンか5-アミノイミダゾール-4-カルボン酸誘導体の環化反応である．

13・10 4,5-ジアミノピリミジンからのプリン合成
（7位と8位，8位と9位の結合形成）

8位無置換プリンは4,5-ジアミノピリミジンを通常ホルムアミドのようなホルミル化剤と単純に加熱するだけで得られる．この反応は最初にアミンの N-ホルミル化が起こり，ついで系内で生成したホルムアミドの脱水と環化が起こる．これは Traube 合成法 とよばれるプリンの古典的な合成法である．

8位置換プリンはホルミル化剤の代わりにC8位の置換基となる構造をもったカルボン酸またはその誘導体による N-アシル化を経て合成される．簡単な例では，N-アシル化反応の系内で脱水・環化が起こるが，通常は最初に生成するアミドとその環化の2段階経路で進行する．

13・11 5-アミノイミダゾール-4-カルボキサミドからのプリン合成
（1位と2位，2位と3位の結合形成）

5-アミノイミダゾール-4-カルボキサミド（AICA：5-aminoimidazole-4-carboxamide）とそのリ

トリアセチル AICA リボシド

5-アミノイミダゾール-4-カルボン酸誘導体を用いるプリン合成

ボシドは市販されており，2 位置換ヒポキサンチンやイノシンの合成に対しては最もよい出発物である．アデニン誘導体はまた対応するアミノイミダゾールカルボニトリル（AICA リボースはイノシンの生合成前駆物質である）を用いる非常に類似した経路で合成される．

13・12　1 段 階 合 成

生命の起源となった原始のスープの中で，アデニンのようなプリンが生成したことはおそらく生命の進化の必須条件であっただろう．驚くべきはアデニンのような比較的複雑な分子が，アンモニア，シアン化水素のような非常に簡単かつ基本的な分子の連続的な縮合によって生成できるということである．アデニン $C_5H_5N_5$ は形式的にはシアン化水素の五量体であり，効率はよくないが，実際に実験室でアンモニア，シアン化水素から合成することができる．等価な，しかしより実用的な方法はホルムアミドの脱水反応である．

$$HCONH_2 \xrightarrow{POCl_3,\ 120\ ^\circ C\ \text{封管中}} \text{アデニン}$$

練 習 問 題

13・1 次の一連の反応の中間体（**A**，**B**，**C**）の構造と最終生成物（**D**）は何か．

2′,3′,5′-トリアセチルグアノシンを $POCl_3$ と反応させると化合物 $C_{16}H_{18}ClN_5O_7$（**A**）になる．ついで **A** は t-BuONO，CH_2I_2 と反応して化合物 $C_{16}H_{16}ClIN_4O_7$（**B**）になる．**B** は NH_3，MeOH と反応して化合物 $C_{10}H_{12}IN_5O_4$（**C**）になる．最後に **C** は $PhB(OH)_2$，$Pd(PPh_3)_4$，Na_2CO_3 により，化合物 $C_{16}H_{17}N_5O_4$（**D**）となる．

また，これと同じプリンを AICA リボシドから 4 段階で合成する経路を示せ．

13・2 アデノシンから 8-フェニルアデノシンへの変換の経路を示せ．

13・3 次の文章を反応式で書き表せ（各構造式を明示すること）．アデノシンを Me_2SO_4 により化合物 $C_{11}H_{15}N_5O_4$ とし，これを塩酸水溶液と反応させると化合物 $C_6H_7N_5$ が生成する．最後にアンモニア水溶液を作用させると異性体 $C_6H_7N_5$ が生成する．

13・4 次の反応で生成するプリンの構造を書け．

(i) 4,5,6-トリアミノピリミジンとホルムアミドを加熱する．

(ii) 2-メチル-4,5-ジアミノピリミジン-6-オンをジチオギ酸ナトリウムと反応させた後，（キノリン中で）加熱する．

14

3個以上のヘテロ原子をもつ
アゾール（五員環）とアジン（六員環）

A. 3個以上のヘテロ原子をもつアゾール

14・1　はじめに

　これまでの章で述べたすべてのヘテロ五員環系において，理論的にはどの炭素原子もまたさらにはすべての炭素原子をも窒素で置き換えることができる．窒素，酸素，そして硫黄を用いると三つまたはそれ以上のヘテロ原子をもつアゾール（§2・7参照）が18できる可能性がある．そのうちの13は既知である（まだ知られていない母核のうち，三つは炭素を含まないものである）．しかしながら，ヘテロ原子として窒素のみを含む三つの系の互変異性体はそれぞれ独立したアゾールとして考えることができ，窒素上の置換基によって固定されたときには，あきらかに異なる芳香族性と反応性を示す．当然のことながら，ヘテロ原子が多くなればなるほど炭素の化学と違ってくる．

　環内に数個のヘテロ原子-ヘテロ原子結合とヘテロ原子-炭素結合があると，熱力学的な不安定さや，速度論的な不安定さが生じてくる．速度論的な不安定さに起因して，特にこれら数個のヘテロ原子が隣り合わせに並ぶ場合，窒素（気体）のような安定な分子のみならず，炭素原子または硫黄原子さえも容易に放出される．実際，この種の化合物のあるものは，爆発物として市販されている（§19・5参照）．しかし，多くはまったく穏やかな化合物である．テトラゾールにはこの両方の特性がみられる．あるものは非常に危険な化合物であるが，またあるものは医薬品化学（創薬化学）のビルディングブロックとして使われている（たとえばp.152, 194参照）．実際にトリアゾールやテトラゾールなどの多くは医薬品化学や産業において非常に重要な化合物である．

14・2　ヘテロ原子として窒素のみをもつアゾール
　　　　　　──トリアゾール，テトラゾール，ペンタゾール

　3個以上のヘテロ原子として窒素のみを含むアゾールには1,2,3-トリアゾール，1,2,4-トリアゾー

ル，テトラゾール，ペンタゾールの四つがある．トリアゾールとテトラゾールはそれぞれ二つの互変異性体の混合物として存在する．これら母核化合物のなかで，ペンタゾールのみが単離されておらず，実際にはほんの少数の不安定な誘導体が合成されたのみである．他の三つの系，1,2,3-トリアゾール，1,2,4-トリアゾール，テトラゾールの化学は非常に広く進展している．

トリアゾールは弱い塩基だが，比較的酸性であり，およそフェノールと同程度の酸性を示す．テトラゾールはさらに弱い塩基であるが，より酸性であり，およそカルボン酸と同程度の酸性を示す．なお，テトラゾールは多くの医薬品において，カルボン酸の等価体として代替されている．

医薬品において，テトラゾールはカルボン酸の等価体として用いられている

[例]
ロサルタン
(高血圧症治療薬)

1,2,3-トリアゾールは三つの窒素が直接結合していることを考えると，著しく安定であり，一般に150℃以上の高温に耐える．テトラゾール自体（融点158℃，180℃以上で分解する）は，少なくとも輸送する場合には爆発物として分類されるが，通常は驚くほど安定である．また，これらのアゾール環は還元されにくい．

比較的少数であるが，知られているペンタゾール（N-アリール誘導体）の多くは室温で不安定であり，あるものは-10℃に到達した時点で爆発するとさえいわれている．

炭素上での求電子置換反応

トリアゾールやテトラゾールは本質的に電子不足の環であることを考えると，驚くほど穏和な条件下で求電子置換が進行する．NH体（基質）の求電子置換反応のあるものは塩基で触媒される．それゆえにアニオンを通して進行すると思われるが，N-アルキル体も同じように反応する．したがって，通常の芳香族求電子置換反応に対するものとは異なるメカニズムが関与しているのかも知れない．

炭素上での求核置換反応

求核置換反応はN-アルキル体，すなわち，酸性のNHをもっていない化合物において容易に起こる．スルホンは炭素求核剤に対して特によい脱離基である．

N-脱プロトンおよび*N*-メタル化トリアゾール/テトラゾール

N-アルキル化はNHトリアゾールとNHテトラゾールの最も重要な反応の一つである．問題となる位置選択性の制御，ヘテロ環上の既存の置換基の影響による位置異性体の生成比，用いるアルキル化剤のかさ高さ，その反応条件など注目する点は多い．純粋な位置異性体を選択的に合成する方法を開発することは意義深い挑戦である．

比較的酸性が強いために，これらすべてのアゾールは弱い塩基の存在下で容易にアルキル化される．なお，多くの一置換1,2,3-トリアゾールとテトラゾールは実際には直接の環合成によって容易に得られるが，二置換異性体は通常この方法では得られず，しばしば*N*-アルキル化によって合成される．

1,2,3-トリアゾールはN2位でアルキル化する傾向がある．たとえば，以下に示されるように，反応条件の選択によって（試行錯誤によって）制御可能である．しかし，その選択性はかなり変動する．

1,2,4-トリアゾールは二つの隣接する窒素上で優先的にアルキル化し，少数の副生した位置異性体（離れた位置の窒素上）は単純な単離操作の過程で除去される（母核ヘテロ環のN1位とN2位はアルキル化の前には等価である）．N4位のアルキル化はより複雑な方法を必要とする．N1位の選択的なアシル化を行うと生成物は選択的にN4位でアルキル化されて第四級アンモニウム塩になる．後処理でアシル基は容易に加水分解され，純粋なN4位にアルキル基をもつ誘導体が単離できる．しかしながら，アシルトリアゾールを四級化できるような高度に反応性の高いアルキル化剤はほとんどないためにこの方法には限界がある．

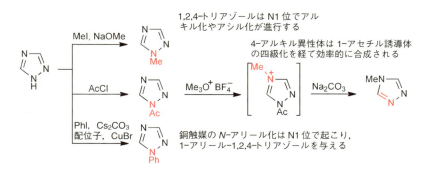

銅触媒の*N*-アリール化が知られている．1,2,3-トリアゾールはN1位で反応し，1,2,4-トリアゾールはアルキル化と同じように隣接する窒素の一つでアリール化する．

テトラゾールの*N*-アルキル化の位置選択性は，C5位置換基の立体的そして極性によって影響を受ける．以下の5-フェニルテトラゾールの*N*-メチル化で示されるように，C5位の電子求引基またはかさ高い置換基はN2位のアルキル化を有利にする．

5-シアノテトラゾールとヨードメタンとの反応はシアノ基の立体障害が小さいにもかかわらず

N2：N1 は 85：15 の選択性で進行する．

前に述べたように，"固定された"互変異性体の反応性は非常に異なる．これは上に示されるように，シアノメチルテトラゾールの混合物をさらに変換することによってうまく説明される．1-メチルテトラゾール-5-カルボン酸は室温で自発的に脱炭酸する．一方，その 2-メチル異性体を同じく脱炭酸するためには 200 ℃ に加熱する必要がある．したがって，ニトリルの混合物を加水分解すると 1-メチルテトラゾールと 2-メチルテトラゾール-5-カルボン酸の混合物が生成する．これらは容易に分離でき，2-メチルテトラゾール-5-カルボン酸からは 200 ℃ で脱炭酸すると，純粋な 2-メチルテトラゾールが得られる．

テトラゾールの選択的な N1 位のアルキル化は上記に示される 1,2,4-トリアゾールの N4 位のアルキル化で使用されたのと同じような 2 段階反応によって達成されるが，しかしここでも十分な反応性のあるアルキル化剤が存在しないために限界がある．

かさ高い求電子剤 (t-Bu$^+$) は 5 位置換テトラゾールの N2 位に反応する．ついで四級化と続く N-脱アルキルから 1-メチル誘導体が生成する

C-メタル化

1 位がアルキル化された 1,2,3-と 1,2,4-トリアゾールは C5 位で容易にリチオ化する．しかし，1,2,3-異性体から得られるリチオ体は室温に上昇すると分解する．1,2,4-リチオ異性体はより安定

14・2 ヘテロ原子として窒素のみをもつアゾール──トリアゾール,テトラゾール,ペンタゾール　155

である．N1位置換テトラゾールから得られるリチオ体は−50℃以上で分解する．しかしながら，通常リチオ体は低温で保持されている間に求電子剤と反応する．

0価パラジウム〔Pd(0)〕触媒反応

ほんの少数例であるが，トリアゾールおよびテトラゾールの有機金属化合物がある．特に亜鉛誘導体とスズ誘導体がクロスカップリング反応に用いられる．基質としてハロアゾールを用いる逆のカップリングがより一般的に利用されている．

環 合 成

1,2,3-トリアゾールは通常アジドとアルキンまたはその等価体との付加環化反応を経て合成される．たとえば，次に示される例においては酢酸ビニルがエチレンの高沸点等価体として使用されている（注意：すべてのアジドは本質的に爆発性であるが，その危険性は大きく変動する．低分子のアルキルアジドとアジ化水素は特に危険である．トリメチルシリルアジドとアリールアジドはより安全である）．

このトリアゾール環合成は，特に二つの部分を結合するために，その効率性と信頼性そして一般的な応用性からしばしば"クリック反応（click reaction，本来，分子の一部と分子の一部を結合するために使用されるきわめて効率的で信用できる一般的な反応をさす用語）"とよばれる．

銅触媒を用いると，より穏和な条件下で反応が進行するので広く利用されている．

N4位置換1,2,4-トリアゾールはN,N'-ジアシルヒドラジンと第一級アミンとの反応から得られる．しかし，この方法は厳しい反応条件を必要とし，N,N-ジメチルホルムアミドアジンのようなより反応性の高いジアシルヒドラジンの等価体が通常使われる．C3位置換1,2,4-トリアゾールはアミドラゾン（ヒドラジンとニトリルの反応から得られる）とギ酸，エステルまたはニトリルとの縮合反

応から得られる.

<chemical reaction: N,N-ジメチルホルムアミドアジン (N,N'-ジホルミルヒドラジン等価体) + BnNH₂ →(TsOH, heat, −2Me₂NH) 1-benzyl-1,2,4-triazole>

<chemical reaction: 2-pyridyl-CN →(N₂H₄) 2-Py-C(=N-NH₂)-NH₂ (アミドラゾン) →(HCO₂H, heat) 5-(2-pyridyl)-1H-1,2,4-triazole>

テトラゾールは通常"ニトリルまたは活性化されたアミド"と"アジドアニオンまたはアジド"との反応によって合成される.トリメチルシリルアジドはより使いやすく,より安全である.シリル基は反応の途中で失われる.

<chemical reaction: EtO₂C-CH₂-CN →(NaN₃, heat) EtO₂C-CH₂-(1H-tetrazol-5-yl)>

<chemical reaction: p-TolCN + Me₃SiN₃ →(Cu₂O (cat), heat) 5-(p-Tol)-1H-tetrazole>

<chemical reaction: MeC(=O)NH-c-C₆H₁₁ →(NaN₃, Tf₂O) [Me-C(OTf)=N⁺-c-C₆H₁₁] (トリフラート生成によるアミドの活性化) → 1-cyclohexyl-5-methyl-tetrazole>

14·3 ベンゾトリアゾール

ベンゾトリアゾール(BtH)は一般的な有機合成の補助基として重要な用途がある.α-カルボカチオンやα-カルボアニオンの安定化に対する活性化基としての特性をもち,また脱離基としても働く.

<structure: ベンゾトリアゾール benzotriazole (有用な合成用補助基) = BtH>

次の一連の反応ではベンゾトリアゾールがα-カルボカチオン(Mannich 反応)の安定化とリチオ

<chemical reaction: 1-methylindole + 1-(hydroxymethyl)benzotriazole →(TolH, heat) [intermediate with H₂C⁺ stabilized by Bt] → 3-(Bt-CH₂)-1-methylindole
Bt は隣接する正電荷を安定化する>

<chemical reaction: →(i-BuLi, −78 °C; Me₃SiCl) 3-(CH(SiMe₃)(Bt))-1-methylindole →(MeMgI) 3-(CH(SiMe₃)(Me))-1-methylindole
Bt によるカルボアニオンの安定化はリチオ化を容易にする
脱離基は Bt⁻>

化を促進するためのα-カルボアニオンの安定化の役割を果たし，そして Grignard 反応剤との置換では脱離基として機能している．

 N-アシルベンゾトリアゾールは安定で取扱いが容易であり，酸塩化物または酸無水物よりも穏やかな求電子剤である．これは種々の酸（窒素が保護されたα-アミノ酸含む）から合成できる．すなわち，塩化チオニルを使用して系内で発生した種々の酸塩化物とベンゾトリアゾールとの単純な反応によって合成できる．*N*-アシルベンゾトリアゾールは *N*-, *O*-, *S*-, *C*-アシル化剤としても広く用いられてきた．特に，これらはペプチド合成におけるアミド結合の生成，すなわち，*N*-アシル化剤として使うことができる．代表的な実例を次に示す．

BtCOR 化合物は穏和なアシル化剤として非常に有用である

 合成的な補助基としてのベンゾトリアゾールの重要な役割に加えて，ほかにその環系を利用する方法がある．おそらく，それらのなかで最も重要なものは，ベンザインを発生するために使用される 1-アミノベンゾトリアゾールの比較的穏和な中性の酸化的分解である．

14・4 硫黄と酸素を含むジアゾール ── オキサジアゾールとチアジアゾール

 不安定な 1,2,3-オキサジアゾールを除けば，8 個のオキサジアゾールとチアジアゾールの存在が可能であるが，これらはすべて安定な既知化合物である．また，1,2,3-オキサジアゾールのメソイオン誘導体であるシドノンは有用かつ安定な中間体である．カルボニル基がなければ，単純な芳香族ヘテロ五員環に 2 価のヘテロ原子（酸素や硫黄）を一つだけ組込むことができる．これらは窒素でない原子を 1 として命名され，窒素原子の位置は 2 価の原子を基準に示される．

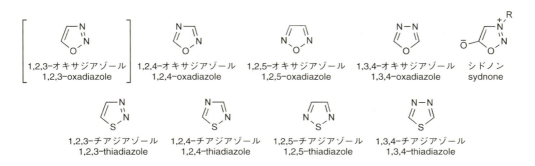

相対的な芳香族性と安定性

 これらのヘテロ原子間の相互作用を正確に予測することは容易ではないが，一般的な安定性/反応

性は結合の長さやNMR（核磁気共鳴）データに基づいた相対的芳香族性から推測できる．

芳香族性の
おおよその
順序

　三つ以上の窒素をもつ酸素（オキサ）化合物や硫黄（チア）化合物のなかで，1,2,3,4-チアトリアゾール誘導体のみがよく同定されている．5-アリールと5-アミノ化合物のみがかなり安定である．5-クロロ体や5-チオールのような化合物は危険な爆発性物質である．この不安定性の原因は構造をみるとわかるように硫黄や窒素分子を容易に失えることにある．メソイオン化合物，1,2,3,4-オキサトリアゾール（アザシドノン）は比較的安定である．実際にこれが唯一の安定な1,2,3,4-オキサトリアゾールである．これはおそらく低エネルギーで窒素を放出できる異性体がないためである．二つの連続する無置換の窒素原子があると窒素の放出が容易になるが，アザシドノンにおいては中央の窒素上のメチル基によって窒素の直接の脱離が阻止されている．

50 ℃で爆発

$t_{1/2}$=7 h at 61 ℃ 制御された分解 → PhCN + S + N_2

エタノール中3時間以上の加熱還流でも安定

炭素上での求核置換反応

　これらの環は非常に電子不足なため，炭素上での求電子置換はほとんど起こらないが，逆に求核置換は容易に進行する．相対的な反応性が異なることを単純に説明することは難しいが，いくらか利用できる実験データがある．

エタノール中ピペリジンと
クロロチアジアゾールとの
求核置換反応の相対速度

2000　　64　　1

オキサジアゾール/チアジアゾールの C-メタル化

　リチオ化は容易に起こり，置換基を導入するために利用されるが，環の開裂や他の副反応を常に伴う．1,2,5-オキサジアゾールのような化合物は弱い塩基によってですら分解する．特に有機リチウム反応剤は硫黄化合物の硫黄に対し直接攻撃するので，環が分解する．

一般的なリチオ化が
可能なものもある

MeLi, –78 ℃　c-C_6H_{10}O

1,2,5-オキサジアゾールは
非常に塩基に敏感である

aq. NaOH

有機リチウム反応剤に
よる硫黄への攻撃が起こる

PhLi
– N_2
+ LiCl

環 合 成

オキサジアゾールとチアジアゾールは簡単なアゾール同様，縮合-環化により合成できる．しかし，硫黄-窒素結合の構築が必要なときには酸化的環化がおそらく必要となる．

オキサジアゾールおよびチアジアゾールの合成に縮合環化反応が用いられる

酸化条件は通常硫黄-窒素結合が形成されるときに必要とされる

B. 3個以上のヘテロ原子をもつアジン

前の章で述べた含窒素ヘテロ六員環のすべてにおいて，理論的には一部またはすべての炭素原子を窒素によって置き換えることができる（アジンについては§2・4参照）．三つの可能なトリアジン母核系はすべて安定であり，広範囲にわたりその化学がわかっているが，四つまたはそれ以上の窒素をもつ五つの可能なアジンのなかでは，1,2,4,5-テトラジンのみが単環化合物として知られている．1,2,3,5-テトラジン環はテモゾロミド（p.160, 206 参照）のような縮合した環系で，たとえこれがピリドン様の安定性のためであるとはいえ，合成されている．既知の1,2,3,4-テトラジンは縮合環系におけるN-オキシドに限られている．ペンタジンとヘキサジンは知られていない．

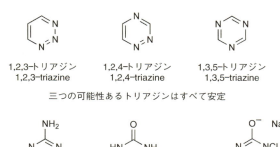

1,2,3-トリアジン
1,2,3-triazine

1,2,4-トリアジン
1,2,4-triazine

1,3,5-トリアジン
1,3,5-triazine

三つの可能性あるトリアジンはすべて安定

メラミン
melamine

シアヌル酸
cyanuric acid

ジクロロイソシアヌル酸ナトリウム
sodium dichloroisocyanurate

工業的規模で使用される1,3,5-トリアジン　　広く用いられている消毒薬

トリアジンはある種の薬（第18章参照）に見られるが，おそらく最もよく知られたトリアジンはプラスチックを製造するために工業的に使われているメラミン（2,4,6-トリアミノ-1,3,5-トリアジン）であろう．シアヌル酸（1,3,5-トリアジン-2,4,6(1H,3H,5H)-トリオン）は，1776年，

Scheele によって尿酸の熱分解から得られた．ジクロロイソシアヌル酸ナトリウムは漂白性の消毒薬として広く使用されている．

未知の環系

1,2,3,4-テトラジン
1,2,3,4-tetrazine

1,2,3,5-テトラジン
1,2,3,5-tetrazine

ペンタジン
pentazine

ヘキサジン
hexazine

アジンの炭素を酸素または硫黄と置換すると，中性の芳香族化合物にはならない．しかし，カルボニル基があるとき，すなわちアザピロンの等価体であるときには 2 価のヘテロ原子が収容されうる．オキサジアゾノンおよびチアジアゾノンは安定な化合物であり，後に示されるように Diels–Alder 反応において有用である．

1,2,4,5-テトラジン
1,2,4,5-tetrazine
唯一既知の安定な単環テトラジン系

非常に珍しい縮合
1,2,3,4-トラジン

テモゾロミド
temozolomide
環縮合が 1,2,3,5-トラジンを安定化

環に O または S を含む中性アジンの 2 例．ピリドン様系でのみ可能

約 200 ℃ で分解する 1,2,3-トリアジンから，600 ℃ 以上でも安定な 1,3,5-トリアジンまで既知の母核の熱安定性は変わる．

炭素上での求核置換反応

炭素上での求電子置換反応は知られていないが，求核的な置換反応と付加反応はトリアジン，テトラジンの最も重要な反応である．余分の窒素による誘起効果が大きくなったために，一般にこれらトリアジン，テトラジンはジアジンよりも求核反応において反応性が高い．母核と多くの誘導体は酸性または塩基性溶液中で水と反応する．

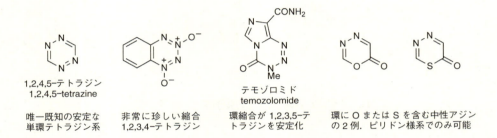

求核置換は容易に進行する

たとえば，1,3,5-トリアジンの臭素化のような，求電子的とみえるかもしれない炭素上での置換反応がある．しかし，これは下図に示すように，ほぼ確実に窒素上の求電子攻撃と続く炭素上への臭化物イオンの求核的付加を経由して進行している．

見かけ上求電子置換は窒素への求電子付加によって開始する

1,3,5-トリアジンには容易かつ可逆的にアンモニアや簡単なアミンが付加する〔ピリジンの

Chichibabin 反応における熱ナトリウムアミドに要求される条件と対比せよ〔p.41 参照〕］．付加体を過マンガン酸酸化で処理すると芳香化したアミノ誘導体やアルキルアミノ誘導体として捕捉することができる．

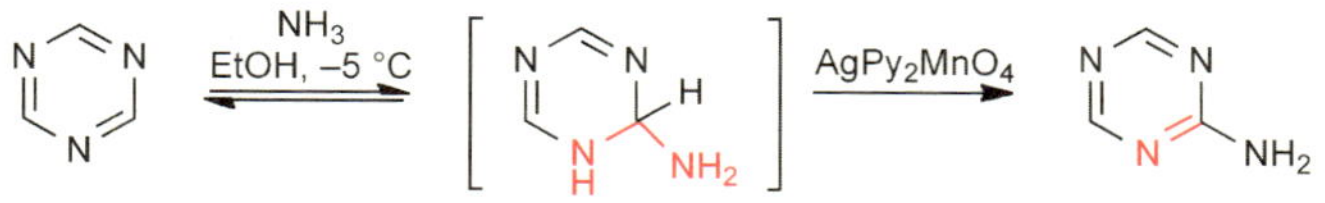

1,3,5-トリアジンは求核攻撃を受けやすく，かつ容易に開環しやすいので合成的にはギ酸エステルまたはホルムアミドの有用な等価体としてヘテロ環合成に利用される．この一例はイミダゾールやベンゾイミダゾールなどの合成においてみられる．

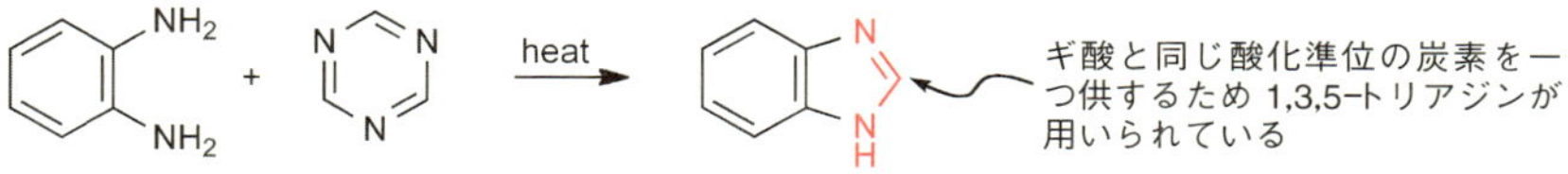

0 価パラジウム〔Pd(0)〕触媒反応

トリアジンのクロスカップリング反応例は比較的少ないが，ハロゲン化物は優れた基質である．次に例として薗頭カップリングを示す．

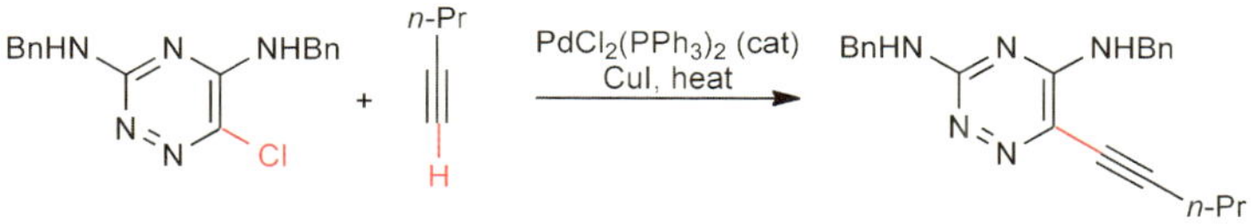

ペリ環状反応

トリアジンとテトラジンの重要な化学的応用は，逆電子要請型 Diels–Alder 反応（IEDDA）における電子不足ジエンとなりうることである．これらの過程では，最初の付加体から逆 Diels–Alder 反応によってシアン化水素，ニトリル，または窒素を脱離し，ピリジンかジアジンが生成する．

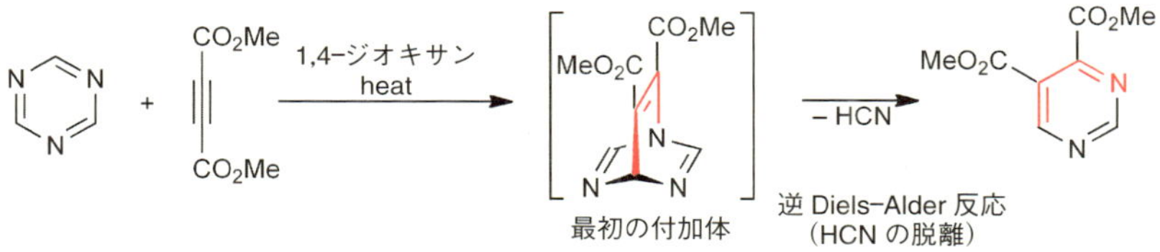

オキサジアジノンは下図に示すように Diels–Alder 反応における優れた"ジエン"である．興味深いことに最初の付加体からは二酸化炭素ではなく窒素が脱離する．

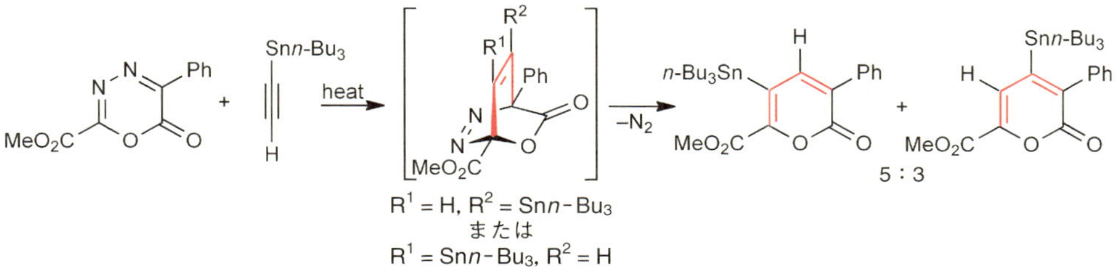

芳香族ヘテロ環を生成するために最終段階でアミン部分が除去されるので，エナミンはしばしばア

セチレン等価体として使用される．

これらの反応におけるエチレンの最もよい等価体はノルボルナジエンである．最終段階において，窒素と同じようにシクロペンタジエンが放出される．

環合成

1,2,3-トリアジンは 1-アミノピラゾールの酸化によって，他のトリアジンは通常環縮合反応によって合成される．対称的に置換された 1,2,4,5-テトラジンは二量化-縮合反応と続く酸化的芳香化によって合成される．多くの非対称置換テトラジンは対称置換体の置換基を変換して合成する．

Diels-Alder 反応によく用いられる 1,2,4,5-テトラジン-3,6-ジカルボン酸ジメチルはジアゾ酢酸エチルの塩基触媒二量化と続く生成したジヒドロテトラジン（再エステル化した後）の酸化によって

1,2,4,5-テトラジン-3,6-ジカルボン酸ジメチル

練習問題

14・1 次の Diels-Alder 反応の生成物は何か.
(i) 1-ピロリジニルシクロペンテンと (a) 1,3,5-トリアジン, (b) 1,2,4-トリアジン.
(ii) 3-フェニル-1,2,4,5-テトラジンと 1,1-ジエトキシエテン.

14・2 チオホスゲン $S=CCl_2$ は低温でアジ化ナトリウムと反応して, アジド基を含まない生成物を与え, 続くメチルアミンとの反応で化合物 $C_2H_4N_4S$ に変わる. 各工程の生成物の構造を示せ.

14・3 $PhCONH_2$ と DMFDMA の反応で化合物 $C_{10}H_{12}N_2O$ を与え, これは (a) N_2H_4 または (b) H_2NOH と反応する. これらの生成物は何か.

14・4 1,3,5-トリアジンは, (i) アミノグアニジン $H_2NN=C(NH_2)_2$ と反応して 2-アミノ-1,3,4-トリアゾールを生成する. そして, (ii) マロン酸ジエチルと反応して 4-ヒドロキシピリミジン-5-カルボン酸エチルを与える. これらの変換を合理的に説明できる反応機構を示せ.

15

環縮合位に窒素をもつヘテロ環

15・1 はじめに

生物学的に重要なプリンやインドールのようなベンゼンの縮合したヘテロ環に加えて，二環系や多環系の芳香族ヘテロ環が多数知られている．これら環系の最も重要なものは環縮合位（橋頭位）に窒素（橋頭窒素）をもつ，すなわち，窒素が両方の環に共通しているものである．これらの化合物は天然にはあまりみられないが，応用化学，特に医薬品において重要である．他の環結合様式も可能であり知られてもいるが，ここでは五員環と六員環の組合わせによる二環性化合物のみを取上げる．

唯一のヘテロ原子として環縮合位に窒素をもつ母核のなかで，インドリジンのみが中性であり，これは四つの二重結合にある8電子とインドールのように窒素の非共有電子対（2電子）からなる完全に共役した芳香族10π電子系をもつ．4H-キノリジンは共役を阻む飽和炭素があるために芳香族ではない．しかし，キノリジンから水素化物イオンを失うことによって形式的に導かれるキノリジニウムカチオンは芳香族10π電子系をもっている．4-キノリジノンも同様に分極した共鳴構造に示されるように10π電子系である．

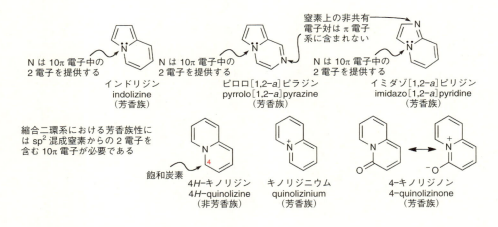

ピロリジン（ピロール部分はすでに芳香族性をもっている）は単にその共役アニオンに変えることによって二環性の芳香族10π電子系になる．しかし，興味深いことに，飽和炭素をπ電子系に非共

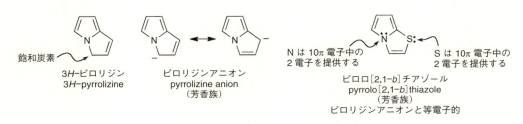

有電子対を供与できるようなヘテロ原子に置換すると，ピロリジンアニオンと等電子的で安定な芳香族化合物になる．

これらすべての系において炭素を窒素と置換しても，ベンゼン-ピリジンの関係でみられるように，その芳香族性は失われない．この特徴から前出のピロロ[1,2-*a*]ピラジンやイミダゾ[1,2-*a*]ピリジンなどのようなさまざまな興味のもたれるヘテロ環（アザインドリジン）に誘導されている．

15・2 インドリジン

寄与の大きい三つの共鳴構造は，完全なピロールまたは完全なピリジニウム環を含んでいる

pK_{aH} 3.9

インドリジンはインドールに似た反応性を示す電子豊富な化合物である．しかし，インドール(pK_{aH} −3.5)よりもかなり塩基性が強い．インドリジンのプロトン化は，インドール同様，通常炭素上 C3 位で起こり，窒素上では非芳香族性のπ電子系が生成するため起こらない．また，インドリジンの六員環はイミンを含んでいないので，ピリジンのような求核付加は起こらない．しかし，プロトン化したときにはイミニウム基をもつようになる．

標準的な求電子置換は C3 位で起こる．しかし，強い酸性条件下では，反応はおそらくインドリジニウムカチオンへの攻撃を経て，C1 位で進行する．

リチオ化はピリジン環の C5 位で容易に起こる．酸性溶液中での還元はデヒドロ体か完全飽和体のいずれかを生じる．

芳香族 10π 電子系であるにもかかわらず，インドリジンはアセチレンジカルボン酸ジエチルとの

反応では，その反応機構の詳細は不明であるが，8π電子系として関与する．この反応は不安定な付加中間体を安定な芳香族化合物のシクラジン（§15・7参照）に変換するために触媒存在下で行う．

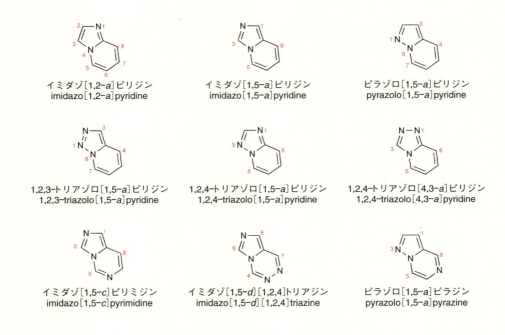

15・3 アザインドリジン

アザインドリジンの位置番号の付け方は複雑であり，窒素の数と位置により変わる．

アザインドリジン（炭素との置換で複数の窒素を含んでいるインドリジン）は一般的な，よくある化合物である．六員環に複数の窒素をもつ化合物はイミンを含み，その環への求核攻撃をより容易にしている．五員環に複数の窒素をもつ化合物はイミダゾール，ピラゾール，トリアゾール，テトラゾールなどのアゾールと類似した反応性を示す．

イミダゾ[1,2-a]ピリジンは穏和な条件下でC3位の求電子置換を受ける．しかし，C3位が塞がれていると，置換はC5位で起こる．

イミダゾ[1,5-a]ピリジンは，その異性体のイミダゾ[1,2-a]ピリジンとは異なりC1位で求電子

置換を受ける．2番目に優位な反応点はC3位である．また，変法としてN-ベンゾイルカチオンの脱プロトンによって生成するイリド中間体を経るC^3-ベンゾイル化がある．

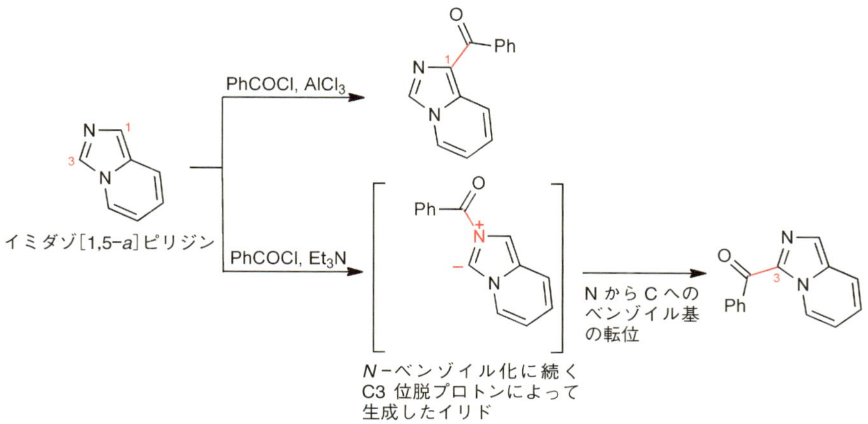

両イミダゾピリジンのリチオ化に対する優位な位置はC3位である．C3位が塞がれていると反応はC5位かC8位のどちらかで起こる．下図に示す例ではペリ位のメチル基がC5位での反応を妨害する．しかし，同じ位置のメトキシ基は反応剤に配位することによってC5位のリチオ化を誘導する〔直接的オルトメタル化（DoM）〕．

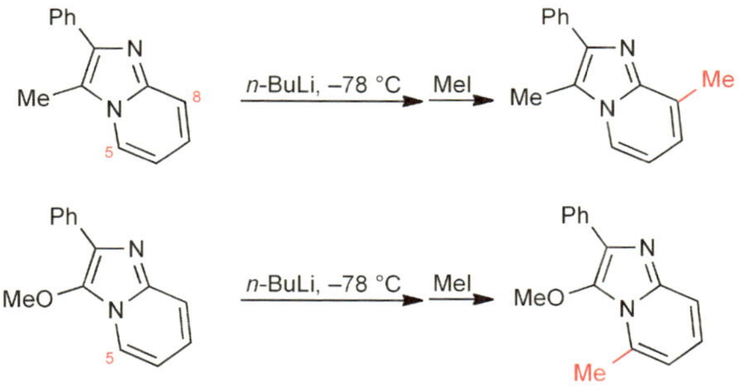

イミダゾ[1,5-a]ピリジンは同様にC3位で優先的にリチオ化される．しかし，この位置がエチルチオ基によって塞がれているときは，反応はC5位で起こる．この（立体）障害基/配向基は容易に除去され，C3位の水素を再生することができるので，特に有用である．

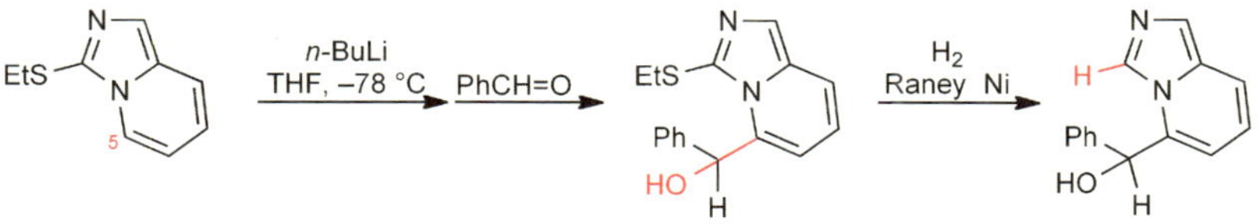

1,2,3-トリアゾロ[1,5-a]ピリジンとテトラゾロ[1,5-a]ピリジンはいずれも開環体との平衡混合物として存在する．1,2,3-トリアゾロ[1,5-a]ピリジンは閉環体に大きく平衡が偏っている．一方，テトラゾロ[1,5-a]ピリジンは置換基によってどちらの形にでも平衡を偏らせることができる．なお，無置換体は閉環体に，5-クロロ置換体は開環体に平衡が偏る．

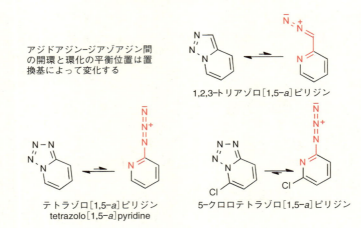

アジドアジン–ジアゾアジン間の開環と環化の平衡位置は置換基によって変化する

1,2,3-トリアゾロ[1,5-a]ピリジン

テトラゾロ[1,5-a]ピリジン
tetrazolo[1,5-a]pyridine

5-クロロテトラゾロ[1,5-a]ピリジン

1,2,3-トリアゾロ[1,5-a]ピリジンと求電子剤との反応は二つの互変異性体の反応性を反映する二つの経路をとる．酸性水溶液中での臭素化は2位置換ピリジンを与える．一方，アシル化とニトロ化では二環性構造を維持したまま単純な置換が起こる．

六員環に複数の窒素をもつ化合物の共通の特徴は六員環に対して容易に求核付加が起こることである．実際あるものは非常に反応性が高く，空気中の湿気に曝されただけで共有結合性の水和物を形成する．

共有結合性の水和物

15・4 インドリジン/アザインドリジンの合成

イミダゾピリジンといくつかのトリアゾロピリジンはおもに二つの方法（環縮合または双極付加環

化反応）で合成される．大半の合成経路はピリジンやそれより窒素が多いアジンを出発物とする．

1,2,3-トリアゾロ[1,5-*a*]ピリジンやテトラゾロピリジンは，通常，開環体を経て合成される．（トシルアジド TsN$_3$ は広く使用されている反応剤であるが，本質的には爆発性である．より安全なジアゾ転位反応剤，たとえば 4-アセトアミドベンゼンスルホニルアジドは同じ目的に役立つ．）

ピリジン由来の化合物同様，六員環に複数の窒素をもつ化合物は 2 個以上の窒素を含むアジンの環縮合または付加環化によって形成される．しかし，五員環部位に相当する骨格をもつ化合物から出発する経路が選択される場合もある．

15・5　キノリジニウムとキノリジノン

キノリジニウムは求核付加に対してピリジニウムとほぼ同じような反応性を示す．キナゾリン生成物は自発的な電子環状開環反応によって 2 位置換ピリジンになる．キノリジノンはカルボニル基のある環に求電子攻撃を受けやすく，ピリドンの反応性と明らかな類似性がみられる．

キノリジンは通常2位置換ピリジンの環化を経て合成される.

15・6 ヘテロピロリジン —— ヘテロ原子で置換されたピロリジン

これらの化合物における一番の共通点は，どちらの環においても求電子置換が進行するということである．また，リチオ化もかなり容易に起こり，時として求核置換も進行する．

合成は通常単環化合物から出発する環化反応であり，これまで述べてきた他の化合物群で用いる方法とよく似ている.

15・7 シクラジン

シクラジンは中心窒素原子とペリ環状のπ電子系を含む融合した三環系である．二環系と異なり，中心の窒素はあまり影響を及ぼしていない.

単純に見たところでは，芳香族性はペリ環状π系の $4n+2$ に従うようにみえる．したがって，ペリ環状の 10π 電子系のシクロ[3.2.2]アジン（[3.2.2]シクラジン）とその等電的類似体のアザシクロ[2.2.2]アジンはともに芳香族分子として振舞う．一方，12π 電子系のシクロ[3.3.3]アジンは不安

定であり，反応性が高い．ヘキサアザシクロ[3.3.3]アジンは非常に安定である（軌道の摂動のため）．
[インドリジンからシクロ[3.2.2]アジンへの合成を§15・2に示した．]

アザシクロ[2.2.2]アジン　シクロ[3.2.2]アジン　シクロ[3.3.3]アジン　1,3,4,6,7,9,9b-ヘプタアザフェナレン　シクロ[3.3.3]アジンのヘキサアザ誘導体
azacyclo[2.2.2]azine　cyclo[3.2.2]azine　cyclo[3.3.3]azine　1,3,4,6,7,9,9b-heptaazaphenalene

10π 電子系（芳香族性をもち安定）　　12π 電子系（芳香族性をもたず不安定）

練習問題

15・1　次の(i), (ii)の組合わせからどのようなインドリジンが生成するか．(i) 2-ピコリンと (a) BrCH$_2$COMe, NaHCO$_3$, (b) MeCHBrCHO, NaHCO$_3$. (ii) もし 2-ピコリンを 2-アミノピリジンに置き換えたらどのような生成物が得られるか．

15・2　次の一連の反応の中間体（**A**, **B**）と最終生成物（**C**）の構造を推定せよ．5-メトキシ-2-メチルピリジンは KNH$_2$, (CH$_3$)$_2$CHCH$_2$CH$_2$ONO と反応して化合物 C$_7$H$_8$N$_2$O$_2$（**A**）を与える．ついで **A** を Zn-AcOH で還元すると化合物 C$_7$H$_{10}$N$_2$O（**B**）になり，最終的にこれは HCO$_2$Me, PPE（ポリリン酸エステル）と反応して化合物 C$_8$H$_8$N$_2$O（**C**）になる．

15・3　イミダゾ[1,5-a]ピリジンは，亜硝酸水溶液と反応して，3-(ピリジン-2-イル)-1,2,4-オキサジアゾールを与える．この反応機構を示せ．インドリジンと亜硝酸 HNO$_2$ の反応によってどのような生成物が得られるか．

15・4　次の反応によって生成する二環性化合物の構造式を示せ．
(i) 2-ヒドラジノチアゾールと亜硝酸（生成物：C$_3$H$_2$N$_4$S）
(ii) 2-アミノチアゾールと BrCH$_2$COPh（生成物：C$_{11}$H$_8$N$_2$S）

15・5　次の一連の反応の最終単環生成物の構造を推定せよ．ブロモキノリジニウムを LiAlH$_4$ と反応，ついで H$_2$-Pd で還元すると化合物 C$_9$H$_{13}$N を与える．

15・6　次のキノリジニウムカチオンの合成における各中間体の構造式を示せ．
　2-メチルピリジンを LDA，ついで EtO(CH$_2$)$_2$CH=O と反応させると化合物 C$_{11}$H$_{17}$NO$_2$ になる．これを HI と加熱すると化合物 C$_9$H$_{12}$NO$^+$I$^-$ になる．この塩を Ac$_2$O と加熱し（化合物 C$_9$H$_{10}$N$^+$I$^-$ を与える），最終的に Pd-C と加熱するとヨードキノリジニウムを与える．

16

非芳香族ヘテロ環

16・1 はじめに

本書は基本的に芳香族ヘテロ環の化学に関するものであるが，三員環や四員環を含め芳香族ではないヘテロ環は数多く存在する．非芳香族（脂肪族）ヘテロ環の反応は非環状類縁体（対応する鎖状化合物）に似ている．たとえばピペリジンやピロリジンの反応は第二級ジアルキルアミンの反応に非常によく似ているので，本書では非芳香族ヘテロ環に対しては比較的わずかなスペースをあてるにとどめる．ヘテロ小員環（三員環と四員環）は開環するとき，それらの構造がもつ固有のひずみの解消に関係する反応性を示す．

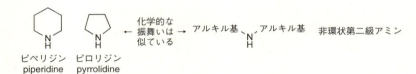

飽和ヘテロ環のあるものは有機反応の溶媒として用いられる．特に，不活性のエーテル溶媒であるテトラヒドロフラン（THF）や1,4-ジオキサン（単にジオキサンともいう）は広く利用されている．N-メチルピロリドン（NMP）とスルホランは N,N-ジメチルホルムアミド（DMF）やジメチルスルホキシド（DMSO）のような特徴ある有用な非プロトン性極性溶媒である．飽和ヘテロ環と部分的不飽和ヘテロ環は天然物の部分構造としても広く見いだされる．

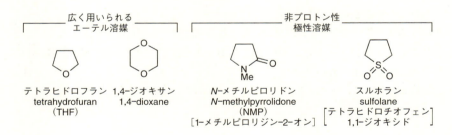

16・2 三員環

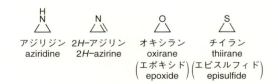

アジリジン，オキシラン，チイランはよく知られた安定な化合物である．オキシラン（エポキシド）

16・2 三員環

とアジリジンは一般的な合成において広く用いられる中間体である．$1H$-アジリンは反応性の高い中間体として現れるのみであるが，$2H$-アジリンは対照的によく知られた安定な化合物である．

アジリジン（pK_{aH} 7.98）は四員環のアゼチジン（pK_{aH} 11.29）よりもかなり弱い塩基である．その理由はおそらく三員環化合物のひずみと関係がある．すなわち，非共有電子対が正常なsp^3窒素の軌道よりもp性がより少ない軌道に入っており，それゆえに，核により強く保持されていることを意味している．アジリジンの飽和窒素のピラミッド反転の速度は単純なアミンと比べると非常に遅い．これは反転の遷移状態で窒素が平面的なsp^2窒素に再混成するとき，角ひずみがさらに増加するからである．

ヘテロ三員環の主たる化学反応は開環反応である．これは小員環に潜在するひずみと脱離基としても機能するヘテロ原子の特性が関与している．ほとんどのエポキシドの開環は炭素上でのS_N2求核置換によって起こり，アミン，アルコール，チオール，水素化物イオン（H^-），マロン酸アニオンなどを含む広範囲のカルボアニオンやヘテロ原子求核剤が反応する．求核攻撃の位置選択性は主として立体効果によって決まる．プロトン性溶媒を用いたり，O-配位金属カチオン（Lewis酸）による補助があるとC-O結合はさらに弱まり，開環反応速度は劇的に増大する．それ自身がLewis酸（Bu_3Sn^+に配位する）であり，また，求核的官能基（N_3^-）を含んでいるトリブチルスタンニルアジド（Bu_3SnN_3）のような反応剤はこの点において有用である．

純粋な求核攻撃においては，エポキシドの求核的開環は立体効果に支配され，反応は最も立体障害の小さい側で起こる．酸性条件下では，反応初期段階で生成するオキソニウムイオンは立体障害の最も大きい位置への直接攻撃を促す傾向がある（それはしばしば微妙なバランスである）．

アルキルリチウムのような"硬い"有機金属求核剤は副反応を生じるが，三フッ化ホウ素（$-78\,^\circ C$で）と組合わせると，その副反応が抑えられ，かつ目的の反応が効率よく進行する．

リチウムアミドのような強塩基を用いたβ脱離によるエポキシドの開環反応は，アリルアルコールの有用な合成法であり，特にキラルな塩基を用いると反応をエナンチオ選択的に行うことができる．

アジリジンの酸触媒開環は通常かなり速いが，酸触媒なしの場合，負電荷を帯びた窒素は脱離基としての能力が低いため，単純な求核剤による開環は非常に遅い．しかし，N-アシルアジリジンやN-スルホニルアジリジンはエポキシドと似たような反応性がある．チイランは同じように，アミンのような求核剤と反応して開環する．

シアノ酢酸エステルのアニオンによるN-トシルアジリジンの開環においては，第二段階の環化によって2-アミノ-4,5-ジヒドロピロールが生成する．

これら三つの系の置換誘導体はすべて協奏的な熱開環反応を経てイリドを与える．たとえば，アジリジン由来のイリドは［3+2］付加環化反応によりピロリジンに変換される．

アジリジンとチイランのヘテロ原子は種々の変換反応により除去できる．たとえば，アジリジンはN-ニトロソ化により酸化窒素 N_2O の形で窒素原子を除去でき，また，チイランは3価リン化合物との反応により硫化リンの形で硫黄原子を除去できる．

関連した二酸化硫黄の脱離は，遷移中間体としてエピスルホンを生じるアルケンの Ramberg-

Bäcklund 合成法にみられる.

ジアジリジン diaziridine　　ジオキシラン dioxirane　　オキサジリジン oxaziridine

　ジアジリジンやジオキシランは比較的安定に単離できる（ジオキシランは爆発性であるため必ず希釈溶液で取扱う）．ジメチルジオキシランは比較的強力な酸化剤であるが，良好な選択性を示す．その反応性は過酸のそれに似ているが，副生成物が中性で揮発性のアセトンであるという利点がある．ジオキシランは OXONE®（$2KHSO_5 \cdot KHSO_4 \cdot K_2SO_4$ の混合物．オクソンと読む）とケトンの反応によって得られる．実際の活性成分はペルオキシ一硫酸カリウムである．

ジメチルジオキシラン dimethyldioxirane　　フェナントレン

　イミンの OXONE® による酸化によって合成されるオキサジリジンは選択的な酸素移動反応剤である．特に，カンファー由来の反応剤はエノラートや他の求核剤のエナンチオ選択的な酸素化に広く使われている．

16・3　四員環

アゼチジン azetidine　　オキセタン oxetane　　チエタン thietane　　2-アゼチジノン 2-azetidinone（β-ラクラム β-lactam）

　オキセタンやアゼチジンは対応する三員環にくらべると求核的過程による開環（ひずみ解消）の反応性はかなり低い．（オキセタンと水酸化物イオンの反応はオキシランとの反応よりも 10^3 倍遅い）しかしながら，オキセタンは，たとえば，三フッ化ホウ素の存在下に，有機リチウム反応剤と反応し，

アゼチジンは濃塩酸と加熱すると開環する．

最も重要な四員環化合物は疑いもなく β-ラクタム環である．これはペニシリンやセファロスポリン系抗生物質（§18・15参照）などに存在し生物活性に必須なものである．β-ラクタムはカルボニル炭素への求核攻撃によって非常に環開裂しやすい．カルボニル炭素への求核攻撃に抵抗する五員環類縁体（ピロリドン）や非環状アミドと非常に対照的である．加えて，β-ラクタムは β-ラクタマーゼという特定の酵素によって加水分解される．β-ラクタマーゼの産出こそが，細菌が抗生物質のペニシリンやセファロスポリンに耐性をもつ機構である．求核剤による 4-アセトキシアゼチジノンのアセトキシ基の置換は重要な合成方法である．反応は直接の置換よりも，むしろ中間体イミンへの付加を経て進行する．

β-ラクトン（プロピオラクトン）もまたカルボニル炭素が容易に求核攻撃される．たとえば，単純なエステルや五員環または六員環ラクトンと比べて特に容易に加水分解される．しかしながら，求核攻撃の 2 番目の反応様式（C4 位でのカルボキシラートの S_N2 置換）が多くの求核剤との反応で起こる．下図はセリンから得られるホモキラルな β-ラクトンを利用した例である．

16・4　五員環および六員環

ピロリジンやピペリジンは基本的に窒素の立体障害がより少ないためにジエチルアミンより幾分よい求核剤である（ヘテロ環における窒素の二つのアルキル置換基，すなわち，環の炭素は後ろに強制的に縛られているために，窒素から離れており，求核的な非共有電子対近傍の立体障害が小さいため，求電子剤が近づきやすくなっている）．ピロリジン（pK_{aH} 11.27）とピペリジン（pK_{aH} 11.29）は典型的なアミン塩基である（ジエチルアミン：pK_{aH} 10.98）．モルホリン（pK_{aH} 8.3）は幾分塩基性が弱い．

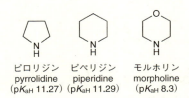

ピロリジン pyrrolidine (pK_{aH} 11.27)　ピペリジン piperidine (pK_{aH} 11.29)　モルホリン morpholine (pK_{aH} 8.3)

ピペリジンはシクロヘキサンのようにいす形配座をとる．環反転により生じる二つの配座異性体の

16・4 五員環および六員環

うち，NH の水素がエクアトリアル位となっている配座がわずかな差で優位である．窒素上がアルキル化された場合，NH 体の水素と同様に N-アルキル置換基はエクアトリアル位をとる．

より安定

3,4-ジヒドロ-2H-ピランは一種のエノールエーテルであり，アルコールの保護に広く利用されている．これは酸触媒下で容易にアルコールと反応し，強塩基条件にすら安定な，テトラヒドロピラン (THP) 誘導体として知られるアセタールを生成する．しかし，穏和な酸水溶液条件下で容易に加水分解されてアルコールを再生する．

テトラヒドロピラン
tetrahydropyran

3,4-ジヒドロ-2H-ピラン
3,4-dihydro-2H-pyran

THP 誘導体として保護
されたアルコール (ROH)

ヒドロキシ化されたテトラヒドロフランとテトラヒドロピランは糖にみられる構造で多くのことが知られている．グルコースは二つの環状構造 (α-D-グルコピラノースと β-D-グルコピラノース) をとりうるテトラヒドロピランを含むヘミアセタールである．しかしながら，グルコースを含む多くの糖は，溶液中で少量の開環したヒドロキシアルデヒドとの平衡にあり，それらは糖の多くの重要な化学反応に関与している．このようにアルデヒドを形成するグルコースのような糖はホルミル基の典型的な反応性を示すために"還元糖"とよばれている．一方，アルデヒドを生成できない糖，たとえば，フルクトースのような糖は"非還元"性である．すべての 5-ヒドロキシアルデヒド，5-ヒドロキシケトンや 5-ヒドロキシ酸は容易に環化して酸素を含む六員環のラクトールやラクトンをそれぞれ生成する．

α-D-グルコピラノース β-D-グルコピラノース   多くの反応に関与する鎖状 (開環) ヒドロキシアルデヒド

リボースの鎖状形 β-D-リボフラノース   水溶液中での優位形

α-D-フルクトフラノース   フルクトースの鎖状形 β-D-フルクトピラノース

五員環もまた比較的容易に生成する．条件に依存してグルコース誘導体は容易にフラノース形，す

なわち，テトラヒドロフランに由来した形に変化することができる．

テトラヒドロピランはピペリジンのようにいす形配座をとる．2-アルコキシテトラヒドロピランはアルコキシ基がアキシアル位になる配座を優先する．これは"アノマー効果"とよばれる．

16・5 環 合 成
二つの官能基をもつ非環状前駆物質からの環合成

飽和五員環および飽和六員環は対応する芳香族ヘテロ環の還元によって合成できるが，あらゆる大きさ（員数）の環を合成するための最も一般的な方法は ω-置換アミン，アルコールまたはチオールの分子内求核置換による環化，"exo-tet 環化"である．ω-ハロアミンの環化の速度は四員環が最小であり，五員環と六員環の形成は最も容易である．

相対速度
72 （三員環）
1 （四員環）
6000 （五員環）
1000 （六員環）

exo-tet 環化による合成の例を以下にあげる．オキセタンとオキシランはそれぞれ 1,3-ハロアルコールと 1,2-ハロアルコール（ハロヒドリン）の環化によって合成される．

アジリジンは 2-ハロアミンかまたは 2-ヒドロキシアミン硫酸水素エステルのアルカリによる環化で得られる．

アゼチジンは 3-ハロアミンの環化で得られる．高度にひずみのかかった 1-アザビシクロ[1.1.0]

ブタンでさえもこの方法で合成される.

逆の環化（ヘテロ原子が炭素から攻撃を受ける）も進行する．適当な酸性の CH 置換基をもつ N-クロロアミンは効率的に環化して N-アルキルアジリジンを生成する.

チエタン，テトラヒドロチオフェンとテトラヒドロチアピランはすべて対応する 1,ω-ジハロゲン化物とスルフィドアニオンとの反応によって得られる．1,ω-ハロヒドロスルフィドのナトリウム塩が中間体である．

B^+, I^+, Hg^+, Pd^+ のようなカチオンとアルケンの π 錯体への分子内ヘテロ原子による環化は，名目上 "*exo-trig* 環化" であるが，官能基化された側鎖をもつ生成物を与えるので合成上有用な方法である．

Hofmann–Löffler–Freytag 反応はピロリジン合成の巧妙な方法であり，出発物が二つの官能基をもつ必要がない．本反応ではラジカル過程が 2 番目の官能基を導入するために用いられる．六員環遷移状態が選択的に 1,4-ハロアミンに，ついでピロリジンに導く．

アルケンからのヘテロ三員環の合成

オキシラン（エポキシド）の合成において，最も広く使用されている方法は過酸によるアルケンの

酸化である（この酸化は酸素原子の直接的な1段階移動を経る）．より多くの置換基をもつアルカンはより速く反応する．これはこの反応においては立体障害（立体効果）よりも電子効果が重要であることを示している．ただし，立体効果はエポキシ化の面選択性を制御する．

ほかにもいくつかの直接的酸素転移反応剤が開発されてきた．そのなかで最も重要なものは，Sharpless 反応剤であり，これはヒドロペルオキシドとオルトチタン酸テトライソプロピル Ti(OiPr)$_4$ と酒石酸ジエチルの混合物である．この反応剤の構造は複雑であるが，たとえば，金属に配位できるアリルアルコールのような極性基を含むアルケンと容易に反応する．この過程における最も重要な特徴は，酒石酸エステルの純粋なエナンチオマーを使うと，高度に制御された不斉の反応場が生じ，高い光学純度の生成物が得られることである．

N-スルホニルアジリジンは"クロラミン T" TsN(Cl)Na とアルケンとの反応か，または次亜塩素酸 t-ブチルとヨウ化ナトリウムによって系内で発生させた N-ハロスルホンアミドとアルケンとの反応から得られる．

ヘテロ原子の交換を経るチイランの合成

チイランの最もよく知られた合成法はエポキシドとチオシアナート，チオ尿素，またはホスフィンスルフィドとの反応を経由するものである．次の反応機構に示すように，チイランの立体化学はエポキシド（出発物）のそれと反対である（S_N2 反転が2回起こる）．

付加環化反応

β-ラクタム合成に対して多くの方法が開発されてきた．最も広く使用されている方法は2段階機

構かまたは協奏的な付加環化のいずれかを経る二つの成分のカップリング反応である．

アゾメチンイリドとアルケンの付加環化は非常にあざやかなピロリジン合成法である．必要とされる 1,3 双極子は多くの方法で調製できる．次の例は最も単純な方法の一つで，トリメチルシリルメチルアミン，アルデヒド，アルケンを一緒に加熱するだけである．

メタセシス

五員環から七員環またはそれ以上の特に不飽和ヘテロ環の合成に非常に有用で一般的な方法は，非環状ビス（アルケニル）アミン，非環状ビス（アルケニル）エーテルなどを用いた Grubbs のオレフィンメタセシスである．オレフィンメタセシスによるジヒドロピロールとテトラヒドロピリジンの合成例を示す．

17

天然に見いだされるヘテロ環

17・1 ヘテロ環をもつ α-アミノ酸と関連化合物

　タンパク質を構成する 22 のアミノ酸のうち，芳香族側鎖をもつ α-アミノ酸は 4 種ある．これらのうち，二つは芳香族ヘテロ環側鎖をもっている（イミダゾールをもつヒスチジンとインドールをもつトリプトファンである）．これら二つはともに"必須アミノ酸"である．すなわち，ヒトが生体内で生合成できないので食物中から摂取しなければならない（次ページのプロリンを参照）．ヒスチジンを脱炭酸すると血管拡張や枯草熱（花粉症）のようなアレルギー反応の主要な原因であるホルモン，ヒスタミンを生成する．脱炭酸したトリプトファンはトリプタミンとよばれる．フェノール構造をもつ 5-ヒドロキシトリプタミン（5-HT，セロトニン）は中枢神経系や心臓血管さらに胃腸系における非常に重要な神経伝達物質である．

　メラトニンとして知られている 5-メトキシトリプタミンのアセトアミドは松果体（脳の基部にあるエンドウに似た大きさの器官）から分泌され，概日リズムの制御に関与している．メラトニンの分泌は夜になるとひき起こされ，日中の自然光によって抑制される．この働きにより睡眠と覚醒の周期を制御している．メラトニンは時差ぼけを含む概日リズムの混乱を治癒するためのサプリメントとして使われている．

ヒスチジン
histidine

ヒスタミン
histamine

トリプトファン
tryptophan

5-ヒドロキシトリプタミン
5-hydroxytryptamine（5-HT）
（セロトニン
serotonin）

メラトニン
melatonin

　イミダゾールは酸（N-H）としても塩基（イミン窒素）としても作用することができるので，さまざまな酵素の活性部位で効果的に利用されている．適切に配置されたヒスチジンのイミダゾール環はプロトンをある場所から他の場所へ効果的に移動させる．その一例は消化酵素キモトリプシンである．この酵素は小腸でタンパク質のアミド基（ペプチド結合）の加水分解をひき起こす．キモトリプシンはある部位ではプロトンを与える一方，同一酵素の他の部位ではプロトンを受取る．これを達成

するためにイミダゾール環の酸塩基両性の特質が活かされている．イミダゾールは，セリンのアルコール性ヒドロキシ基が効率的にアミド結合を攻撃できるように，ヒドロキシ基のプロトンを受取ることでその活性化をはかる．つづいて，移動したプロトンは四面体中間体の開裂しつつあるアミド窒素に移される．

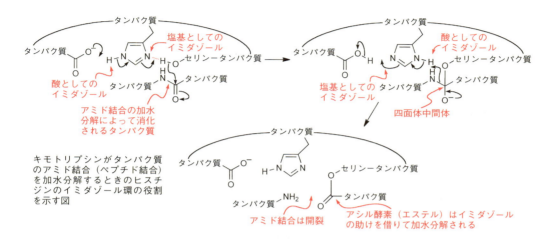

キモトリプシンがタンパク質のアミド結合（ペプチド結合）を加水分解するときのヒスチジンのイミダゾール環の役割を示す図

アミノ酸のプロリン（必須アミノ酸ではない）はピロリジン構造を母体としている．ヒドロキシプロリンはタンパク質に組込まれたプロリンのヒドロキシ化によって生合成される．ヒドロキシプロリンは組織を支える繊維構造タンパク質であるコラーゲンの主要な成分であり，軟骨や人体において最も豊富なタンパク質の主成分でもある．

プロリン
proline

ヒドロキシプロリン
hydroxyproline

17・2 ヘテロ環ビタミン──補酵素

ビタミンは健康な生活のために必須の物質である．ヒトは体内でそれらを生合成する機構がないために，食事を通してビタミンを摂取しなければならない．必要不可欠な食物成分として14種のビタミンがある．実際に，その名は最初のビタミン〔ビタミン B_1（1910年）〕が化学的にアミンであると証明されたとき，生命維持に必要なアミン（a vital amine：生命のアミン）という意味からビタミンという名前が生まれた．

典型的なビタミンの一つに葉酸がある．葉酸は複雑な分子であるが，機能的に重要な部分はプテリジンとして知られる二環性のピラジノピリミジン環とアミノメチル基である．プテリジンという名前はこの環を含む最初の天然物質が蝶（*Lepidoptera*）の羽の色素であったことから，このように名付けられた．このビタミンは体内でテトラヒドロ葉酸（FH_4）に変換され，たとえば，プリンの生合成においては，1炭素の運搬体として重要な役割を担っており，また胎児の健康な発育のために特に必要とされている．プテリジンを含む他の必須補因子は体内で生合成される（それなしではわれわれは生きることができない）．たとえば，オキソトランスフェラーゼ（酸素転移酵素）はモリブデンを必要とするが，そのモリブデンは通常のプテリジン補因子のエンジチオラート部位に配位したものであ

る．キサンチンオキシダーゼはその一例である．

葉酸
folic acid（プテリジン部分を含む）

テトラヒドロ葉酸
tetrahydrofolic acid
(FH$_4$)

キサントプテリン
xanthopterin
（黄色い蝶の色素）

オキソトランスフェラーゼ
のモリブデン補因子

多くの重要なビタミンは水溶性であり，天然に見いだされるヘテロ環である．酵素補因子に組込まれているヘテロ環の有用性は本質的なヘテロ環の反応性に基づいてのみ理解することができる．本章では最初にピリジンを含む二つの重要なビタミン，ナイアシン（ビタミン B$_3$，ニコチンアミド）とピリドキシン（ビタミン B$_6$）について，それからチアゾールを含むチアミン（ビタミン B$_1$）について詳細に取扱うことにする．

リボフラビン
riboflavin
（ビタミン B$_2$）

ナイアシン
niacin
(ニコチンアミド)
(ビタミン B$_3$)

ピリドキシン
pyridoxine
（ビタミン B$_6$）

ナイアシン（ビタミン B$_3$）とニコチンアミドアデニンジヌクレオチドリン酸（NADP$^+$）

ニコチンアミドアデニンジヌクレオチドリン酸（NADP$^+$）は巨大で複雑な補酵素であるが，酸化還元の役割を担う重要な部分はピリジニウム環である．単にニコチンアミド〔ナイアシン（ビタミン B$_3$）〕の N-アルキルピリジニウム塩として考えればよい．正電荷をもった窒素は電子（e$^-$）の受入

ピリジニウム単位：ここで酸化還元が起こる

ニコチンアミドアデニンジヌクレオチドリン酸
nicotinamide adeninedinucleotide phosphate
(NADP$^+$)

れ口として働き，この補酵素に二つの電子と一つの水素イオン（プロトン，H^+）すなわち，効率的に水素化物イオン（H^-）を受け入れさせる．典型的なピリジニウムの反応性と一致して，水素化物イオンはγ位に付加し，1,4-ジヒドロピリジン（NADPH）を生成する．この過程は Hantzsch ピリジン合成法（§5・15 参照）の生成物にみられるように，環内窒素が3位のカルボニル基と共役して安定化している 1,4-ジヒドロピリジンが生成するため容易に起こる．逆の意味で，NADPH は生合成において生命維持に必要な還元剤である（天然の $NaBH_4$ であるといえる）．この逆過程では補酵素の 1,4-ジヒドロピリジンが芳香族性を獲得する．すなわちピリジニウムイオンの再獲得である．

リボフラビンは他の複雑な補酵素，フラビンアデニンジヌクレオチド（FAD）に組込まれている．これは炭素-炭素二重結合の酵素触媒還元とその逆反応に関与している．二つの水素を受け入れた後，この補酵素はジヒドロ体（$FADH_2$）に変わる．その推進力は，分極した対立する C=N 結合間の不利な相互作用からの開放である．

ピリドキシン（ビタミン B_6）とピリドキサールリン酸（PLP）

ピリドキシン（ビタミン B_6）はピリドキサールリン酸（PLP：pyridoxal phosphate）に変換される．これはピリジンのように，環内窒素は塩基性であり，そして，活性型においては窒素はプロトン化している．PLP を含む酵素はすべて α-アミノ酸と関連する種々の機能をもっている．数ある機能のなかで，PLP を含む酵素は，① α-アミノ酸から α-ケト酸への効率的な移動，② α-アミノ酸の脱炭酸をひき起こすか，または ③ α-アミノ酸の脱アミノを行う．いずれの場合もピリジンの本質的な化学的反応性に依存している．

脱炭酸を考えてみる．α-アミノ酸のアミノ基とピリジン-4-アルデヒドの縮合はイミンを生成する．これは隣接するフェノール性ヒドロキシ基と水素結合によって安定化している．脱炭酸は切断さ

れるべき炭素−炭素結合から正電荷を帯びたピリジン窒素への電子の流れによって増進される．そして広く共役したエナミン/イミン系を生じ，これが炭素のプロトン化によってピリジン環の芳香族性を再び獲得する．最後に，ピリジン環と連結した新しいイミン結合は通常の加水分解によって，再生した補酵素（PLP）とともに最初の α-アミノ酸に対応するアミンを生成する．

チアミン（ビタミン B_1）とチアミン二リン酸（チアミンピロリン酸）

　チアミン（ビタミン B_1）の誘導体であるチアミン二リン酸（チアミンピロリン酸，TPP）は種々の生化学的過程において補酵素として働く．そして，それぞれの場合において，その作用の様式は C2 位水素の脱プロトンした種〔イリド（議論のためには §12・9 参照）〕の介在に依存している．たとえば，グルコースをエタノールと炭酸ガスに変えるアルコール発酵の後半の段階において，ピルビン酸デカルボキシラーゼはピルビン酸をエタナール（アセトアルデヒド）と炭酸ガスに変換する反応を触媒する．エタナールはついでアルコールデヒドロゲナーゼによってエタノールに変換される．チアミン二リン酸はイリドの形でピルビン酸のケトン性カルボニル基に付加する．ついで付加体は炭酸ガスを切り離し，それからサイクルを継続するために，はじめのイリドを脱離基として脱離させることによって，エタナールを生成する．研究室では，チアゾリウム塩は C2 位水素の脱プロトンによってイリドを生成する性質を利用して求核的な触媒として役立つ．

芳香族チオフェンは動物の代謝においてはまったく役立っていない．しかし，これらは生物発生的に繋がりをもつポリアセチレンと関連して，ある種の植物に出現する．ビオチン（ビタミンH）はテトラヒドロチオフェンである．

13番目のビタミン，ビタミン B_{12} が 1948 年に同定されて以来，14番目のピロロキノリンキノン（PQQ）の発見まで 55 年の歳月が流れた．この化合物は以前から知られており，細菌の酸化/還元の補因子としてメトキサチンと命名されていたが，2003 年に人間の食事にも必須であることが明らかになった．

17・3 ポルホビリノーゲンと"生命の色素"

上述以外にすべての生命に必須の二つの大環状化合物があり，これらはピロールに基づいたものである．

クロロフィル a は植物において太陽光を取入れるための緑色色素であり，それは生命循環の開始段階に当たる．血中の赤い色素であるヘムは体中に酸素を運ぶ．酸素は次図に示すように鉄に結合して

いる.

オキシヘモグロビンの中心部

タンパク質

すべてのテトラピロール色素はポルホビリノーゲン（PBG）の四つの分子の結合によって生合成される．これはグリシンとコハク酸からつくられる 5-アミノレブリン酸（δ-アミノレブリン酸）$H_2NCH_2CO(CH_2)_2CO_2H$ から順次生合成される．ここでは説明しないが四量化は後の過程が複雑である．しかし，この過程の本質は第 9 章で述べるピロールの化学に基づいて容易に理解することができる．典型的な例として最初の段階を考えてみる．PBG のアミノ基をプロトン化するとそれは脱離基に変わり，求電子的なアザフルベン（§9・7 と比較せよ）を生成し，酵素上の求核的な原子 X と結合する．最初に酵素に結合したピロールは，2 番目に生成した求電子的なアザフルベニウムイオンによって α 位が攻撃される．同じように残りのポルホビリノーゲンが反応すればポルフィリンが生成する．

PBG
A＝CH_2CO_2H
P＝$(CH_2)_2CO_2H$
Enz＝酵素

アザフルベニウムイオン

2 回目のアザフルベニウムイオンへの酵素結合ピロールの攻撃

ポルホビリノーゲンからのポルフィリン生合成の第一段階

17・4 デオキシリボ核酸（DNA），遺伝情報の保存とリボ核酸（RNA），遺伝情報の伝達

本章に先駆けて，第 6 章と第 13 章に述べたピリミジン塩基とプリン塩基，そして，それらのヌクレオシドとヌクレオチドに関する記述を読む必要がある．特別な水素結合の形成において，決定的に重要となる核酸塩基の互変異性の形に特別な注意を払おう．置換アミノ基の NH はカルボニル基の酸素と，環内アミドの NH は環内イミンの窒素との間で水素結合を形成している．

すべての生命の遺伝情報は DNA に貯蔵されている．この情報はタンパク質合成に使われる．そして，これらのタンパク質を"生産する場所"への伝達は三つの型の RNA〔メッセンジャー（伝令）RNA（mRNA），トランスファー（転移）RNA（tRNA）とリボソーム RNA（rRNA）〕の介在を必要とする．これらの RNA の機能を簡単に説明すると，mRNA は（一本鎖の）DNA 上の遺伝情報を読み，その情報を tRNA に伝達する．tRNA は特定のタンパク質を合成するために，特定のアミノ酸を

rRNAに運ぶ．

```
DNA ⇒ mRNA ⇒ tRNA ⇒ rRNA ⇒ タンパク質
      転写          翻訳
```

ある種のウイルスは遺伝情報を伝達するためにRNAを使う．しかし，これは生命とは何かという哲学的な疑問を投げかける．RNAウイルスはレトロウイルスを含んでおり，そのなかで最も有名なものはHIVである．レトロウイルスは逆転写を誘導するのでそのようによばれている．逆転写はウイルスのRNA鋳型を使い，DNAを生成し，そのDNAはそれから宿主ゲノムに組込まれる．

DNAは2本の鎖が絡み合うヘリックスから成っている．おのおのの鎖は種々のヌクレオチドの混合した重合体である．これら重合体の絡み合った鎖は外側に骨格をもっており，糖（デオキシリボース）とリン酸（リン酸ジエステル）が交互につながっている．各糖からは内側に向いて，四つのヘテロ環塩基の一つが結合している．二つのプリン〔アデニン（A）とグアニン（G）〕と二つのピリミジン〔チミン（T）とシトシン（C）〕は糖のC1'位とピリミジン塩基のN1位またはプリン塩基のN9位とが結合している．

二本鎖の精密な結合は一つの鎖のAと反対側にあるもう一方の鎖のT, そしてまた一つの鎖のCともう一方の鎖のGとの間の非常に特別な水素結合に基づいている．この塩基対は絶対的に特異的なものである．アデニンはグアニンやシトシンと多重水素結合を形成できないし，またシトシンもチミンやアデニンとの間に多重水素結合を形成できない．遺伝情報を運ぶのは鎖に沿って並ぶ塩基配列，すなわち，一つの特定のアミノ酸に対する三つの塩基の遺伝暗号の特別な組合わせである（遺伝情報の内容は単純にヘテロ環化学に帰着する）．水素結合は二つの鎖を互いに結び付けるばかりで

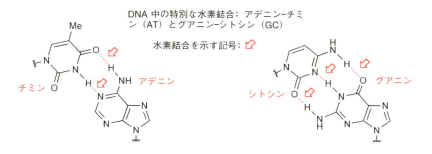

DNA 中の特別な水素結合：アデニン-チミン（AT）とグアニン-シトシン（GC）

はなく，情報を伝達する．しかし，二本鎖が分離したとき，これらの同じ形の水素結合がmRNAへの転写やそれ自身の複製に対する鋳型として働く．DNAの複製とmRNAの転写はともに鋳型として核酸を使う酵素的な過程なのである．

二つの核酸の基本的かつ化学的な相違点は，RNAにおいては，糖（五炭糖，ペントース）の2′位にヒドロキシ基がある点とチミン（DNAにのみ含まれる）によく似たウラシル（RNAにのみ含まれる）が塩基として使われている点である．

DNAとRNAはきわめてよく似ており，そして同じタイプの水素結合によって互いに結合することができるとはいえ，そこには重要な相違がある．DNAは非常に大きな分子であり，動物においては，数十億に及ぶヌクレオチドを含んでいる．その長さは，もし引きのばすならば，30 cm以上に達する（一つの細胞に入るためには，かなりの折りたたみが必要である）．他方では，RNAはずっと小さく，最も小さいものはたった80ほどのヌクレオチドをもつtRNAである．RNAは主として一本鎖で存在する．同一鎖内のみで塩基対を形成しヘアピンのような構造をとることがよく知られている．

tRNAはヒポキサンチン（イノシン）残基を含んでいる．ヒポキサンチンは特別な相補的塩基との水素結合の選択性が低く，それゆえに特定のアミノ酸に対するコドンの同定において選択性がいくらか失われている．この柔軟性は"ゆらぎ現象"とよばれる．

ウラシル
uracil

ヒポキサンチン
hypoxanthine

ヒポキサンチンはRNA中にのみみられる核酸塩基で，DNAには含まれない

17・5　ヘテロ環二次代謝産物

一次代謝に含まれていないような物質，膨大な構造的多様性に富んだ二次代謝産物が，多種類の生物から単離されている．これらの化合物はしばしば，明確な目的をもたず，その生物にいかなる利益をもたらすのか明らかではない．しかしながら，多くは哺乳類，特にヒトに多大な生物学的効果をもち，そして，それらを含んでいる植物抽出エキスは古代の医薬として使用されてきた．本書では，この膨大な範囲と多様な構造を説明するために，代表例をあげるにとどめる．

多くの植物はアルカロイドを産出する（数千ものアルカロイドが知られている）．アルカロイドという名前はこれらの天然物が塩基性（アミン）であり，すなわち，アルカリ様であるので，このように名付けられたが，その名前は今やしばしば塩基性であるかないかを問わず，一般に窒素を含む天然物をさす用語として使われる．構造的に単純な例は，タバコ（*Nicotiana* sp.）に含まれる主活性成分であり，毒性の強い物質，ニコチンである．ドクニンジン（*Conium maculatum*）の活性

ニコチン
nicotine

コニイン
coniine

モルヒネ
morphine

キニーネ（キニン）
quinine

17・5 ヘテロ環二次代謝産物

成分であるコニインはソクラテスを死に至らしめるために使われた有名な毒である．人類にとって役立ってきたアルカロイドはケシ（*Papaver somniferum*）から得られるモルヒネやキニーネ（*Cinchona officinalis* 由来）である．すぐにはわからないかと思うが，モルヒネは 1-ベンジルイソキノリンアルカロイドである（多くの関連化合物がある）．修飾されたイソキノリン部分を赤で強調して示す．

生合成的にトリプトファン/トリプタミンの誘導体はアルカロイドのなかでも最も豊富である．以下に代表例として，エルゴタミン（麦角菌，*Claviceps purpurea* 由来），フィゾスチグミン（*Physostigma venenosum* 由来），ストリキニーネ（*Strychnos nux vomica* 由来）の構造を示した（赤色で示す部分がトリプタミン残基）．

これら三つの化合物は強力な毒であるが，すべて薬として，また，あまり好ましくない状況において使われてきた．エルゴタミンはある種の食物（§19・10）に見いだされた毒性の汚染物質であり片頭痛の薬である．フィゾスチグミンはカラバル豆の活性成分であり，それは西アフリカの死罪法（神盟裁判）で使用された．また，緑内障や他の病気に対する薬でもある．ストリキニーネは小さな害獣に対する毒としてまた殺人のために使われてきた（毒の症状は破傷風の筋肉強直痙攣と似ているので，おそらく多くが未検出である）．一方で，（極微量で）興奮薬としても使われてきた．

1-ベンゾピリリウム（クロミリウム）は花弁の色素，アントシアニンとして知られる物質に含まれている（大部分の青，紫と赤い花の色素はアントシアニンに由来する．特別なアントシアニンによって示される実際の色は pH と補助色素の存在に依存している）．フェノール性ヒドロキシ基の脱プロトンは紫外線-可視光線（UV-Vis）の吸収に大いに影響を及ぼすのでその pH は重要である．青から赤までどの色をも示すアジサイの花弁は下図に示されるようにプロトン化した形と *O*-脱プロトンした形で示されるようなデルフィニジン 3-*O*-グルコシドを含んでいる．

天然にみるフラボン（p.87 参照）は黄色であり植物界に非常に広く分布している．これらは根から花弁まで植物のほとんどの部分に蓄積している．フラボンは安定であり，羊毛をいろいろな色調の黄色に染めるので，太古から色素として使われてきた．たとえば北米産しいの木，*Quercus velutina*

から得られる市販の"クエルシトロン樹皮"はクエルセトリンを含んでいる．対応するアグリコン，クエルセチンは最も広くみられるフラボンの一つであり，たとえばキク（*Chrysanthermum*）やローデンドロン（シャクナゲ属，*Rhododendron* sp.），セイヨウトチノキ（マロニエ，ウマグリ），レモン，タマネギそしてホップなどに見いだされている．クマリンは新しく刈り取った干し草の甘い香りがし，香料に使われている（§8・9，§19・9参照）．

クエルセトリン
quercetrin

クエルセチン
quercetin

クマリン
coumarin

近年の海洋動物の探究からヘテロ環化合物の驚異的な多様性が目立っているが，ここにはほんの少数の構造を例示する．海の環境に生息する生物から予期されるように多くはハロゲンをいくつか含んでいる．テトラブロモピロールやヘキサブロモ-2,2′-ビピロールはそれらのなかでも構造的に最も簡単なものである．

アシジデミン（ホヤ，*Didemnum* sp. 由来），バリオリン B（海綿，*Kirkpatrickia varialosa* 由来），ラメラリン B（軟体動物，*Lamellaria* sp. 由来），ジアゾナミド A（ホヤ類，*Diazona chinensis* 由来）そしてテロメスタチン（放線菌，*Streptomyces anulatus* 由来）などは，全合成を志している合成化学者の才能に挑戦するかのようなさまざまなヘテロ環構造をもっている．

アシジデミン
ascididemine

バリオリン B
variolin B

ラメラリン B
lamellarin B

ジアゾナミド A
diazonamide A

テロメスタチン
telomestatin

18

医薬品にみるヘテロ環

18・1 医薬品化学 —— 薬はいかに作用するのか

　ヘテロ環は薬（医薬品）における非常に重要なビルディングブロックであり，長きにわたりこの分野で重要な位置を占めてきた．ヘテロ環アルカロイドは近代化学が発展するはるか昔から多くの天然治療薬における活性成分であった．そして今日でもまだあるものは使用されている（たとえば，モルヒネ誘導体やキニーネ）．モノクローナル抗体のような現代生物学の最新の分野があるにもかかわらず，本節に示す化合物によって例証されるように，ヘテロ環化合物は，まだなお 2009 年の医薬品売り上げトップ 20 のうちの約半数を占めている．

　複雑で系統的な化合物名を使うよりもむしろ，薬には"一般名（化学的には慣用名）"が与えられており，同じような薬理作用をもつ薬は，たとえばオンダンセトロンとグラニセトロン（両者ともに吐き気を抑制するために使用），ロサルタンとカンデサルタン（両者ともに高血圧に使用）のように，名称中に（特に末尾に）しばしば同一の語句が付いている．製薬業者はまた薬に対して商品名（商標名，特許登録名）を付ける．それは固有名詞として取扱われ（英語では）大文字で始まる．本章では基本的に一般名を用い，必要に応じて商品名を［　］内に示す．商品名は国や販売会社により異なる．

　薬はいくつかの作用機構によって効力を発揮する．そのうち，特に重要なものを下記にあげる．

(a) 生理的なホルモンや神経伝達物質の効果を真似るか，または阻害する．これら天然物の効果を模倣する化合物はアゴニスト（作動薬）として知られており，阻害するものはアンタゴニスト（拮抗薬，遮断薬）として知られている．これらの薬は受容体（天然の生理的な物質が結合する場所）と結合することによって作用する．受容体は通常，細胞を構成しているタンパク質分子からなる特別な領域である．

(b) 酵素との相互作用，通常阻害による．これは一般的に酵素の活性部位（基質が結合する部位）で，受容体との結合に非常によく似た方法で結合することによって起こる．次にあげる受容体に関する説明は薬物と酵素の相互作用にも等しく当てはめることができる．

(c) DNA や RNA のような天然の巨大分子を直接の相互作用によって修飾するか，または DNA や RNA ポリマー成分と類似した成分（たとえば，核酸塩基の一つを変える）を合成し，これをポリマーに組込むことによって修飾する．

- 受容体との結合は競合的である（薬物は天然分子と平衡/交換にある）か，または非競合的である（固く結合して交換しない）．
- 受容体には通常いくつかのサブタイプがあり，さらに細分されているものもある．それらは単一の天然分子との相互作用によってそれぞれ異なった生理的効果を伝達する．一つのサブタイプとのみ選択的に相互作用する分子を創出することが，多くの場合，薬として成功するための鍵となる．

第18章 医薬品にみるヘテロ環

- 受容体の正常な結合部位ではなく他の部位で結合（アロステリック結合）することによる作用機構もある．離れた位置で結合すると全体としてそのタンパク質の形が変化し，その結果，受容体に影響する．
- 受容体との結合/作用は，多くの場合，細胞内での複雑な作用機構の出発点にすぎない．
- 受容体との結合の機構は，本質的には種々の相互作用〔水素結合，クーロン力（静電的相互作用に基づく力），van der Waals 力など〕をもった物理的なものか，または，共有結合（たとえば，N-アルキル化）であり，それゆえに不可逆的なものである．

アトルバスタチン
atorvastatin
［リピトール］
コレステロール値低下

ロスバスタチン
rosuvastatin
［クレストール］
コレステロール値低下

クロピドグレル
clopidogrel
［プラビックス］
血小板凝集抑制薬

エソメプラゾール
esomeprazole
（S）-オメプラゾール
（S）-omeprazole
［ネキシウム］
消化性潰瘍治療薬
酸逆流性疾患治療薬

オランザピン
olanzapine
［ジプレキサ］
統合失調症治療薬

クエチアピン
quetiapine
［セロクエル］
統合失調症治療薬
双極性障害治療薬

アリピプラゾール
aripiprazole
［エビリファイ］
抗精神病薬
抗うつ薬

モンテルカスト
montelukast
［シングレア］
ロイコトリエン受容体拮抗薬
喘息とアレルギー症状の治療薬

ピオグリタゾン
pioglitazone
［アクトス］
糖尿病治療薬

バルサルタン
valsartan
［ディオバン］
高血圧や心疾患の治療に使用されるアンジオテンシンⅡ受容体拮抗薬

本書はヘテロ環に関するものであるので，医薬学的重要性を必ずしも反映するものではない．重要なすべての分野を完全に網羅することは明らかに不可能である．本章の目的は医薬においてヘテロ環

18・2 薬の発見

　薬の発明と商品化までには，多くの段階がある．化学は発見の初期段階，設計（ドラッグデザイン），そして，プロセス（生産工程）開発に非常に深くかかわっている．また，後の段階でも化学は体内における薬物の吸収と代謝に関与している．薬が市場に出た後では，にせ薬（不幸なことに今日の国際的な医薬品市場においては稀なことではない）の検出という重要な役割もある．

　医薬品の設計に対する伝統的かつ理論的なアプローチは，置換基を変えたりまたは芳香環の電子的性質，すなわち芳香環の形を変えたりして（ヘテロ環の鍵となる長所である），構造的に天然薬剤に似たような化合物を合成することである．また，ヘテロ環を用いる修飾は物理的に好ましい性質を得るためにも使われる．たとえば，ベンゼン環をピリジン環で置き換えることによって水溶性が改善される．しかしながら，驚くほどの数の生物学的活性物質は天然分子/神経伝達物質に対して構造上の類似性がほとんどない（またはまったくない）．非常によい例はインドールアルカロイドのストリキニーネであり，これは中枢神経伝達物質グリシンの競合的アンタゴニスト（拮抗薬）としてよく知られている．

ストリキニーネ　←グリシン（右図）の競合的拮抗薬　　H₂N–CH₂–CO₂H　グリシン

　その他の医薬品発見へのアプローチとしては次のようなものがある．その一つは，医薬的性質をもつと民間で伝承されてきた天然資源から活性化合物（天然物）を単離しスクリーニングすることである．また，他の病気の領域で研究されている化合物に予期せぬ活性が偶然発見されることもある〔シルデナフィル（商品名：バイアグラ）が一例である〕．さらに，コンビナトリアルケミストリー（組合わせの化学：組合わせによって構造的に関連した多種類の分子を迅速に合成することが可能）によってランダムに（無作為に）合成された大量の化合物をスクリーニングする大まかではあるが，かなり効果的な新物質発見の方法もある．このような方法のどれか一つによって"リード化合物"が得られたときにはより理論的な最適化がなされる．

18・3　薬の開発

　薬を商品化するための一つの鍵は，再現性よく高純度の化合物をつくる優れた化学合成である．また，薬は目標価格で生産されなければならない〔これは活性強度などのいろいろな要因によって大きく変化する．すなわち，活性強度は錠剤のような最終的な処方（製剤）で使用される化学物質の量に関連している〕．これは化学者にとって最も厳しく要求される領域である．一連のプロセスにおける各工程の収率は，しばしば卓越したプロセス研究によって劇的に増大する．20～30％と報告されている文献の反応収率を80～90％へ改善することは珍しいことではない．

18・4　神経伝達物質

　次ページに示すようなおもな神経伝達物質は，末梢神経系（筋肉，血管そして臓器）と，脳や脊髄からなる中枢神経系（CNS）にともに作用する．これらの神経伝達物質にはヘテロ環化合物（ヒスタミン，5-ヒドロキシトリプタミン）や非ヘテロ環化合物（カテコールアミン，アドレナリン，ノ

ルアドレナリン，ドーパミン，アセチルコリン）もある．そのほか，中枢神経はアミノ酸のグリシン，グルタミン酸，GABA（γ-アミノ酪酸）を含む重要な神経伝達物質をもっている．

　中枢神経系と末梢神経系は血流と脳組織の間にある血液脳関門によって分離されている．それは本質的には末梢神経におけるものとは異なる脳血管の壁である．脂溶性/極性，分子量そして輸送系といった物理的要因の複雑な組合わせは薬物が血液脳関門を通過し，中枢神経系へ到達するうえで重要になる．薬が脳に到達できるかどうかを考慮することは，薬を設計するうえで常に重要なことである．中枢に作用する薬物は明らかにそこに到達する必要があり，しかし，末梢神経に作用する薬物に対しては，その反対のことが要求される（薬物が血液脳関門を通らないことが副作用を避けるためにおそらく必須である）．

構造中にヘテロ環をもつ
二つの神経伝達物質 ⇒

ヒスタミン
histamine

5-ヒドロキシトリプタミン（5-HT）（セロトニン serotonin）
5-hydroxytryptamine (5-HT)

アセチルコリン
acetylcholine (ACh)

アドレナリン
adrenaline

ノルアドレナリン
noradrenaline

ドーパミン
dopamine

　受容体に結合する薬に関する次からの数節は，便宜上，中枢および末梢神経に作用する天然の神経伝達物質または酵素のくくりで分類した．より複雑な機構をもつ中枢神経系に特異的な薬に関しては別途後述する．続く感染とがんに関する節は病気に関連する必要不可欠なものである．

18・5　ヒスタミン

　二つの主たるヒスタミン受容体がある．H_1 受容体における作用は主としてアレルギー応答をひき起こすものとして知られている，たとえば，枯草熱やじんましんのような皮膚反応である．このようなヒスタミンの作用を抑制するヒスタミン受容体拮抗薬は枯草熱の治療薬として，一般に "抗ヒスタミン薬" とよばれる．アレルギーの応答は非常に複雑であり，ロイコトリエンのような他の化学伝達物質も放出される．そのため，喘息やアレルギー治療に対してはモンテルカスト（p.194 参照）のような，ロイコトリエン受容体拮抗薬が使用されている．

　典型的な H_1 拮抗薬は構造的にヒスタミンに類似していない．初期の化合物はしばしばアセチルコリンなど，他の受容体への副作用があった．しかし，それらの主たる欠点は中枢神経系 H_1 受容体拮抗作用に基づく眠気である．プロメタジンは中枢神経に強い効果をもつので鎮静薬として使用され，

プロメタジン
promethazine
［ヒベルナ］

クロルフェニラミン
chlorpheniramine
［ポララミン］

ロラタジン
loratadine
［クラリチン］

18・5 ヒスタミン

また飛行機, 船, 自動車などの酔い止めに使用されている. クロルフェニラミンなどは穏和な鎮静効果を示すにとどまる. 最近, ロラタジンのような中枢神経系に入らない, そして, それゆえに鎮静効果を示さない化合物が創出された.

　H_2受容体は胃酸分泌に関与する. 胃酸は消化には必須のものであるとはいえ, 過剰の胃酸は単純な不消化か胃酸の逆流（胸焼け）を招き, 消化性潰瘍のような深刻な医学的問題を生じさせたり, 悪化させたりする. 1970年代において胃酸の分泌を阻害する選択的なH_2拮抗薬が開発された. これは医薬における重要な進歩となった. それらは胃潰瘍の治療に非常に効果的であり, 外科的手術の必要がほとんどなくなった. そのために莫大な経済的恩恵をもたらした. 最初に開発された化合物はシメチジンである. これは明瞭かつ密接にヒスタミンに対して構造的類似性をもっており, H_1拮抗薬よりもさらに理論的に設計された化合物である. 他のH_2拮抗薬, 特に後続のラニチジンは副作用がさらに軽減されている. ラニチジンのジメチルアミノメチルフランは受容体でイミダゾール環の代わりをしている. さらに類似したイミダゾールの置換例はファモチジンのチアゾール環である.

シメチジン cimetidine
［タガメット］

ラニチジン ranitidine
［ザンタック］

ファモチジン famotidine
［ガスター］

胃酸分泌を阻止する選択的H_2拮抗薬の開発は医薬における大きな進歩であった

　別タイプの制酸薬としてはプロトンポンプ阻害薬がある. 先に述べたように, H_2受容体への刺激は胃酸分泌の複雑な仕組みのスイッチを入れる. しかし, 胃酸分泌細胞から最終的な胃酸の分泌は

消化性潰瘍治療におけるオメプラゾールの作用機構

オメプラゾール
omeprazole
［ロセック］

失活酵素

H^+, K^+-ATPアーゼ（プロトンポンプ）を経て行われる．これは外部から入ってきたカリウムイオンと細胞内のプロトンを交換する酵素である．オメプラゾールはこの酵素を不活性化するように設計されており，H_2拮抗薬よりさらに効果的であり，ほとんど完全に胃酸の分泌を止める．その作用機構は競合的H_2拮抗薬とはまったく異なる．オメプラゾールは，この酵素（H^+, K^+-ATPアーゼ）に存在する特別なシステイン残基のSHに対する高度に選択的なスルフェニル化剤である．生成したジスルフィドは不可逆的にこの酵素を不活性化するので再び胃酸を分泌するためには新しく酵素を生合成しなければならない．

18・6 アセチルコリン

アセチルコリン（ACh）の受容体は二つの天然物（ムスカリンとニコチン）の薬理的活性に関連したムスカリン受容体とニコチン受容体の二つに大別され，それぞれ異なる作用をもつ．前者の作用は神経シナプスで発現し，後者は神経筋接合部と末梢神経節で発現する．コリン作動性（コリナージック）という用語はアセチルコリンの一般的な効果に対して使用される．

ピロカルピンのようなアルカロイドは緑内障治療で使用されるムスカリン作動薬であるが，臨床的に用いられるムスカリン薬剤は簡単なコリン誘導体である．ムスカリン拮抗薬であるピレンゼピンは，消化性潰瘍や放射線療法によって生じたコリン性副作用に対して用いられ，H_2拮抗薬の代替薬である．最もよく知られているニコチン作動薬はニコチンである．代表的なニコチン拮抗薬は第四級ビステトラヒドロイソキノリンアルカロイドのツボクラリン（天然物）である．これはクラーレ（南アメリカインディアン矢毒）から得られる麻痺性の薬物であり，筋弛緩薬として手術で使用されている．その他のムスカリン拮抗薬には飽和ヘテロ環アルカロイドのアトロピンがあり，目の瞳孔の拡張を含むいろいろな治療に適用されている．しかし，より作用時間の短いそしてより毒性の低い類似化合物トロピカミドが日常の眼科検診で好まれて使用されている．

ムスカリン
muscarine

ニコチン
nicotine

アトロピン
atropine
ムスカリン拮抗薬

ピレンゼピン
pirenzepine
［ガストロゼピン］
ムスカリン拮抗薬

ツボクラリン
tubocurarine
手術中の筋弛緩薬

ピロカルピン
pilocarpine
ムスカリン作動薬

トロピカミド
tropicamide
［ミドリンM］
眼科検査薬

18・7 コリンエステラーゼ阻害薬（抗コリンエステラーゼ薬）

アセチルコリンの生理学的作用は，① 局所での放出，② 受容体の刺激，③ 失活（アセチルコリン

エステラーゼという酵素による速やかな加水分解）である．西アフリカのカラバル豆より得られるインドールアルカロイドのフィゾスチグミンと，構造的にコリンと明らかな関連性をもつ比較的単純な合成化合物ピリドスチグミンは，共にアセチルコリンエステラーゼの可逆的な阻害薬である．このような薬物によってアセチルコリンエステラーゼを阻害するとアセチルコリンが蓄積する．これは重症筋無力症，アセチルコリン生成が不十分なことによって起こる筋力低下に有効である．

重症筋無力症に対する可逆的アセチルコリンエステラーゼ阻害薬

フィゾスチグミン
physostigmine
［アンテリリウム］

ピリドスチグミン
pyridostigmine
［メスチノン］

アセチルコリンエステラーゼの不可逆的な阻害は，サリンのような神経ガスや，また，それには及ばないものの殺虫剤として使用される他の有機リン剤による毒性発現の作用機構であり，持続的でそして広範囲にわたる過剰のコリン性効果をもたらす．その阻害機構は酵素の活性部位にあるセリンのヒドロキシ基のリン酸化である〔このヒドロキシ基（OH）は酵素の生理学的機能としてアセチル基を攻撃する求核剤である〕．このとき，プラリドキシムを早急に使えば，アセチルコリンエステラーゼを再活性化することが可能である．ここで N-メチルピリジニウムは静電力によってコリンのトリメチルアンモニウム基と同じように酵素と結合し，求核性のオキシム酸素がリン酸基を攻撃するのに十分な位置に近づき，セリンのヒドロキシ基は放出される．アトロピンは過剰のアセチルコリンの効果を遮断するために同時に投与される．

アセチルコリンエステラーゼのサリン（神経ガス）による阻害と解毒薬プラリドキシムによる再活性化

サリン
sarin

プラリドキシム
pralidoxime

18・8　5-ヒドロキシトリプタミン（セロトニン）

5-ヒドロキシトリプタミン（5-HT，セロトニン）には少なくとも14の受容体とサブタイプがある．これらの受容体に作用する化合物は心臓血管，胃腸，中枢神経系の治療のための薬物である．5-HT$_{1D}$ 作動薬のスマトリプタンは少なくとも一部分は頭蓋内血管を選択的に収縮させ，そして，片頭痛の病理学上の所見の一つである血管拡張を阻止する．このトリプタン系の薬物の発見は片頭痛治療における大いなる進歩であった．

5-HT$_3$ 拮抗薬のオンダンセトロンとグラニセトロンは放射線照射や抗悪性腫瘍薬（抗がん剤）の副作用である強い吐き気（悪心）や嘔吐を軽減する効果がある．これらはおそらく中枢作用と末梢作

用の相互作用によって機能している.

スマトリプタン
sumatriptan
［イミグラン］
片頭痛治療用
5-HT$_{1D}$ 作動薬

オンダンセトロン
ondansetron
［ゾフラン］

グラニセトロン
granisetron
［カイトリル］

└── がん治療による悪心・嘔吐の緩和に用いられる 5-HT$_3$ 拮抗薬 ──┘

18・9 アドレナリンとノルアドレナリン

アドレナリンとノルアドレナリンは心臓血管系に強い影響を与えるホルモンであり，多数のサブタイプをもつ α 受容体と β 受容体を通して作用する．これら受容体からの効果の相互作用は非常に複雑である．関連する薬の多くはアドレナリンの簡単な炭素環類縁体であり，重要な化合物のなかでヘテロ環は少数である．

プラゾシン
prazosin
［ミニプレス］

インドラミン
indoramin
［ベラトール］

チモロール
timolol
［チモプトール］

高血圧，扁桃炎，不整脈などの治療に用いる β 受容体遮断薬

└── 高血圧や良性の前立腺肥大の治療に用いる α 受容体遮断薬 ──┘

18・10 他の重要な心臓血管薬

アムロジピンは数ある 1,4-ジヒドロピリジンの一つである．これらはカルシウムチャネルを遮断し（カルシウム拮抗薬とよばれる），血管平滑筋を弛緩させる．そのため，高血圧と狭心症に対して有用である．ジアゾキシドは高血圧の緊急時静脈注射に，ヒドララジンとミノキシジルは慢性高血圧に使用される血管拡張薬である．ミノキシジルは他の薬剤に対して耐性がある場合に特に有用である．さらに，ミノキシジルは脱毛症治療に効果的であるとされている．

アムロジピン
amlodipine
［ノルバスク］
高血圧や狭心症の治療薬

ミノキシジル
minoxidil
［リアップ］
高血圧や脱毛症の治療薬

ヒドララジン
hydralazine
［アプレゾリン］
高血圧治療薬

ジアゾキシド
diazoxide
［アログリセム］
高血圧治療薬

18・11 中枢神経系に特異的に作用する薬物

中枢神経系は多種にわたる神経伝達物質と高密度の受容体を含んでいる．多くの薬の作用機構は受

容体を介する作用に基づいた複雑な相互作用である．最も広く使用されている（そして乱用されている）薬は不眠症治療に対する催眠・鎮静薬である．アミロバルビトンのようなバルビツール系薬は長い間使われてきたが，副作用が問題視されており，習慣性もある．一方で，チオペントンは静脈内注射による短時間作用型の麻酔薬として非常に有用である．ベンゾジアゼピンは不眠症に対してより安全な薬であり，不安と筋痙攣の治療にも使用される．ゾルピデムはより新しい選択的な催眠薬である．

バルビツール系薬は長きにわたり利用されてきた．たとえば，チオペントンは短時間型麻酔薬として，アミロバルビトンは催眠・鎮静薬として用いられてきた

チオペントン
thiopentone

アミロバルビトン
amylobarbitone

バルビツール酸
barbituric acid

ジアゼパムやアルプラゾラムのようなベンゾジアゼピン系薬は不眠症に対して比較的安全に使用できる薬剤である

ジアゼパム
diazepam
［バリウム］

アルプラゾラム
alprazolam
［ソラナックス］

ゾルピデム
zolpidem
［マイスリー］
催眠薬

フェノバルビタール（バルビツール系薬の一つであり，フェノバルビトンともいう）とより最新の薬ラモトリギンはてんかんの治療に使われている．トラゾドンは比較的副作用の少ない有用な抗うつ薬である．

フェノバルビタール
phenobarbital
［フェノバール］

ラモトリギン
lamotrigine
［ラミクタール］

——— てんかん治療薬 ———

トラゾドン
trazodone
［デジレル］
抗うつ薬

ドーパミンや 5-HT 拮抗薬として本来作用する抗精神病薬は主として統合失調症の治療に使われている．オランザピン（p.194 参照）やリスペリドンのような最新の薬剤はクロルプロマジンのような伝統的なフェノチアジン類よりも副作用が少ない．

クロルプロマジン
chlorpromazine
［ウインタミン］
統合失調症の治療に用いられる
伝統的なフェノチアジン

リスペリドン
risperidone
［リスパダール］
統合失調症治療薬

神経変性疾患は医薬品化学に対する一つの挑戦である．パーキンソン病は主としてドーパミン欠乏によってひき起こされる．したがって，ドーパミン作動薬は症状をいくらか軽減することにおいて効果

的である．リルゾールは，今のところ，運動ニューロン疾患治療を目的に開発された唯一の薬である．

ドーパミン作動薬のプラミペキソールとロピニロールはパーキンソン病の治療に用いられる

プラミペキソール
pramipexole
[ミラペックス]

ロピニロール
ropinirole
[レキップ]

リルゾール
riluzole
[リルテック]
運動ニューロン疾患治療薬

18・12 その他の酵素阻害薬

シクロオキシゲナーゼ（COX）はプロスタグランジン生合成の初期段階に関与する酵素で，その阻害は非ステロイド性抗炎症薬（NSAID）の作用の基礎となっている．この酵素にはCOX-1とCOX-2の二つの型の酵素（アイソザイム）がある．COX-2を阻害すると抗炎症・鎮痛作用を発揮する．一方，COX-1の阻害は特に胃の出血などの副作用を生じる．多くの古いNSAIDはCOX-1とCOX-2両方に活性をもつが（インドメタシンは一例である），エトドラクはCOX-2に対して非常に優れた選択性を示す．セレコキシブのような高選択的なCOX-2阻害薬は今や最前線にある薬である．ケトロラックは鎮痛性と抗炎症性のバランスが異なっており，眼への局所的な投与に特に有用である．

インドメタシン
indomethacin
[インダシン]

エトドラク
etodolac
[オステラック]

セレコキシブ
celecoxib
[セレブレックス]

非ステロイド性抗炎症薬（NSAID）はシクロオキシゲナーゼ（COX）に作用する

ケトロラク
ketorolac
[アキュラー]
点眼薬

スタチンはコレステロールの生合成に含まれる酵素（HMG-CoAレダクターゼ，HMG-CoA還元酵素）を阻害することによって血中のコレステロールの濃度を低減する．それゆえに心臓疾患の予防にきわめて有用である．最初のスタチンは複雑な脂肪族カビ代謝物であったが，今や数多くの合成ヘテロ環薬，たとえば，アトルバスタチンやロスバスタチン（p.194参照）が利用できる．これらはほんの一部分を除けば初期の構造をほとんどもっていない．生成物であるメバロン酸に対するスタチンの阻害部分との関係は明確にみることができる．

（または5位OHをもつ対応するラクトン）
スタチン（HMG-CoAレダクターゼ阻害薬）の鍵成分

3-ヒドロキシ-3-メチルグルタル酸

HMG-CoA レダクターゼ

メバロン酸
mevalonic acid

コレステロール生合成の重要段階

他の有用な酵素阻害薬には緑内障，うっ血性心疾患，てんかん，乗り物酔い治療に対するアセタゾラミド（炭酸脱水酵素阻害薬）がある．シルデナフィル（商品名：バイアグラ，有名な勃起不全治療

薬）は cGMP の分解に関与する 5 型ホスホジエステラーゼ（PDE5）を阻害する．

アセタゾラミド
acetazolamide
［ダイアモックス］
緑内障，うっ血性心不全，てんかん，
乗り物酔いの治療に用いる酵素阻害薬

シルデナフィル
sildenafil
［バイアグラ］
勃起不全治療薬として用いら
れるホスホジエステラーゼ阻害薬

余談ではあるが，特にスタチンに関連して，ある種の食物は重要な作用を示す酵素阻害薬を含んでいる．著名な例はグレープフルーツ（ジュース）である．これは多くの薬物の分解に関与する酵素を阻害するベルガモチンやナリンギンのような物質を含有している．薬物の投与量は代謝の標準速度に基づいているので，関与する酵素を阻害すると血液中の薬物量は多くなり，しばしば毒性量に達する．

スタチンや他の薬を
分解する酵素に対す
る天然の阻害薬

ベルガモチン
bergamotin

ナリンギン
naringin

18・13 抗感染薬

次の三つの節は寄生虫（原生動物と蠕虫），細菌，ウイルスに対する薬を網羅している．これらの薬物の多くの作用機構は複雑かつ多様である．完全に理解されていないものもあるが，酵素阻害は多くに共通している．

18・14 抗寄生虫薬（駆虫薬）

最も重要な原生動物感染はマラリアである．その治療は医薬品化学研究の初期の目標であった．伝

キニーネ
quinine
抗マラリア薬

メフロキン
mefloquine
［メファキン］
抗マラリア薬

プログアニル
proguanil
［マラロン］
プロドラッグ

in vivo →

シクログアニル
cycloguanil
活性種

統的な治療薬はキノリンアルカロイドのキニーネを含んでいるキナの樹皮の抽出エキスである．現在強調されていることは，合成マラリア薬は耐性が現れるので，継続的に使用して，評価を続けることである．これらの薬物の多くは明らかにキニーネに似たキノリン誘導体である．生体内で発生した活性種はトリアジン（シクログアニル）であるので，プログアニルは特に興味深い．

メトロニダゾールは細菌（通常歯の感染に対して）とアメーバ赤痢のようなある種の原生動物感染に使われる．メベンダゾールのようなベンゾイミダゾール類は寄生虫駆除の重要な化合物群である．最も一般的な抗菌薬はフルコナゾールのようなトリアゾールである．

18・15 抗 菌 薬

抗菌薬のなかで最も単純な構造をもつものは，ピリジンヒドラジドであるイソニアジドであり，これは重要な抗結核薬である．幅広い抗菌スペクトルをもつ抗菌薬シプロフロキサシンのようなキノロン系抗菌薬（おそらく最近のテロリストによる炭疽菌事件に関連して最もよく知られている）やジアミノピリミジン骨格をもつトリメトプリムなどの主流の抗生物質の構造中にはヘテロ環が含まれている．また，多くのスルホンアミド系抗菌薬（最初の合成抗生物質）は，ヘテロ環残基を含んでいる．

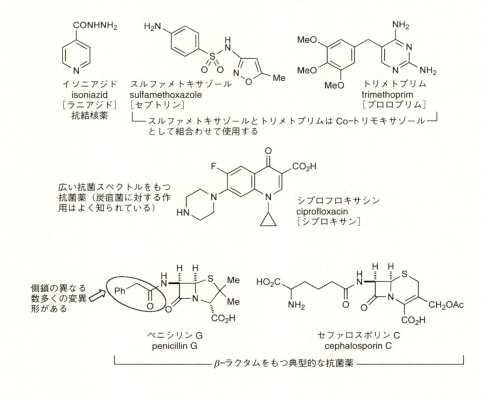

18・16 抗ウイルス薬

　もちろんペニシリンやセファロスポリンは飽和ヘテロ環であり，また，多くの芳香族ヘテロ環が多様化した側鎖に含まれている．Co-トリモキサゾールはトリメトプリムとスルファメトキサゾール（スルホンアミド系抗菌薬）のよく知られた組合わせである．この組合わせは葉酸合成の二つの点で酵素を阻害する．スルホンアミド系抗菌薬は菌の葉酸合成で p-アミノ安息香酸の取込みを阻害し，トリメトプリムはテトラヒドロ葉酸への変換を阻止する．全体では相乗効果があり，二つの成分の合計よりもより大きな阻害活性を示す．

18・16　抗ウイルス薬

　多くの抗ウイルス薬はヌクレオシドの一部を単純に修飾したもの，または，リバビリンのようにヌクレオシドにかなり近い構造をもつものである．これらの抗ウイルス薬は一般に，初期段階で天然のヌクレオシドと競争的に取込まれてウイルスの DNA 合成を阻害する．デラビルジンとサキナビルのような非ヌクレオシド化合物は酵素の活性部位近傍に結合することによって，その立体配座を変え，その結果，酵素を失活させる．

アシクロビル
acyclovir
［ゾビラックス］
抗ヘルペス薬

ラミブジン
lamivudine (3-TC)
［エピビル］
B 型肝炎治療薬
抗 HIV 薬

イドクリジン
idoxuridine
抗ヘルペス薬

リバビリン
ribavirin
［コペガス］
抗ウイルス薬

ジドブジン
zidovudine (AZT)
［レトロビル］
抗 HIV 薬
逆転写酵素阻害薬

デラビルジン
delavirdine
［レスクリプター］
抗 HIV 薬
逆転写酵素阻害薬

サキナビル
saquinavir
［インビラーゼ］
抗 HIV 薬
プロテアーゼ阻害薬

18・17　抗がん剤

　抗がん剤は一般に細胞の成長を妨害することで，がん病理の根幹である過剰で異常な成長を妨害する．これらはしばしば細胞毒性物質または代謝拮抗物質とよばれる．抗がん剤は次のような機構でDNA 合成を阻害する．

- 核酸塩基（アデニン，グアニン，シトシン，チミン）の一つを N-アルキル化する（アルキル化剤）．

- DNA合成酵素が塩基を取込む際，天然の塩基の代わりに修飾した塩基またはヌクレオシドを競合的に取込ませる．

など

アルキル化剤は通常簡単な化学反応剤であるかまたはそれらの前駆物質である．後者の一例は生体内（*in vivo*）で加水分解されたときに分解して強力なアルキル化剤，メチルジアゾニウムカチオンを発生するプロドラッグ，テモゾロミドである．おそらく，その核酸塩基に似た構造が標的の近傍まで接近することを可能にしている．

テモゾロミド
temozolomide
[テモダール]
膠芽腫，悪性脳腫瘍の治療に用いられる

ある種の殺細胞薬はがん治療よりもむしろ免疫抑制薬として使われており，似たような機構によってではあるが異なったバランス効果で作用する．これらの薬物は典型的には，移植によって起こる拒絶反応を防ぐためか，または自己免疫反応による重篤な炎症性疾患の治療のために用いられる．

その他の機構として，重要な成長因子である葉酸の機能を妨害するものがある．その代表例はメトトレキサートで，これはよく確立した広く使用されている抗がん剤/免疫抑制薬である．

6-メルカプトプリン
6-mercaptopurine
[ロイケリン]
白血病治療薬

アザシチジン
azacitidine
[ビダーザ]
白血病治療薬

5-フルオロウラシル
5-fluorouracil（5-FU）
[キャラック]
固形腫瘍治療薬

アザチオプリン
azathioprine
[イムラン]
免疫抑制薬

メトトレキサート
methotrexate
[リウマトレックス]
免疫抑制薬
抗がん剤

ゲムシタビン
gemcitabine
[ジェムザール]
膵/肺がん治療薬

イリノテカンはカンプトテシン（天然物で毒性の抗がんアルカロイド）のより選択的な合成類縁体であり，DNA鎖のねじれの解消に関与する酵素，トポイソメラーゼIを阻害する．ある種の化合物は生命維持に不可欠な天然ポリマーの二次構造と物理的な結合によって作用する．複雑なインドールアルカロイドであるビンクリスチンは典型的な例である．これは細胞分裂に必須のタンパク質である

微小管に結合する．

イリノテカン
irinotecan
[カンプト]

ビンクリスチン
vincristine

18・18 光化学療法

光化学療法は多くの疾患治療のため，主として皮膚（粘液膜）や眼のような光の届きやすい部位の治療のために広く使われている．

その手順は，光感受性物質を投与（全身または局所）後，その化合物を活性化して細胞毒性物質（特に一重項酸素）を発生させるために光（紫外線または可視光線）を照射するというものである．ただし，この方法では DNA と薬物の直接の相互作用も生じる恐れがある．目的部位のみを選択的に治療するためには，たとえば，薬物を皮膚の特定の範囲に塗布するかまたはその照射範囲を限定する．場合によってはレーザー光線照射が行われる．これらは燃焼レーザーではなく，適切な励起波長の高出力レーザー光源である．

光化学療法は大きく分けて乾癬のような皮膚病に対するプーバ（PUVA: psoralen-ultra violet A）と光線力学的療法（PDT: photodynamic therapy）の二つに分かれる．PDT はがんや黄斑変性の治療

メトキサレン
methoxsalen
乾癬治療を目的とした PUVA に使用

ベルテポルフィン
verteporfin
[ビスダイン]
加齢黄斑変性の治療を目的とした PDT に使用

5-アミノレブリン酸
5-aminolevulinic acid (ALA)
PDT に使用（系内でプロトポルフィリン IX が生成する）

プロトポルフィリン IX
protoporphyrin IX

に使用されている．PDTに対しては光感受性物質としてポルフィンがしばしば使用されているが，改良法では，ポルフィンを必要とする局所病変部に高濃度の増感剤を得るために5-アミノレブリン酸（天然のポルフィン生合成前駆物質）を塗布し照射する．〔ソラレン（psoralen）はメトキサレンのようなフロクマリン系に与えられた名称である．〕

19

日常生活にみるヘテロ環

19・1　はじめに

　ヘテロ環は"純粋な"化学の範囲を越えて非常に重要であり，日常生活や産業など多くの面において，天然物，合成品いずれも意義深い．医薬品（第18章）と天然物/生体分子（第17章）の主たる領域は，すでにそれぞれ章を設け解説した．本章では，そのほかのいくつかの重要な領域について概観する．

　古典的な芳香族化学（ベンゼン誘導体の化学）は多くの重要な産業や精密化学応用の基礎である．しかし，そこには1種類の中性の単環系芳香族炭素環（ベンゼン）があるのみであるが，単環系芳香族ヘテロ五員環および六員環（N，O，Sのみを含む）は32知られており，これらが多様性の大きな源となっている．医薬品におけるように，これらヘテロ環化合物の多彩な性質は，さまざまな目的に対して化学的・物理的性質を微調整するうえで優れている．

19・2　染料と顔料　（§19・8参照）

　"着色剤"という一般的な用語は顔料と染料をさす．染料は布などを染めるために使用されてきた可溶性の物質である．多くの染料が顕微鏡や分析のための染色剤としても使用されている．

　天然の染料は主として植物に由来し幾世紀にもわたり使用されてきた．これらの多くはヘテロ環化合物（特にアントシアニンやフラボノイド）である（p.191, 192参照）．インジゴは古代から使われてきた重要な植物由来の染料であり，現代ではブルージーンズを染めるために合成的に大量スケールで生産されている（ズボン1着に対して約6〜10g）．海の巻貝から抽出され，ローマ時代に使用された極端に高価な古代の染料チリアンパープルはインジゴの6,6′-ジブロモ体である．インジゴカルミンは食品の着色料であり，5,5′-ジスルホン酸の二ナトリウム塩である．また，内視鏡検査を通して選択的に組織を同定するような医学的利用も多い．

インジゴ
indigo
ブルージーンズに用いる
植物由来の青色素

チリアンパープル
Tyrian purple
巻貝から取れる染料

インジゴカルミン
indigo carmine
合成食品着色料
医学用色素

　最初（1857年）に大量生産された合成染料はW. H. Perkinが発見したモーベイン（別名：モーブ，鮮紫色の染料）で，これは置換アニリンの混合物の酸化から偶然合成されたヘテロ環化合物である．一般に，その発見は精密化学産業の始まりであると考えられている．その合成法は芳香族とヘテロ環の化学の構造的理論が確立される前に開発された．後にモーベインはいくつかの類縁化合物の混合物

であり，モーベイン A とモーベイン B（フェナジニウム塩）が主体であることが示されたが，その最終的な詳細は 1994 年になってやっと確立された．

近年の合成染料や顔料はフタロシアニンを含んでおり，それらは天然のポルフィンを思い出させる．通常金属，特に銅との錯体として使用される．そのような金属の誘導体はヘム中の鉄原子（§17・3 参照）と実によく似ており，中心にカチオンをもつ錯体である．可溶性（スルホン化）型などを含むさまざまな構造変化によって青や緑の色調が得られ，緑は塩素化された誘導体である．フタロシアニンは市販されているすべての着色剤の約 1/4 を占めており，銅フタロシアニンは単一のものとしては最も大量に用いられている着色剤である．これらの化合物は芸術家が使用する顔料，インクジェット，工業用塗料，プラスチック，CD の製造など幅広く応用されている．

非常に強く結合する（それゆえに洗い流されない）反応染料は通常織物（綿，羊毛，ナイロン）中の OH や NH のような求核中心と反応し，ハロゲンとの置換によって共有結合をつくるようなハロヘテロ環を含んでいる．

染色された織物の色（反射光）に関連するものとして蛍光（紫外線の吸収，続く可視光線の放出）がある．蛍光には重要かつ実用的な用途がある．蛍光の強度は低濃度で容易に検出できる．たとえば，フルオレセインは水流を追跡するために用いられる．また，フルオレセインは多くの蛍光性金属や生体分子センサー（感知装置）の基本骨格である．青い光を放つ蛍光増白剤は洗剤のような日用品においても重要な役割を果たしている（青色を加えると外観はより白く見える）．

19・3 ポリマー（高分子）

　大半のプラスチックや繊維は脂肪族または芳香族炭素環化合物からなっているが，ヘテロ環化合物も少数ではあるが存在する．その最も重要な性質の一つは耐熱性である．

　メラミン-ホルムアルデヒドポリマーは家庭用品用の比較的安価なプラスチックやフォーマイカ（耐熱性合成樹脂）のようなラミネート製品に広く使用されている．その一方で，ポリベンゾイミダゾールは高価な高機能繊維，たとえば耐火性の衣服（消火用服）や 300 ℃以上の耐熱機能をもつ高性能エンジニアリングプラスチック（産業用樹脂，例：セラゾール-PBI）を製造するために使用されている．この繊維はまた高温膜の利用に向けて研究が行われている．

メラミン
melamine

ポリベンゾイミダゾール
polybenzimidazole
耐熱性（ガラス）繊維や高性能
エンジニアリングプラスチック
に用いられる

　ポリベンゾオキサゾール（例：ザイロン-PBO）は非常に強い軽量の繊維を形成し，たとえば，レース用ヨットの装具で使用されている．しかし，このポリマーは光で分解するという欠点があるため，保護コーティングをしなければならない．M5 繊維は非常に強靱で，耐熱性があるので，全身を保護する防護服の素材として開発が進められている．

ザイロン-PBO
Zylon-PBO
強靱な繊維

M5 繊維
M5 fiber
非常に強靱で耐熱性
防護服に利用

19・4 駆除剤

　駆除剤はヒトにとって有害な生物を駆除するために設計されている．有害生物は主として昆虫，雑草，菌，動物（特にネズミ）などである．家庭用や公衆衛生上の利用も多少あるが，これら駆除剤の多くは，その用途が厳密な制御のもとでの農業的使用に限られている．

　これらの物質は近代農業には必須のものであり，一般の生活においても非常に有用である．しかし，特に除草剤と殺虫剤は有益な生物まで害する能力があるために常に議論のあるところではある．

また，食物に極微量の残渣が残る可能性があるため，ヒトの健康に悪影響を及ぼすとの指摘もある．

駆除剤の使用については，しばしば，欧米諸国において禁止または厳しく制限されている化合物が，まだ世界のさまざまな地域で広く使用されている場合もあり，かなりの混乱がみられる．

殺 虫 剤

公共の衛生状況を保つために専門家によって使用される殺虫剤にはヘテロ環化合物を含むものもあるが，家庭で使用する大半の殺虫剤はピレスロイド（非ヘテロ環化合物）である．これはヒトに対して非常に毒性が低い．多くのヘテロ環を含むもっと広い範囲の殺虫剤が，たとえば，ミツバチのような授粉媒介昆虫を守るために，厳しく制御された状況のもとで農業に使用されている．

ヒトに類似したコリン作動系は殺虫剤の主標的の一つである．ニコチンは殺虫剤の一つとして広く使用されている．しかし，ヒトに対して極端に有毒であり（シアン化水素に似ている．致死量はおよそ 60 mg），そして，容易に皮膚から吸収される．同じ毒性機構（アセチルコリン作動機構）をもつが，昆虫に対してより選択的である化合物（ネオニコチノイド農薬）が数多く開発されてきた．驚くことはないが，ある種のチアゾール（例：チアメトキサム）とともに，その多くは 3 位置換ピリジン（例：イミダクロプリド）である．

ニコチン
nicotine

イミダクロプリド
imidacloprid

チアメトキサム
thiamethoxam

ニコチン系農薬
neonicotinoids

その他の殺虫剤としてはコリンエステラーゼ阻害薬がある．これにはカルバミン酸エステルのような可逆的なもの（例：ピリミカルブ）と不可逆的なもの（主として，有機リン酸エステル）とがある．有機リン酸エステルのあるものはヘテロ環を加えることによって，たとえば，ダイアジノンのように修飾されてきた．有機リン酸エステルのなかにはサリン（§18・7 参照）のような神経ガスもあるが，その多くはヒトに対して幾分毒性が低い．ただし，危険であることに変わりはない（神経ガスは 1930 年代において殺虫剤に関する研究を通して発見された）．非コリン作動機構によって作用する殺虫剤にはフィプロニルがある（これは中枢神経の GABA 受容体に作用する）．

フィプロニル
fipronil
GABA 受容体に作用

ダイアジノン
diazinon

ピリミカルブ
pirimicarb

コリンエステラーゼ阻害薬

フィプロニルの精密で簡潔な合成における鍵段階は 2,3-ジシアノプロパン酸エチルのエノラートと 2,6-ジクロロ-4-トリフルオロメチルフェニルジアゾニウムイオンの縮合である．得られた生成物をアンモニア水で処理すると，直接ピラゾールへ導く一連の反応が開始する（エステルの加水分解

は図に示すようにピラゾール環への環化を誘発する．ついで硫黄置換はピラゾール環のC4位の求電子置換により導入される）．

また，有機リン酸エステルはヒツジの洗羊液やネコやイヌのノミ・ダニ退治のためにも使用される〔ネコは特に有機リン酸エステルに敏感であるので注意せよ（指定の特別な用量を超えてはならない．ネコが中毒を起こすことは珍しいことではない）〕．

除　草　剤

除草剤は植物の種類（広葉，草など）に合わせて選択的につくることができる．ただし，使用法の制御は重要である．除草剤は2種類に大別できる．一つは吸収移行型（全草型）除草剤とよばれ，植物から根に吸収され植物全体に移行し効果を発揮する．もう一つは接触型除草剤（例：パラコート）とよばれ，植物の薬剤に曝された部分のみに影響を与える．

アトラジンは議論の余地のある選択的な除草剤であり，世界中で非常に広く使用されているが，EUでは禁止されている．これは動物やヒトに対して非常に低い濃度で急性毒性を示す．また，長期使用による有害な内分泌撹乱作用や発がん性物質としての可能性についても指摘がある．その作用機序は光合成阻害である．トウモロコシの栽培においては，アトラジンがトウモロコシ中の内分泌物質によって急速に失活するので選択的に除草が達成される．構造的には関連しているが，生物学的には異なる類縁体，インダジフラムはセルロース生合成を阻害する．

アトラジン
atrazine

インダジフラム
indaziflam

ピクロラム
picloram

ピクロラムは選択的吸収移行型除草剤である．これは草ではなく広葉雑草を枯らす．パラコートは速効性の非選択的接触型除草剤の一つであり，ヒトに対しても非常に有毒である．これは土壌に接触するとすぐに失活するので使用に伴う損害を軽減できるという利点がある．その作用機構はポルフィ

パラコート
paraquat

ジクワット
diquat

ンを損傷するような反応性の高い活性酸素種を発生させることによる光合成の阻害である．ピクロラムは世界中で最も広く使用されている除草剤の一つであるが，EUでは使用禁止になり，米国では使用が制限された．構造が類似しているもののジクワットはより毒性が低い．

殺菌剤

農業用殺菌剤の多くはヘキサコナゾールのようなトリアゾールを含む化合物や，カルベンダジムのようなベンゾイミダゾールを含む化合物であり，医薬で使用されるものと似た構造をしている．また，トリシクラゾールのような化学的に興味深いヘテロ環をもつものもある．

ヘキサコナゾール
hexaconazole

カルベンダジム
carbendazim

トリシクラゾール
tricyclazole

殺鼠剤（齧歯類を殺す薬剤）

最もよく知られた殺鼠剤はワルファリンである．ネズミに対する作用は，ヒトに対する医療的効果と同じ血液凝固の阻害である．ネズミにおける薬剤耐性の研究からフロクマフェンやブロマジオロンのようなより強力な第二世代類縁体が開発されるに至った．

ワルファリン
warfarin

フロクマフェン
flocoumafen

ブロマジオロン
bromadiolone

19・5 爆薬

多くのヘテロ環化合物は爆発性であるが，実用的な爆薬として適当なものは比較的少数である．最も重要な必要条件は，それらが安定であり，容易にかつ偶発的に爆発しないということである．取扱いにはおもに摩擦，静電気，衝撃に注意が必要である．

適当な起爆薬なしには爆発することがほとんど不可能な"低感度爆薬"の開発を目指して多くの研究が進められてきた．最も低感度のものは静かに燃え，そして，もし銃弾がそれらに着弾してもなお反応しない．

市販の爆薬の多くは混合物であり，完全な酸素バランスをもつように設計されていたり，または，採掘場の爆破，弾薬や推進剤（たとえば弾薬筒やロケット用）などの特別な目的のために改良されている．固形ロケット燃料は基本的には爆薬であるが，燃焼が爆発に進行しないように調整されてい

る.

化学的な爆発においては，CHNO 化合物は，一酸化炭素や二酸化炭素（酸素の均衡状態に依存する），水，窒素に変わると推定されている．このような非常に安定な分子が生成することはかなりの量のエネルギーとガスが放出されるということである．多くのヘテロ環，特に窒素含量の多い化合物は非常に高エネルギーな化合物であり，爆薬として使用されることもある.

テトラゾールは窒素の含有量が最も高く，実際の用途は爆薬ではないが，輸送における取扱いは爆薬に区分される．ジアゾテトラゾール（または，その等価体のジアゾニウム塩）は容易に自然爆発を起こすため，例外的に危険である．1,1′-アゾビステトラゾールは，10 個の窒素原子鎖をもつが，固体として単離できる程度には安定である．しかし，乾燥した固体を操作しようと試みるならば，大音響の爆発と研究器物破壊は避けられない．"テトラゼン"は安定な市販の爆薬であり，起爆薬に使用される．5-アミノテトラゾールは，それ自体爆発はしないが，混合物の一成分として分解したときに多量のエネルギー（そして大容積のガス）を放出するため，車のエアバックインフレーターとして用いられている．テトラゾールと適当な金属とを結合させるとより汚染の少ない花火の着色剤を生産することができる．赤い色を生じる例を図に示す.

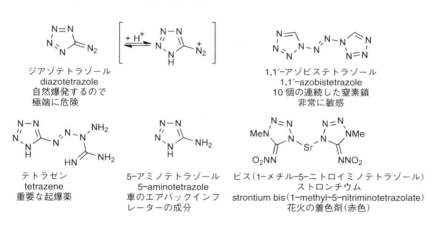

非常に広く使用されている強力な爆薬，飽和ヘテロ環 RDX（トリメチレントリニトロアミン）は，セムテックス（Semtex）の一成分であり，第二次世界大戦においては TNT（トリニトロトルエン）の代わりに使用された．アセトン過酸化物二量体や四量体はアセトンと過酸化水素から生成できるが，テロリストによって使用されてきた危険で不安定なアセトン過酸化物は"三量体"であり九員環を含んでいる．アセトン過酸化物（そして多くの他の過酸化物）は極端に敏感で爆発しやすいので，過酸化水素の反応からの望まぬ副生成物として，化学者の間では悪名が高い.

3,5-ジアミノ-2,6-ジニトロピリジン N-オキシド（DADNPO）は高度の熱耐性（約 300 ℃まで）をもち，それゆえに特に油井での使用に適している．関連する LLM-105，ピラジン N-オキシドは

低感度爆薬である．また，5-ニトロ-1,2,4-トリアゾール-3-オン（NTO）は感度は低いがさまざまな用途に応用されている．3,4-ジアミノフラザン（DAF）のような一見無害な化合物でさえも開発の対象になっている．

DADNPO
高熱耐性

LLM-105
低感度爆発物

NTO
種々の爆発物

DAF

起爆薬は通常直接爆発することが難しい主爆薬の（2番目の）爆発をひき起こすために（少量で）使用されるものである．起爆薬は通常雷管か点火キャップの中に入っている．

古典的な最初の爆発物の多くは鉛化アジド $Pb(N_3)_2$ や鉛化スチフナート 2,4,6-トリニトロレゾルシノールのような重金属塩であり，これらは特に射撃練習場で環境汚染をひき起こす．多数のヘテロ環化合物がこの"重金属問題"を避けるために開発されている．4,6-ジニトロベンゾフロキサン（DNBF）は広く使用されている起爆薬であり，カリウム塩として使用されているが，これが実際には Meisenheimer 錯体（KDNBF）であるということは注目に値する．KDNBF は鉛化スチフナートの代わりに使用されている．また，5-ニトロテトラゾールのアミン塩は環境に配慮した起爆薬として期待されている．

DNBF

KDNBF
重金属を用いない起爆薬

5-ニトロテトラゾール（アミン塩として）
5-nitrotetrazole
重金属を用いない環境配慮型の起爆薬として期待されている

19・6 食物と飲料

ヘテロ環は食物の重要な成分である．栄養的に重要な成分であるだけでなく，着色料または味と香りに関する成分としても重要である．これらの多くは生の食物に含まれているが，あるものは添加（天然物または合成品）されているか，または調理中に生成する（台所は大量のヘテロ環を合成する場である）．

また，われわれは数多ある食物から，たまたまその食物中に含まれている栄養的には何ら恩恵のない大量の化合物を摂取している．これらの大半は比較的無害であるが，あるものは時と場合によって有害な結果を生じる（§19・10 のジビシン参照）．その他の化合物には心地よく精神を活性化するものもある．カフェインは茶とコーヒーのよく知られた成分であるが，その類縁体のテオブロミンがチョコレートの主成分であることはあまり知られていない．

香味（フレーバー）と香気（フレグランス）の芳香成分は，その構造中にピラジンとフランを含んでいるものが多い．また，なかにはチアゾール（ピラジンに似た香りを示す）やチオフェンを含んでいるものもある．これらの単純な香り化合物の多くは非常に低い濃度（ppb またはそれ以下）で（においでも）検出される．また，同じ化合物でも濃度によって香りは異なる．総合的な香りは一般に複雑な混合物の影響の総和である．

生の食物中に含まれる最も重要な天然の香り化合物はおそらくピラジンである．それは簡単なアルキル誘導体やメトキシ誘導体であることが多い．これらはエンドウやトウガラシのような新鮮な野菜，また，多くのブドウやワインの香りにもみられる．そのほかにも重要な香り化合物は多数あり，たとえば，フルフリルメルカプタンはコーヒー中の主たる香り化合物である．重要な非芳香族フラノンにソトロンとフラネオールがある．ソトロンは天然物であるが，メープルシロップの人工的な香り付けに使われている〔低濃度ではメープルシロップの香りであるが，高濃度ではコロハ（マメ科の植物）の香りがする〕．また，フラネオールも"ストロベリーフラノン"という別名が示す通り，人工的な香り付けのために用いられている．

ピーマンから

グリンピースと
コーヒーから

コーヒーから

ポップコーンアロマ
アスパラガス，ジャガ
イモ，パンなどの香り

フルフリルメルカプタン
furfuryl mercaptan
コーヒーの香りの主成分

典型的な食品香
料と芳香成分

焼いたパンの香り

フラネオール
（ストロベリーフラノン）
furaneol

ソトロン
sotolone
粗糖（ざらめ）とメー
プルシロップの香り

これら生の食物中に含まれるピラジンの生合成はおそらくグリオキサールのような 1,2-ジカルボニル化合物と α-アミノ酸アミドの縮合を含んでいるか，または α-アミノ酸の二量化の生成物である．このアミノ酸側鎖は，Maillard 反応の生成物と異なり保持されている（p.219 参照）．

植物中におけるピラジンの生合成経路

19・7　調理におけるヘテロ環化学

調理ではピラジンやフラン，また，種々の硫黄化合物などのヘテロ環を取扱っている．

調理における化学変化は非常に複雑であるが，本節ではより一般的な例を示し，その反応・変化を解説する．

水を別とすると，食物の主たる成分は糖（炭水化物），タンパク質，アミノ酸，脂肪である．そして，これらはすべて加熱時にかなりの化学変化を起こす．その生成物のあるものは 1 種類の反応から生成するかもしれないし，また何種類かの反応の組合わせから生成するかもしれない．分析化学的に，生肉は糖を含んでいないが，糖はグリコーゲンやヌクレオチドからも生成する．アミノ酸のシステインは主たる硫黄源である．

最も重要な化学変化は焼いたり，油を使って揚げたりすることによって起こるものである．一般的な揚げ・焼きの温度は 170～250 ℃ の間で，もちろんおもに食材の外側に影響する（内部はより低温である）．この点，パンの皮は化学変化が起こる部位として興味深い．2 から 4 炭素の α-ジカルボニ

ル化合物または α-ヒドロキシカルボニル化合物は Maillard 反応（p.219 参照）において重要であるが，これらは糖や脂肪の切断から生成する．その切断は水中でもゆっくりと起こり，静脈内投与のために行う加熱滅菌グルコース溶液においても，低い濃度（<0.1%）ではあるが，観測されている．

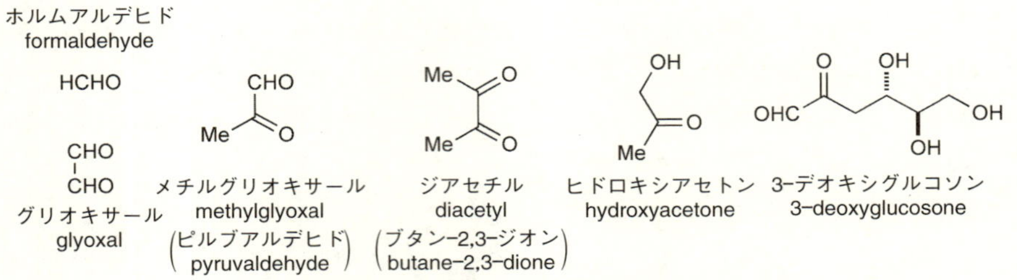

ホルムアルデヒド
formaldehyde
HCHO
CHO
CHO
グリオキサール
glyoxal
CHO
Me
O
メチルグリオキサール
methylglyoxal
（ピルブアルデヒド
pyruvaldehyde）
Me
O
Me
O
ジアセチル
diacetyl
（ブタン-2,3-ジオン
butane-2,3-dione）
OH
O
Me
ヒドロキシアセトン
hydroxyacetone
O
OH
OHC
OH
OH
3-デオキシグルコソン
3-deoxyglucosone

グルコースの切断による分解産物（Maillard 反応において重要）

焼き砂糖（カラメル化）

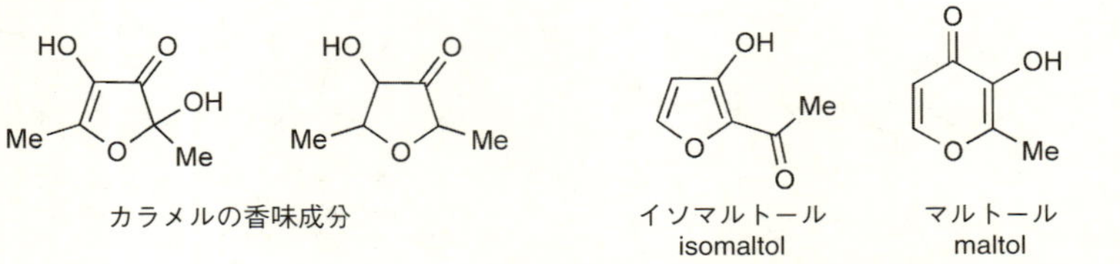

HO
O
OH
Me
O
Me
HO
O
Me
O
Me
カラメルの香味成分
OH
Me
O
O
イソマルトール
isomaltol
O
OH
O
Me
マルトール
maltol

Maillard 反応から生成する焼いたパンの香気成分

砂糖は加熱されると，構造は明確ではないが，重合物質の生成により褐色のカラメルに変わる．加えて，下図に示すようなヒドロキシメチルフルフラール（HMF）や種々のフラノン，そしていくつかの開裂生成物など，いろいろな揮発性の単量体芳香分子が発生する．含酸素ヘテロ環の生成は，1,4-ジケトンまたは 4-ヒドロキシケトンの環化縮合を経るフランの標準的な環合成（§11・7，§11・8 参照）と照らし合わせて，糖の鎖状構造から容易かつ合理的に説明される．

鎖状構造の糖の変換の鍵は α-ヒドロキシカルボニル化合物とエン-1,2-ジオールの平衡である．エンジオールは互変異性によって，逆に α-ヒドロキシカルボニル化合物を生成することができる．さらに隣接するヒドロキシ基を失うような反応が進行すると，α-ジカルボニル化合物（1,2-ジカルボニル化合物）が生成する．ついで，これらは環化しフラン環を生成する．この機構はより分子量の小さい生成物が得られるアミノ酸との Maillard 反応（次項参照）においても重要である．

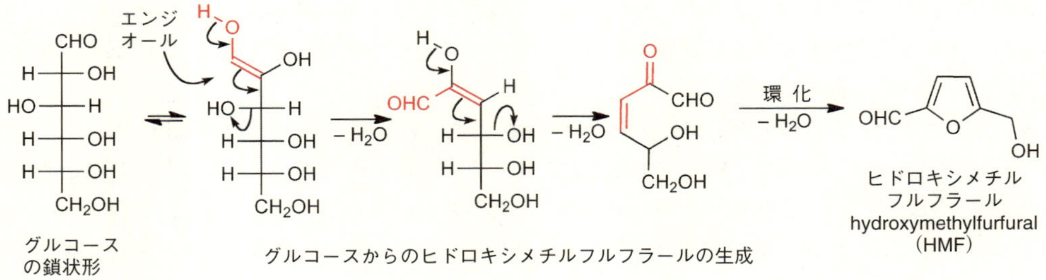

CHO
H
OH
HO
H
H
OH
H
OH
CH_2OH
グルコース
の鎖状形
エンジ
オール
H
O
OH
HO
H
H
OH
H
OH
CH_2OH
$- H_2O$
H
O
OHC
H
H
OH
H
OH
CH_2OH
$- H_2O$
O
CHO
OH
CH_2OH
環 化
$- H_2O$
OHC
O
OH
ヒドロキシメチル
フルフラール
hydroxymethylfurfural
(HMF)

グルコースからのヒドロキシメチルフルフラールの生成

市販のカラメルは触媒（酸または硫化物）の存在下でアンモニアとともにまたはアンモニアなしで加熱することによってつくられる．アンモニア共存下で得られたものはより濃い色をしている．通常の調理過程によって形成された生成物の一つであるので，それは天然物であり，それゆえにいろいろ

な食物や飲料に加えることができると考えられている．これは最も一般的な食品着色料である．アンモニアを加えた濃いカラメルは特にビールやコーラのような飲料に使われている．

Maillard 反応

Maillard 反応はカラメル化の延長として考えることができる．この反応は糖とアミノ化合物がともに加熱されたときに起こり，単純なカラメル化よりも一層早くそしてより濃い褐色を生じる．基本的な反応機構はエンジオールではなくアミノエノール中間体が関与している以外は前ページの機構と似ている．異なるのは後に（内部ヒドロキシ基ではなく）アミノ基を失うとメチルケトンを生じ，最終的にマルトールやイソマルトールのような化合物が生成する点である．

アミノ化合物が α-アミノ酸である（きわめて一般的なことである）と，その過程ではアミノ酸の側鎖の切断が起こり第一級アミノ糖が生成する．この種の反応はより小さいジカルボニル断片でも起こる．アミノケトンが自己縮合するとピラジンになる〔糖から生成する不揮発性物質（2,6-デオキシフルクトサジンのような）とさらに小さな断片からなる揮発性物質が生成する〕．なお，2,6-デオキシフルクトサジンはグルコースを水中でアンモニウム塩と加熱することによって効率良く合成できる．さらに 220℃ 以上に加熱すると揮発性の簡単なアルキルピラジンが生成する．

ヘテロ環を生成するのは糖ばかりでなく，加熱調理用の油もまたアミノ酸と反応できる分解産物を生成する．ピーナッツ油とシステインを加熱した際に発生する揮発性物質を分析すると少量のピリジ

ンやピロールとともに多量のチアゾールとチオフェンが検出された.

システインはこれら生成物のおもな硫黄源である.その硫化水素の発生を伴う分解は α-ジカルボニル化合物との縮合生成物の脱炭酸によって説明できる.また,硫黄は脱離する前に他の反応物へ結合することもできる.

予想されるシステインからの硫化水素の放出機構

縮合によりチアゾールを生成する

そのほか,いくつかの芳香成分もまたアセチルピロリン(焼いたパンの香り成分)のように Maillard 反応によって生じる.アセチルピロリンは出発物であるプロリンからの側鎖を保持している.

PhIP のような本質的に発がん性の(漠然と名付けられた)"ヘテロ環アミン"を含む多くの複雑なヘテロ環化合物が(特に高温長時間調理で)生成する.

L-リシン
L-lysine

L-アルギニン
L-arginine

PhIP
Maillard 反応により生じる潜在的な食品の発がん性物質

Maillard 反応の生理学的側面

調理中に起こる反応に加えて,Maillard 反応は食物が食された後,すなわち,生体内でも起こる.この場合,二つの基本的なアミノ酸(ω-NH_2 基をもつもの:リシンとアルギニン)を含む反応が特に重要である.

脱炭酸と側鎖を失う α-アミノ基を含む通常の Maillard 反応に加えて,ω-アミノ基での反応は側鎖を維持し,さらに終末糖化産物(AGE)として知られるヘテロ環に変化する.これら AGE はリシ

タンパク質の成分でもある終末糖化産物(AGE)の単量体:単純な修飾体のピラリンと架橋構造のペントシジン

ピラリン
pyrraline

ペントシジン
pentosidine
AGE 生成のバイオマーカー(蛍光性)

ン残基やアルギニン残基をもつ遊離型小分子である．これらはタンパク質を架橋または修飾することによって，タンパク質の生理学的な機能を損傷する．これは通常に起こることであり，普通は問題とならないが，過剰に生産されると白内障のような病気や糖尿病の深刻な後遺症〔おそらく過剰の(血)糖と酸化的ストレスに関係している〕をはじめとする種々の疾患発症に関わる．AGE の量は病気の重症度に関連しているといわれている．それらはまた，加齢現象をひき起こす一般的な原因とも考えられている．

簡単なピロール，ピラジンのような多くのヘテロ環が同定されてきた．さらに，イミダゾールやペントシジン（これは糖残基を含む環化体）のような，もっと複雑な架橋構造も同定されている．ペントシジン型架橋は重要であり，また，遊離したペントシジン（蛍光性）は AGE 生成に関する便利なバイオマーカーとして使用される．

その名前が意味するようにペントシジンは，グルコースやフルクトースからも生成可能であるが，主としてリボースのようなペントース（五炭糖）から得られる．

19・8 天然食品と合成色素の色

天然食品の色はアントシアニンやフラボノイド（p.191, 192 参照）のような一般的で広範な化合物群に属する化合物によるものである．また，ビートの根（サトウダイコン）の赤い物質であるベタニンのような小さな群の植物が産出する特別な物質もある．これらは天然物であるので，合成色素のような安全性試験の必要はなく，他の食品の着色料として使用される．多くの合成色素はヘテロ環化合物タートラジンを含むアゾ色素である．しかし，食品を対象とする新しい合成色素の開発には，ほとんど新薬に対して必要とされるような厳しい安全性試験が要求されるため，今やより難しく，費用もかかる．

19・9 味と香り（香味と香気）

　香味（フレーバー）と香気（フレグランス）（F&F: flavors & fragrances）は商業的に密接に関連しており，供給業者は一般に両領域で使用するための成分を販売している．応用面ではしばしば領域の垣根を越えた連携がみられる．最終的な生成物，特に香りは通常複雑な成分が合わさった結果である．大半のF&F成分は脂肪族または炭素環化合物であるが，ヘテロ環化合物の多くもF&F供給業者によって取扱われており，これには若干のチアゾール，キノリン，インドール，チオフェンとともに，多くのフラン，ピラジンが含まれる．

　香味は食品ばかりではなく，化粧品や医薬的製品，たとえば，練り歯磨き，咳止めシロップ，口紅などに使用されている．香気は高価な香水や化粧品，さらには洗剤，石けん，洗浄剤，粉石けん，空気清浄剤などの家庭用品に幅広く使用されている．F&F成分の多くは天然物由来であり，市販品は天然物か，完全に人工的につくられた合成製品か，天然物と同一成分の合成製品である．天然物はしばしば極微量成分を含んでおり，それらは強い効力を示すヘテロ環化合物であることが多く，味を"まろやか"にあるいは"ふくよか"にする．〔食品に関連付けたヘテロ環化合物の天然からの供給，生成，いくつかの用途（特にピラジンとフラン）については，前節ですでに解説した．〕

　一方，香気物質の多くはヘテロ環化合物でないが，人工香粧品産業（合成香料産業）の公式な誕生は，1868年，われわれが現在 Perkin 縮合とよんでいる反応を使用して，W. H. Perkin がヘテロ環化合物であるクマリンの合成経路を開発したときとされている．

　市販されているヘテロ環F&F成分のうち，重要なものを図（次ページ）に示す．チアミン分解産物のスルフロール（天然物）は食品に使用されており（肉のにおい），そのエステル（非天然物）は幅広く使用されている．大量では吐き気を催す糞のようなにおいのするスカトールやインドールですら，非常に低い濃度で香水に配合され，ジャスミンの香りや男性的/野性的なにおいの一部を構成している．インドラールはシトロネラールとインドールの混合物であり，それはビスインドリルアミナール（インドール/ヒドロキシシトラネラールシッフ塩基ともよばれる）を含んでいる．また，キノリンも利用されており，特に第二級ブチル誘導体とそれらのイソプロピル類縁体とイソブチル類縁体は定番の皮/木のような香りを微調整するのに役立っている．

　これらのF&F成分は米国においては米国食品医薬品局（FDA）のような政府機関によって規制されている．安全性試験は新薬に対するよりも限定的で，手間も少ないが，生成物の価値に比べるとその費用は高い．これらの規制は世界のある地域においてはさらに厳しく，産業にとってはかなりの脅威である．多くの化合物は低濃度でのみ使用される．この事実は多くの既知の天然物（または天然物に非常に類似したもの）を生産するときやリスク評価を行うときに考慮される．香料消費の許容量，化粧品や家庭用品などで使用する特別な状況を考慮すること，そして，遺伝毒性試験と一般的な毒性試験の結果を踏まえて承認された化合物は，GRAS〔Generally Regarded As Safe（一般に安全と認められる）の頭文字，FDAより食品添加物に与えられる安全基準合格証〕として分類される．

　香味に関して，食品香料添加物の許容量（ときには，たった数ppm）は食品中の天然の構成成分としても消費していることを考慮し，全体からすると少量部分となる添加物の量を決めることによっ

て定められている．たとえば，米国（1999年）においては，食物中，天然由来のピラジンの年間消費量はおおよそ 350,000 kg であり，合成品は 2000 kg である．

香気に関して，その使用基準は最終的な混合物の構成成分における濃度（通常食品添加物よりかなり高い）として定められている．そして，その濃度は皮膚の接触によってどれほど吸収されるか，また，重要な刺激を起こすかの推定に基づいている．

クマリン coumarin
最初に大量生産された香気成分．刈りたての干草の香り

レビスタメル levistamel
カラメル，バルサムの香り

スルフロール sulfurol
調理した肉，ビール，ブランデー，ローストピーナッツなどに含まれるチアミン自然分解産物．こげ/ナッツ/肉のような香り

スルフロールエステル sulfurol ester
香味や香気に含まれる非天然物

シトロネラール citronellal

インドラール indolall
オレンジの香り

スカトール skatole
高濃度では不快な香りであるが，低濃度ではジャスミンの香りとして香水に配合される

ピラロン pyralone
皮/木のような香り

第二級ブチルキノリン（+8位異性体）
皮，木，土のような香り

——おもな市販ピラジン香料——

F&F 成分も受容体に作用し（薬と似ている），同じように構造-活性相関（SAR）を示し，比較的小さな構造変化（キラリティーも含む）もにおいやその強度または"副作用"において非常に大きな変化をもたらす．安全性の予測に対してはきわめて構造的に近い類縁体を使うことが本質的に危険であることはクマリン（化粧品）混合物によってひき起こされた光毒性（紫外線に対して敏感になる）によって実証されている．結局，クマリンそのものは一連のクマリン誘導体のなかで唯一無害なものであることが明らかにされた．光毒性類縁体は 6-メチルクマリンと 7-メチルクマリンと 3,4-ジヒドロクマリンであった（クマリンはある種の食品に自然にかなりの量含有されているが，肝細胞毒としての可能性があるので食品添加物としては許可されていない）．

19・10 毒

多くの人に対してはいかなる問題もひき起こさないような食用植物に存在する天然の非栄養成分が，その影響を受けやすい集団においては深刻な問題をひき起こすことがある．この重要例の一つはソラマメを摂取することに起因する重篤な血液疾患（ソラマメ中毒）である．遺伝学的に特定の酵素が少ない地中海沿岸を起源とする一連の人々にみられる疾患で，直接の溶血性物質であるジビシンによってひき起こされる．

より身近で一般的な問題は食品中で増殖するカビの毒素（マイトトキシン）による汚染である．こ

れによって急性毒性やまたは発がんのような長期に及ぶ影響を受ける．最も古くから知られる例は麦角中毒であり，その原因はカビである．このカビは穀物（特にライ麦）の成長に影響し，そして，製粉中に粉に取込まれる．中毒の原因物質はリゼルグ酸アミドのエルゴタミンである．麦角中毒は手足の重篤な血管収縮を起こし，結果として壊疽を生じ死に至る．この病気は殺カビ剤を使用することによって，そして製粉前の注意深い穀物の調査によって避けることができる．

最も重要なマイコトキシンは一連の *Aspergillus* 属から生産されるアフラトキシン B（このグループでは最も強力な毒）である．これは多くの食物に影響するが，ピーナッツやピーナッツバターのようなピーナッツ製品への影響が最も有名である．カビの成長には温暖多湿の気候が好まれる．急性毒性（重篤な肝障害）は動物であれば普通に起こりうることである．ヒトに限って言えば，長期間少しずつ摂取しつづけることが発展途上国における肝がんのおもな原因となっている．

アフラトキシン B とはまったく異なる毒，オクラトキシン A は悪環境で貯蔵された食品に育成する他の *Aspergillus* 属によって産出される．これは時として，ヒトにおいて突発的かつ重篤な腎臓病をひき起こす．また，広く長期にわたる発がんの可能性があると考えられている．

ジビシン
divicine
ソラマメ中毒の原因物質

エルゴタミン
ergotamine
毒性をもつ麦角アルカロイド

アフラトキシン B₁
aflatoxin B₁
カビ（真菌）性発がん性物質

オクラトキシン A
ochratoxin A
カビ毒

19・11 電気と電子工学

ヘテロ環化合物は電子工学のさまざまな面で数多く応用されている．たとえば，有機伝導体，有機半導体，エレクトロクロミック素子，有機発光ダイオード（OLED）などである．古典的な材料，すなわち，金属は供給の限界と費用の点で問題があり，その点，上述のような有機物質の利用はこれらを回避できる可能性を秘めている．また，それら有機材料はおそらく製品の大幅な縮小化・軽量化に貢献できると考えられている．広範囲な研究がこの領域で行われているが，大容量での応用は期待されているよりも進展が遅い．この見込み（と期待）はまだおそこにある．

最も有用な材料は対のアニオン性成分（モノマーかポリマー）をもつカチオン性ヘテロ環ポリマーまたはオリゴマーからなる伝導性ポリマーである（これらのポリマーは連続的な鎖状ではなく，積層

型の鎖であり，鎖状間を電子が移動する）．

ピロールの酸化的重合でつくられるポリピロールは最初のヘテロ環伝導ポリマーである．たとえば，電子遮蔽シールド，コンデンサー（蓄電器），センサーなどにおいて応用が見いだされた．最初の中性のポリマーは伝導性ではないが，さらに酸化すると反応媒体から対イオンを取込み，カチオンラジカルやジカチオンに部分的に変化し（電子工学用語の"ドーピング"として知られる過程）伝導体材料となる．

ポリピロールよりももっと広い種類のポリマーをつくることができるポリチオフェンは，現在ではより傑出したものであり，静電防止フィルムとして重要な商品化をみてきたが，おそらく OLED の成分としても重要になるであろう．ポリチオフェンはモノマーの重合化によってつくることができ，しなやかなフィルムを形成する．また，インクとしても用いられる．クレヴィオス™ とプレックスコア® の二つが市販品の代表例である．

ポリチオフェン：種々の電子部品に使われる有機伝導体

クレヴィオス™ P
Clevios™ P

プレックスコア®
Plexcore®

クレヴィオス™ M V2
Clevios™ M V2
系内でクレヴィオス™ P を発生する

次に示すテトラチアフルバレン（TTF）を用いた TTF-TCNQ 錯体と多数のその類縁体は，有機伝導体材料の研究における基板として使用されており，電荷移動遷移（チャージトランスファー）過程が起こるための成分配列の結晶構造に依存している．これらの錯体は異方的半導性がある．

結晶電荷移動錯体
（有機半導体）

テトラチアフルバレン
tetrathiafulvalene（TTF）

テトラシアノキノジメタン
tetracyanoquinodimethane（TCNQ）

テトラチアフルバレンはいろいろな方法でつくることができる．たとえば，それ自体は二硫化炭素の還元的な三量化によって得られる 1,3-ジチオール-2-チオン-4,5-ジチオラートから合成される．

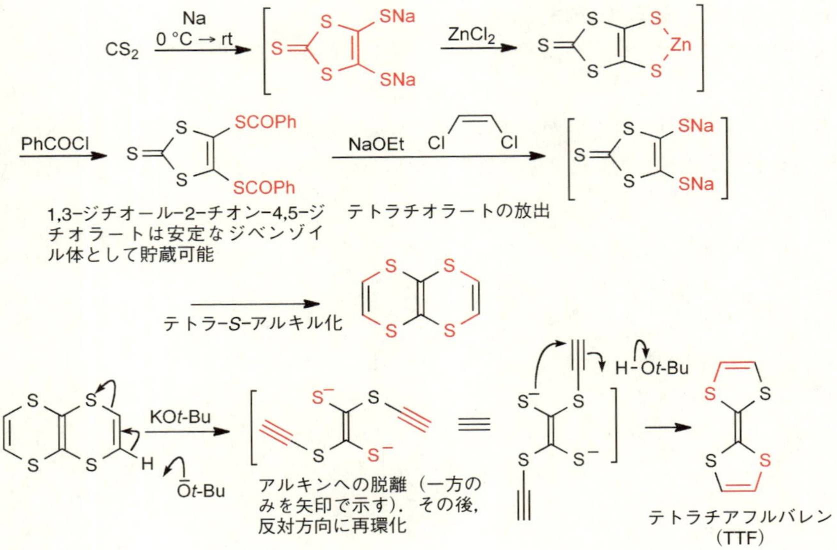
Na
0 °C → rt
CS_2
SNa
ZnCl$_2$
Zn
PhCOCl
SCOPh
NaOEt
Cl
1,3−ジチオール−2−チオン−4,5−ジチオラートは安定なジベンゾイル体として貯蔵可能
テトラチオラートの放出
テトラ−S−アルキル化
KOt-Bu
H−Ot-Bu
Ot-Bu
アルキンへの脱離（一方のみを矢印で示す）．その後，反対方向に再環化
テトラチアフルバレン
（TTF）

電流で発光する多くの電子蛍光材料はヘテロ環を配位子とする金属錯体である．これらは有機発光ダイオード（OLED）への応用に可能性がある．よく確立された（しかも安価な）配位子 8−ヒドロキシキノリンは評判がよく，また，用途に合わせて設計された種々の配位子も利用されている．

OLED において潜在的に有用であると考えられているヘテロ環を配位子とする電子蛍光錯体

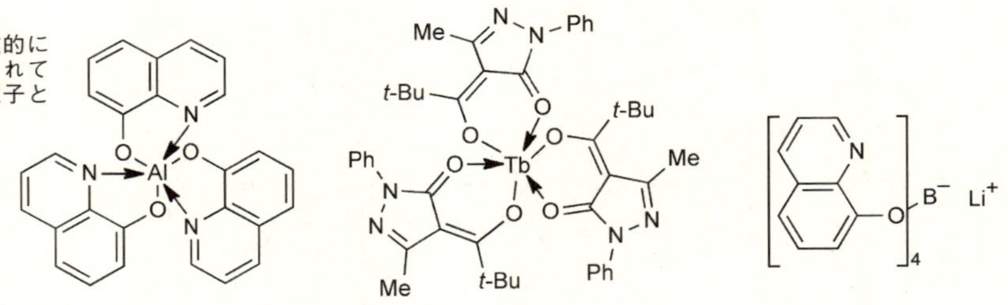
Al
Tb
Me
Ph
t-Bu
B$^-$
Li$^+$
4

索　　　引

あ

IEDDA　22,62,161
IMes　131
アイソザイム　202
IPr　26
亜鉛　29,61,129
アキシアル位　178
アキュラー　202
アクトス　194
アグリコン　192
アクリル酸　132
アクリル酸エステル　30
アクロレイン　78
アゴニスト　193
アザインドリジン　166,168
アザインドール（azaindole）　1,111,112
アザジエン　22
アザシクラジン（azacyclazine）　170
アザシチジン（azacitidine）　206
アザチオドノン　158
アザチオプリン（azathioprine）　206
1-アザビシクロ[1.1.0]ブタン　178
アザピロン等価体　160
アザフルベン（azafulvene）　94,97,188
アザ Michael 反応　94
アジ化水素　155
アシクロビル　205
アシジデミン　192
アジド　23,156
アジドアジン　168
2-アジドケトン　68
亜硝酸　148
亜硝酸エステル　148
亜硝酸塩　43
亜硝酸トリフルオロ酢酸無水物　43
アジリジン（aziridine）　3,172～174,178
アジリン（azirine）　3
2H-アジリン（2H-azirine）　172
o-アシルアニリド　110
N-アシルイミダゾリウム塩　125
N-アシルイミダゾール　125
アシル化　38,87
　　インドールの――　100
　　チオフェンの――　115,117
　　トリアゾールの――　153
　　トリアゾロピリジンの――　168
　　ピロールの――　90
　　プリンの――　147
N-アシル化　38,149

O-アシル化　38
アシル化剤　16,125,157
アシルカチオン　16
アシルトリアゾール　153
N^+-アシルピリジニウム塩　38
1-アシルピリジニウム塩　38,42
N-アシルベンゾトリアゾール　157
アシルラジカル　16
アジン（azine）　6,151,159～162,169
アズラクトン　133
アセタゾラミド　202
アセタール　135,177
2-アゼチジノン（2-azetidinone）　175
アゼチジン（azetidine）　3,173,175,178
アセチル化　111
アセチルコリン（acetylcholine）
　　　　　　　　　　　　196,198,212
アセチルコリンエステラーゼ　199
アセチレン　33
アセチレンカップリング　29
アセチレンジカルボン酸ジエチル　165
アセチレンジカルボン酸ジメチル　93
アセチレン等価体　161
アゼト（azete）　3
アセトアミジン（acetamidine）　67
アセトアミドン　96
アセト酢酸エチル　96
アセトン　86,94,175
アセトン過酸化物　215
アゾ色素　221
1,1′-アゾビステトラゾール
　　　　　　　（1,1′-azobistetrazole）　215
アゾメチンイリド　106,181
1,3-アゾリウムイリド　130
アゾリウム塩　123
アゾール（azole）　9,123,151
　　――の還元　131
　　――の構造　9
　　――の0価パラジウム触媒反応
　　　　　　　　　　　　　129,155
　　――の脱プロトン　128
　　――のN-脱プロトン　153
　　――のペリ環状反応　132
1,2-アゾール　9,123,137
1,3-アゾール　9,123,134～136
アゾールボロン酸　28
アゾン　132
アデニン（adenine）　140,150,189,205
アデノシン（adenosine）　140
アデノシン 5′-一リン酸　141
アデノシン 5′-二リン酸　141
アデノシン 5′-三リン酸　141
アトラジン　213
アトルバスタチン　194,202
アドレナリン（adrenaline）　141,195,200

アトロピン　198
アニリン　77,102,111
アニリンジアゾニウム塩　50
アノマー効果　178
アフラトキシン B　224
アプレゾリン　200
アミジン　67,134,135
アミド　156,183
アミドアニオン　58,73
アミドラゾン　155
アミノアセトアルデヒドアセタール　79
アミノアゾール　133
　　グアニジン（guanidine）　133
o-アミノアリールアルキン　110
o-アミノアリールケトン　78
アミノアルデヒド　82
p-アミノ安息香酸　205
5-アミノイミダゾール-4-
　　　　　　　　　カルボキサミド　149
α-アミノエステル　68
アミノエノール　219
アミノ化　24,109
　　ジアジンの――　58
　　銅触媒を用いた――　34,64
　　ピリジンの――　73
アミノカルボニル　30
アミノ基　12,142
α-アミノケトン　68,95
α-アミノ酸　133,182,185,217
アミノジアジン　57,65
5-アミノテトラゾール　215
アミノ糖　219
アミノピリジン　49,50
アミノピリミジン　56,67
β-アミノ-α,β-不飽和カルボニル化合物
　　　　　　　　　　　　　　　139
アミノプリン　148
アミノマロノニトリル　135
γ-アミノ酪酸　196
5-アミノレブリン酸
　　　　　（5-aminolevulinic acid）　188,208
アミロバルビトン　201
アミン　82,84,95,183
　　――の脱保護　96
　　――の脱離　107
アムロジピン　200
アメーバ赤痢　204
アリステロマイシン　141
アリピプラゾール　194
亜硫酸水素塩　43
β-アリールアミノエノン　77
アリルアルコール　173,180
アリールアルデヒド　77
アリル位　114

索引

あ

2-アリールエタンアミン 77,78
N-アリール化 34
 イミダゾールの―― 127
 インドールの―― 103
 ウラシルの―― 64
 銅触媒を用いた―― 34,64
 トリアゾールの―― 153
 ピラゾールの―― 127
 ピロールの―― 92
 プリンの―― 145
アリールチオ基 145
アリールパラジウムハロゲン化物 32
アリールヒドラジン 31,109
アリールヒドラゾン 108,109
rRNA 188
RNA 56,140,188,193
RNA ウイルス 189
RNA 塩基 55
アルカロイド 190
o-アルキニルアリールアルデヒド 79
o-アルキニルピリジニルアルデヒド 80
アルギニン (arginine) 220
アルキルアジド 155
o-アルキルアリールイソシアニド 110
アルキル化 101,147,148
C-アルキル化 90
N-アルキル化 64
 核酸塩基の―― 205
 テトラゾールの―― 153
 トリアゾールの―― 153
 ピラゾールの―― 124
 プリンの―― 142,144
アルキル化剤 83,205
アルキル基 12
アルキルチオ基 145
N-アルキルピラゾリウム塩 124
1-アルキルピリジニウム塩 38,42
N^+-アルキルピリジニウム塩 46
アルキルリチウム 41
アルキン 138
アルキン等価体 155
N-アルケニル化 128
アルケン 33,179
3-アルコキシエノン 21
アルコキシ基 12
アルコキシピリリウム 83
アルコール 177
アルコールデヒドロゲナーゼ 186
RDX 215
アルデヒド 13,17,20,52,78,94,138,148
アルドール縮合 52,78,85,87,95
アルドール反応 82
α 位 2
α 受容体 200
アルプラゾラム 201
アレルギー 196
1-アロイルベンゾトリアゾール 90
アログリセム 200
アロステリック結合 194
アンゲリカラクトン (angelica lactone) 120
アンタゴニスト 193
アンチピリン 132
アンテリリウム 199
アントシアニン 191,209,221
アントラニル (anthranil) 3
アントラニル酸 111
アンモニア 50,82,95,108,150,218
アンモニウム塩 99

い

硫　黄 147,151,157
イサチン (isatin) 78,107,108,111
胃酸分泌 197
いす形配座 176,178
イソインドール (isoindole) 3
イソオキサゾリン 131
イソオキサゾール (isoxazole) 2,123
 ――の合成 23,137,138
 ――の水素化分解 131
 ――の C-脱プロトン 129
 ――の pK_{aH} 10,123
 ――のリチオ化 129
イソキノリニウム 71,72,74
イソキノリン (isoquinoline) 2,6,71,191
 ――の還元 75
 ――の求核置換反応 72
 ――の求電子置換反応 71
 ――の求電子付加反応 71
 ――の合成 77〜79
 ――の構造 6
 ――の酸化 75
 ――の臭素化 72
 ――の 0 価パラジウム触媒反応 75
 ――のニトロ化 72
 ――の pK_{aH} 71
 ――の C-メタル化 75
イソキノリン N-オキシド 77,80
イソキノロン 83
イソクマリン (isocoumarin) 83
イソクロミリウム (isochromylium) 81
イソシアナート 128,138
イソシアニド 96,110,136
イソチアゾール (isothiazole) 2,123
 ――の合成 139
 ――の pK_{aH} 10,123
 ――の C-メタル化 128
 ――のリチオ化 128
イソニアジド 204
イソニコチン酸 47
イソニトリルエノラート 129
イソベンゾフラン (isobenzofuran) 3
イソマルトール (isomaltol) 218,219
一重項酸素 119,132,207
位置選択性 35,73,89
1 炭素ユニット 20
位置番号 1
一酸化炭素 30,33,67
一般名 2,193
イドクリジン 205
イノシン (inosine) 140,190
イプソ置換 11,15,86
イミグラン 200
イミダクロプリド 212
イミダゾイルアニオン 127
イミダゾトリアジン (imidazotriazine) 166
イミダゾピリジン (imidazopyridine) 164,166〜168
イミダゾピリミジン (imidazopyrimidine) 166
イミダゾリウム塩 131
1H-イミダゾリウムカチオン (1H-imidazolium cation) 123

イミダゾール (imidazole) 2,123,140
 ――の N-アリール化 127
 ――のクロスカップリング 130
 ――の合成 134,135,161
 ――の構造 9
 ――の臭素化 126
 ――の pK_a 10,127
 ――の pK_{aH} 10,123
 ――の C-メタル化 128
 ――の N-メタル化 127
 ――のリチオ化 128
 ――をもつアミノ酸 182
イミダゾールカルベン 131
イミニウム 13,14,48,90,102,105
イミニウム求電子種 101
イミノエーテル 135
イミン 5,15,55,135,186
 ――の OXONE® による酸化 175
 ――の加水分解 20,186
 ――の生成 20,78,186
イミン窒素 123,182
イムラン 206
医薬品化学 111,193
イリド 47,130,167,174,186
イリノテカン 206
イオン 21,54
インジゴ (indigo) 107,209
インジゴカルミン 209
インダジフラム 213
インダシン 202
1H-インダゾール (1H-indazole) 3
インドキシル (indoxyl) 107,111
インドメタシン 202
インドラミン 200
インドラール (Indolall) 222
インドリウム塩 106
3H-インドリウムカチオン 99,102
インドリジニウム 165
インドリジン (indolizine) 165,168
インドリルアニオン (indolyl anion) 102
インドリン (indoline) 106,108
インドール (indole) 2,8,99
 ――のアシル化 100
 ――の N-アリール化 103
 ――のアルキル化 101
 ――のアルケニル化 31
 ――の還元 105
 ――の求電子置換反応 99
 ――の合成 108
 ――の構造 8
 ――の酸化 105
 ――の臭素化 14,101
 ――の 0 価パラジウム触媒反応 105
 ――の脱プロトン 107
 ――の N-脱プロトン 102
 ――の Diels-Alder 反応 107
 ――のニトロ化 101
 ――のハロゲン化 14,101
 ――の pK_a 10,102
 ――のペリ環状反応 106
 ――の Mannich 反応 100,101
 ――の C-メタル化 103
 ――の N-メタル化 102
 ――のリチオ化 104
 ――をもつアミノ酸 182
インドールアルカロイド 195,206
インドレニウムカチオン 99
インドレニン 107

索 引

インビラーゼ 205

う〜お

van Leusen 合成法 96
Wittig 反応 82
ウイルス 203,205
ウインタミン 201
Wolff-Kischner 還元 117
ウラシル (uracil) 55,63〜67,190
ウラシル等価体 60
ウリジン (uridine) 55
ウリジン一リン酸 55
ウリジン三リン酸 55

AICA 149
ANRORC (addition of nucleophilic ring opening ring closure) 57,65,75,143
AMP 141
ALA 207
$exo\text{-}tet$ 環化 178
$exo\text{-}trig$ 環化 179
エキソ付加 46,118
エクアトリアル位 177
AGE 220
ACh 196,198
S_N2 反応 173
エステル 12,30,86,94,96,155
SPhos 26
sp^2 混成炭素 5
sp^2 混成窒素 5
sp^3 混成炭素 11
AZT 205
エソメプラゾール 194
エチレンイミン (ethylene imine) 3
エチレンオキシド (ethylene oxide) 3
エチレンスルフィド (ethylene sulfide) 3
エチレン等価体 162
Eschenmoser 塩 14
H 1
H_1 拮抗薬 196
H_1 受容体 196
H_2 拮抗薬 197
H_2 受容体 197
HIV 189
HMF 218
HMG-CoA 還元酵素 202
HMG-CoA レダクターゼ 202
ATP 141,203
ADP 141
エトドラク (etodolac) 202
エナミド 43
エナミノケトン 53
エナミン 20,51,52,108,133,138
　　——の加水分解 20
　　——の生成 20,72,96,138,186
　　——のプロトン化 46
　　——を用いた Diels-Alder 反応 22,161
エナンチオマー 40
NSAID 202
NHC 131
$NADP^+$ 184
NADPH 185
NFSI 14
NMP 172

NTO 216
NBS 118
エノラート 29,51,82,85,96
エノール 85,120
エノールエーテル 30
エノン 51
エピスルフィド (episulfide) 172
エピスルホン 174
エビリファイ 194
FAD 185
$FADH_2$ 185
FDA 222
エポキシ化 180
エポキシド (epoxide) 110,172,173,179
MIDA 36
mRNA 188
M5 繊維 211
LLM-105 215
エルゴタミン 191,224
LDA 18,116
Erlenmeyer アズラクトン 133
エレクトロクロミック素子 224
エンオン 21
鉛化アジド 216
塩化アルミニウム 39
鉛化スチフナート 216
塩化チオニル 64,157
塩化鉄(Ⅲ) 93
塩化トリアルキルスズ 17
塩化物 27,146,147
塩化ベンゾイル 74
塩化ホスホリル 13,53,64
塩基性度 10
塩基配列 189
エンジアミン 68
エンジオール 218
エンジオン 66
エンド付加 46,85,119

黄斑変性 207
OLED 224,226
オキサジアジノン 160,161
オキサジアゾール (oxadiazole) 157〜159
オキサジリジン (oxaziridine) 175
1,3-オキサゾリウム-5-オラート 133
オキサゾリルスタンナン 28
オキサゾール (oxazole) 2,123
　　——の合成 135
　　——の C-脱プロトン 129
　　——の pK_{aH} 10,123
　　——のリチオ化 129
1,2-オキサチオラン-2,2-ジオキシド 143
オキサノシン 141
2-オキシイミノケトン 68
オキシインドール (oxindole) 31,105,107,111
オキシ塩化リン 13,53,64
S-オキシ化 119
オキシジアジン 57,63
N-オキシド 48,56,57,71,76,80,145
　　——の求核置換反応 48
　　——の求核付加反応 48
　　——の求電子置換反応 48
　　——の求電子的パラジウム化 34
　　——の求電子付加反応 65
　　——の生成 38
オキシヘモグロビン 188

オキシム 80,96,111,138,199
オキシラン (oxirane) 3,172,178,179
オキセタン (oxetane) 3,175,178
$2H$-オキセット ($2H$-oxete) 3
オキソ基 142
オキソトランスフェラーゼ 145,183
オキソピリミジン 56
オキソプリン 147
OXONE® (オクソン) 175
オクラトキシン A 224
オステラック 202
オゾニド 119
オメプラゾール 194,198
オランザピン 194,201
オルト位 12,40
　　——のメタル化 44
　　——のリチオ化 19
オルト位誘導脱プロトン 116
オルト位誘導メタル化 116
オルトギ酸トリエチル 136
オレフィンメタセシス 181
オンダンセトロン 193,199

か

開　環 82,173,175
概日リズム 182
カイトリル 200
海　綿 192
過塩素酸塩 81,86
核　酸 56
核酸塩基 56,140,205
角ひずみ 173
化合物名 1
過　酸 38,175,179
過酸化水素 118,215
過酸化物 (peroxide) 215
加水分解 20
　　アセチルコリンの—— 199
　　イサチンの—— 78
　　イミニウムの—— 13
　　イミンの—— 20,186
　　エステルの—— 94,96
　　エナミンの—— 20
　　糖の—— 144
　　ニトリルの—— 154
　　ペプチド結合の—— 182
　　$β$-ラクタマーゼによる—— 176
ガスター 197
ガストロゼピン 198
カチオン性ヘテロ環ポリマー 224
カチオン中間体 11
カチオンラジカル 93,225
活性メチレン 29,95
カップリング反応 105,129
カテコールアミン 195
カフェイン (caffeine) 142
花粉症 182
過マンガン酸酸化 161
カラメル化 218,219
カルコン (chalcone) 85
カルシウム拮抗薬 52,200
カルバゾール 102,106
カルバヌクレオシド 141
カルバミン酸 58,104
カルバミン酸エステル 212

カルビノールアミン 20
カルベン 25,130
カルベンダジム 214
カルベン配位子 26
α-カルボアニオン 156
α-カルボカチオン 156
3-カルボキサミド 100
N-カルボキシ化 104
カルボニウムイオン 16
カルボニル α 位 20
カルボニル化 24,30,33
1,1′-カルボニルジイミダゾール
　　　　　(1,1′-carbonyldiimidazole) 125
カルボニル炭素 17,20,176
カルボニル等価体 21,51
1,3-カルボニル等価体 54
β-カルボリン 101
カルボン酸 53,152
カルボン酸等価体 152
加齢黄斑変性 207
がん 205,207,220
還元 45,95,109
　──による α-アミノケトンの生成 68
　アゾールの── 131
　イソキノリンの── 75
　インドリジンの── 165
　インドールの── 105
　オキシムの── 96
　キノリンの── 75
　チオフェンの── 117
　ニトロ基の── 109
　ピリジンの── 45
　ピロールの── 93
還元剤 48,93,96,148,185
還元的アルキル化 148
還元的環化反応 110
還元的脱離 25,32,33
還元糖 177
環縮合位 164
環状一リン酸エステル 141
環状ヘミアセタール 82
乾癬 207
完全飽和体 165
カンデルサルタン 193
環反転 176
カンファー 175
カンプト 207
カンプトテシン 206
慣用名 1,2
顔料 209

き

ギ酸 155
ギ酸エステル 161
キサンチン (xanthine) 142,145
キサンチンオキシダーゼ 145,184
キサントプテリン (xanthopterin) 184
寄生虫 203
拮抗薬 193,195
キナゾリン (quinazoline) 2,55,169
キニーネ (quinine) 191,204
キノキサリン (quinoxaline) 2,55
キノリジニウム (quinolizinium) 164,169
キノリジノン 164,169

4H-キノリジン (4H-quinolizine) 164
キノリニウム塩 71,74
キノリニウムカチオン 72
キノリノン 77
キノリン (quinoline) 2,6,71,222
　──の還元 75
　──の求核置換反応 72
　──の求電子置換反応 71
　──の求電子付加反応 71
　──の合成 77,78
　──の構造 6
　──の酸化 75
　──の臭素化 14,72
　──の 0 価パラジウム触媒反応 75
　──のニトロ化 72
　──のハロゲン化 14
　──の pK_{aH} 10,71
　──の Minisci 反応 16
　──の C-メタル化 75
キノリンアルカロイド 204
キノリン N-オキシド 71,76
キノロン 83
キノロン系抗菌薬 204
起爆薬 214
キモトリプシン 182
逆 Diels-Alder 反応 84,132,161
逆転写 189
逆電子要請型 Diels-Alder 反応 (inverse-
electron-demand Diels-Alder reaction)
　　　　　22,62,161
キャラック 206
求核剤 15,81
求核触媒 38,49
求核性ラジカル 16
求核置換反応 15
求核的開環 173
求核付加反応 17
求ジエン体 62
吸収移行型除草剤 213
求双極子体 22
求電子剤 11
求電子置換反応 11
求電子的イプソ置換反応 11
求電子的イミニウム中間体 100
求電子的パラジウム化 33
求電子的フッ素化剤 15
求電子付加反応 38
強塩基 19
鏡像異性体 40
橋頭位 164
橋頭窒素 164
共鳴エネルギー 4,5,8
共鳴寄与体 4
共鳴効果 5,8,12
共鳴構造 4
共鳴混成 4
共役イノン化合物 21
共役求核付加 107
共役酸 11
共役付加反応 101
共有結合 194
極限構造 4
極性溶媒 36,46
キラル有機触媒 101
金属交換 32,34
金属水素化物 106
金属-ハロゲン交換反応
　　　　　18,44,92,104,117

く～こ

グアニジン (guanidine) 65,67
グアニン (guanine) 140,189,205
グアノシン 141
Guareschi ピリジン合成法 52
クエチアピン 194
クエルセチン 192
クエルセトリン 192
駆除剤 211
駆虫薬 203
Knorr 合成法 95
熊田-玉尾-Corriu カップリング 28
クマリン (coumarin) 83,86,192,222,223
クマリン酸 86
Claisen 縮合 86
グラニセトロン 193,199
Grubbs のオレフィンメタセシス 181
グラミン (gramine) 101
クラリチン 196
クラーレ 198
グリオキサール (glyoxal) 217,218
グリコーゲン 56,217
グリシン 133,188,195,196
グリセロール 78
クリック反応 (click reaction) 155
Grignard 反応剤 19,28,44,96,116
グルカゴン 141
グルコース 177,219
グルコピラノース 177
グルタコンアルデヒド 86
グルタミン酸 196
クレヴィオス™ 225
クレスター 194
グレープフルーツ (ジュース) 203
Clemmensen 還元 115
クロスカップリング 24,26,30
　──の反応機構 32
　イミダゾールの── 130
　チアゾールの── 130
　チオフェンの── 117
　テトラゾールの── 155
　トリアジンの── 161
　トリアゾールの── 155
　ピラゾールの── 130
　ピリジンの── 45
　ピロールの── 92
　2-ピロンの── 85
　フランの── 117
　プリンの── 147
クロピドグレル 194
クロミリウム 191
クロモン (chromone) 83,86,87
クロラニル 78
クロラミン T 180
クロラール 111
クロルフェニラミン 197
クロルプロマジン 201
クロロアセチル基 91
クロロイミニウム 13,79
m-クロロ過安息香酸 118
クロロジアジン 58
クロロフィル (chlorophyll) 94,187
ケイ素 11,12,29,144

索引

血液脳関門 196
KDNBF 216
1,3-ケトアルデヒド 86
ケトエステル 52
1,3-ケトエステル 95
β-ケトエステル 87
α-ケトオキシム 95
α-ケト酸 185
ケトロラク 202
ケトン 12,30,94
ゲムシタビン 206

五員環 176,178
五員環ラクタム 107
抗ウイルス薬 205
抗HIV薬 205
光化学療法 207
抗がん剤 199,205
抗感染薬 203
抗寄生虫薬 203
抗菌薬 204
抗高血圧薬 52
抗コリンエステラーゼ薬 198
抗真菌薬 204
合成等価体 21,53
光線力学的療法 207
酵素 193
酵素酸化 145
酵素阻害薬 202
高分子 211
抗マラリア薬 203
5-HT 182,196,199,201
5-HT$_3$拮抗薬 199
5-FU 206
五酸化二窒素 43
小杉-右田-Stille カップリング 24,28,62
枯草熱 182,196
五炭糖 190,221
Co-トリモキサゾール 205
コドン 190
コニイン 191
コハク酸 188
コペガス 205
互変異性 49,56,151,154
コリナージック 198
五硫化二リン 64,121,139
コリン 198
コリンエステラーゼ阻害薬 198,212
コレステロール 202
コンビナトリアルケミストリー 195
Combes 合成法 77

さ

細菌 203
サイクリックアデノシン 3',5'-一リン酸 141
サイクリック AMP 141
サイクリックグアノシン 3',5'-一リン酸 141
サイクリック GMP 141
ザイロン-PBO 211
サキナビル 205
酢酸パラジウム 25

殺菌剤 214
殺鼠剤 214
殺虫剤 199,212
作動薬 193
サリチルアルデヒド 87
サリン 199,212
三員環 172,178
酸塩化物 74,97,157
三塩化リン 47
酸化 45
　アルケンの—— 179
　イソキノリンの—— 75
　インドールの—— 105
　OXONE®による—— 175
　キノリンの—— 75
　チオフェンの—— 117
　尿酸への—— 145
　ピリジンの—— 45
　ピロールの—— 93
　フランの—— 118
　プリンの—— 145
S-酸化 117
酸化剤 34,51,58,175,185
酸化窒素 174
酸化的環化 159
酸化的重合 225
酸化的付加 32,33,35
3 価ルイス 48,174
三酸化硫黄 38
酸触媒開環 174
酸性度 10
酸性メチレン 20
酸素 147,151,157
酸素転移酵素 183
酸素転移反応 180
ザンタック 197
3-TC 205
三フッ化ホウ素 115,173,175
酸無水物 157

し

次亜塩素酸 t-ブチル 180
ジアザジエン 22
ジアジノン 63
ジアジリジン (diaziridine) 175
ジアシルヒドラジン 155
ジアジン 6,55,160,161
　——のアミノ化 58
　——の塩基性 56
　——の求核置換反応 57
　——の求核付加反応 59
　——の構造 6
　——の脱プロトン 59
　——の Diels-Alder 反応 62
　——の Minisci 反応 59
　——の C-メタル化 59
　——のリチオ化 60
ジアジンジアゾニウム塩 66
ジアセチル 218
ジアゼパム 201
ジアゾアジン 168
ジアゾアルカン 138
ジアゾ化 50,134,148
ジアゾキシド 200

2-ジアゾケトン 68
ジアゾ酢酸エチルエステル 162
ジアゾテトラゾール 215
ジアゾ転位 169
ジアゾナミド A 192
ジアゾニウム塩 50,66,148,215
ジアゾール 9,157
シアヌル酸 (cyanuric acid) 159
シアノアセトアミド 52
シアノ基 12,94,97
シアノコバラミン (cyanocobalamin) 187
3,5-ジアミノ-2,6-ジニトロピリジン
　　　　N-オキシド 215
ジアミノピリミジン 204
4,5-ジアミノピリミジン 149
3,4-ジアミノフラザン 216
ジアミノマレオニトリル
　　　　(diaminomaleonitrile) 68
1,2-ジアミン 68
GRAS 222
3-ジアルキルアミノエノン 21
ジアルキルアミノメチル化 13
1,5-ジアルデヒド等価体 51
シアン化水素 62,150,161
シアン化物 74
1,3-ジイン 121
cAMP 141
ゼノフィル 21,62,84,118,132
GABA 196
ジェムザール 206
ジエン 8,21,62,84,93,106,119,161
ジエンオン 82
四塩化スズ 115
四塩化チタン 90,97
COX 202
ジオキサン (dioxane) 3,172
S,S-ジオキシ化 119
ジオキシプリン 142
ジオキシラン (dioxirane) 175
ジカチオン 93,225
1,2-ジカルボニル化合物 52,67,68,217
1,3-ジカルボニル化合物
　　　　52,67,77,87,137
1,4-ジカルボニル化合物
　　　　66,95,115,118,120,135
1,5-ジカルボニル化合物 50,51,85,86
α-ジカルボニル化合物 217,220
1,5-ジカルボニル中間体 52
色素 94,187,209,221
σ 結合 4
σ 錯体 11,15
シクラジン (cyclazine) 166,170
シクロオキシゲナーゼ 202
シクログアニル (cycloguanil) 203,204
シクロヘキサノン 108
シクロペンタジエニルアニオン 7
シクロペンタジエン 162
ジクロロイソシアヌル酸ナトリウム 160
ジクロロビス(トリ-o-トリルホスフィン)
　　　　パラジウム(II) 25
ジクワット 214
ジケトン 52
1,3-ジケトン 21,53,86,95,137
1,4-ジケトン 120,218
1,5-ジケトン 51,85
自己縮合 68,95,219
cGMP 141,203
システイン (cysteine) 217,220

し

ジスルフィド　17, 198
シチジン (cytidine)　55
C_2N ユニット　52
シッフ塩基　222
CDI　125
自動酸化　105
シトシン (cytosine)　55, 189, 205
シドノン (sydnone)　157
ジトブジン　205
シトロネラール (citronellal)　222
2,4-ジニトロクロロベンゼン　74
4,6-ジニトロベンゾフロキサン　216
ジビシン　223
2,3-ジヒドロインドール　108
2,5-ジヒドロ-2,5-ジメトキシフラン　21, 114, 118
ジヒドロ中間体　16, 43, 72
ジヒドロテトラジン　163
4,5-ジヒドロ-1,2,3-トリアゾール　23
ジヒドロピラジン　68, 95
3,4-ジヒドロ-2H-ピラン　177
ジヒドロピリジン　43, 46, 50, 52
1,4-ジヒドロピリジン　185, 200
ジヒドロピリダジン　66
ジピロメタン　94
ジピロール　97
ジプレキサ　194
シプロキサン　204
シプロフロキサシン　204
脂肪族ヘテロ環化合物　3
ジボロン　27
Dimroth 転位　65, 142, 148
1,3-ジメチルイミダゾール-2-イリデン　131
シメチジン　197
ジメチルアミノエタノール　43
ジメチルアミノ化　14
4-ジメチルアミノピリジン　49, 91
ジメチルアミノメチル化　115
ジメチルアミン　14, 101
ジメチルジオキシラン (dimethyldioxirane)　175
ジメチルスルホキシド　105, 172
N,N-ジメチルホルムアミド　13, 172
N,N-ジメチルホルムアミドアジン　155
N,N-ジメチルホルムアミドジメチルアセタール　20, 51, 109, 138
2,4-ジメトキシピリミジン　60
四面体ボロン酸　33
遮断薬　193
Sharpless エポキシ化　180
シュウ酸ジエチル　86
臭素化　14, 18
　チアゾールの——　126
　イソキノリンの——　72
　イミダゾールの——　126
　インドールの——　14, 101
　キノリンの——　14, 72
　チオフェンの——　114
　トリアジンの——　160
　トリアゾロピリジンの——　168
　ピリジン N-オキシドの——　48
　ピリミジンの——　56
終末糖化産物　220
酒石酸ジエチル　180
受容体　193
松果体　182
硝　酸　107, 126

商品名（商標名）　193
触　媒　25
触媒サイクル　32
触媒量　24
除草剤　213
シリル化　64, 147
シルデナフィル　141, 202
シングレア　194
神経伝達物質　182, 193, 195
Zincke 塩　74
心臓血管薬　200
シンノリン (cinnoline)　2, 55

す〜そ

水　銀　144
水酸化物　81, 82
水酸化物イオン　57
水　素　1, 41, 58, 73
水素イオン　185
水素移動　97
水素化物イオン　83, 85, 185
水素化分解　59, 118, 131
水素化ホウ素ナトリウム　46
水素結合　56, 189, 194
水和物　168
スカトール (skatole)　222
Skraup 反応　77
ス　ズ　18, 28, 36, 59
鈴木-宮浦カップリング　24, 26, 36, 62
スタチン　202
スタンニルピリジン　37
Stille カップリング　24, 28, 62
ストリキニーネ　191, 195
スピロ中間体　102
スマトリプタン　199
スルファメトキサゾール　204, 205
スルフィド　17
スルフィナート　97, 116, 145
スルフェニル化　100
スルフロール (sulfurol)　222
スルホナート　97
スルホニル化　38
スルホニル基　145
N^+-スルホニルピリジニウム塩　38
1-スルホニルピリジニウム塩　38
スルホラン (sulfolane)　172
スルホン　148, 152
スルホンアミド系抗菌薬　204, 205
スルホン化　100, 147

セカンドメッセンジャー　141
接触型除草剤　213
接触水素化　96
セファロスポリン系抗生物質　176
セファロスポリン C　204
セプトリン　204
セムテックス　215
セラゾール-PBI　211
セリン　183, 199
セルロース　213
セレクトフルオル^{TM}　14, 100
セレコキシブ　202
セレブレックス　202
0 価パラジウム　24

0 価パラジウム〔Pd(0)〕触媒反応　24, 45, 61
　——の反応機構　31
　アジンの——　161
　アゾールの——　129
　イソキノリンの——　75
　インドールの——　105
　キノリンの——　75
　チオフェンの——　117
　テトラゾールの——　155
　トリアジンの——　161
　トリアゾールの——　155
　ピリジンの——　31
　ピロールの——　92
　フランの——　117
　プリンの——　147
セロクエル　194
セロトニン (serotonin)　182, 196, 199
遷移金属触媒　105, 109
遷移状態　12
全草型除草剤　213
選択性　35
染　料　209

相関移動触媒　102
双極子　5, 106
1,3 双極子　181
双極子モーメント　5, 8
双極付加環化反応　22, 106, 168
1,3 双極付加環化反応　83, 133, 138
速度（論）支配　119
ソトロン (sotolone)　217
薗頭カップリング　24, 29, 33
ゾビラックス　205
ゾフラン　200
ソラナックス　201
ソラマメ中毒　223
ソラレン (psoralen)　208
ゾルピデム　201
ソルビン酸エチル　97

た〜つ

ダイアジノン　212
ダイアモックス　203
ダイフルカン　204
第四級アンモニウム塩　59, 65, 97, 153
タガメット　197
脱アミノ　185
脱カルボニル　86
脱　水　95, 150
脱水素　136, 138
C-脱水素反応　103
脱炭酸　86, 94, 133, 185, 220
脱ハロゲン化水素　138
脱プロトン　8, 11, 167
　アゾールの——　128
　インドールの——　107
　ジアジンの——　59
　チオフェンの——　116
　ピリジンの——　43
　ピロールの——　92
　フランの——　116
　プリンの——　146
C-脱プロトン　129

索　引

N-脱プロトン　63, 127
　　インドールの――　102
　　テトラゾールの――　153
　　トリアゾールの――　153
　　ピラゾールの――　127
　　ピロールの――　91
　　プリンの――　144
O-脱プロトン　191
脱保護　116
脱離基　15, 35
N-脱リボシル　144
タートラジン　132, 221
タバコ　190
2,2':6',2''-ターピリジン　51
炭　酸　94
炭酸脱水酵素阻害薬　202
タンパク質　182

チアジアゾール（thiadiazole）　157〜159
チアゾリウムイリド　131
チアゾール（thiazole）　2, 123, 197, 216
　――のクロスカップリング　130
　――の合成　134, 135
　――の臭素化　126
　――のpK_{aH}　10, 123
　――のC-メタル化　128
　――のリチオ化　128
チアゾール-2-オン（thiazol-2-one）　132
チアミン　131, 184, 186
チアミン二リン酸　186
チアミンピロリン酸　186
チアミン分解産物　222
チアメトキサム　212
チイラン（thiirane）　3, 172, 174, 180
チエタン（thietane）　3, 175, 179
2H-チエト（2H-thiete）　3
チエニルリチウム反応剤　116
チオエノラート　121
チオカルボニル　67
チオシアナート　180
チオ尿素（thiourea）　67, 134, 180
チオフェン（thiophene）　1, 2, 114, 216
　――のアシル化　115, 117
　――の還元　117
　――の求電子置換反応　114
　――の共鳴エネルギー　8
　――のクロスカップリング　117
　――の合成　120
　――の構造　7
　――の酸化　117
　――の臭素化　114
　――の0価パラジウム触媒反応　117
　――の脱プロトン　116
　――のDiels-Alder反応　119
　――のニトロ化　114
　――のペリ環状反応　118
　――のホルミル化　115
　――のMannich反応　115
　――のC-メタル化　116
　――のリチオ化　116
チオフェン型硫黄　123
チオフェン-3-ボロン酸　27
チオプリン　148
チオペントン（thiopentone）　201
チオン　64
チタン　110
Chichibabin反応　41, 58, 161
窒　素　62, 151, 158, 161

チミジン（thymidine）　55
チミン（thymine）　55, 189, 205
チモプトール　200
チモロール　200
着色剤　209
着色料　221
Chan-Lamカップリング　35
中間体　11, 12
超求核剤　59
直接(的)アリール化　24, 34
直接的オルトメタル化（directed ortho metallation）　19, 44, 110, 167
チリアンパープル（Tyrian purple）　209
痛　風　142
ツベルシジン　141
ツボクラリン　198

て

7-デアザプリン　141
TIPS　90, 91
tRNA　141, 188
DAF　216
THF　3, 172
THP　177
DADNPO　215
DNA　56, 140, 188, 193
DNA塩基　55
TNT　215
DNBF　216
DMSO　172
DMAP　49, 91
DMF　13, 17, 53, 128, 172
DMFDMA　50, 51, 109, 138
TosMIC　96, 135
DoM　19, 44, 75, 110, 167
ディオバン　194
低原子価チタン　110
TCNQ　225
DCC　135
TTF　225
DDQ　58
dba　26
TBAF　12
TPP　186
dppe　26
dppf　26
DMAP（ディーマップ）　49
Diels-Alder反応　21
　アジンの――　161
　インドールの――　107
　エナミンを用いた――　22, 161
　オキサジアジノンの――　161
　ジアジンの――　62
　チオフェンの――　119
　テトラジンの――　161
　トリアジンの――　161
　ピリダジンの――　62
　2-ピリドンの――　46
　ピロールの――　93
　2-ピロンの――　84
　フランの――　119
デオキシグアノシン（deoxyguanosine）　140

3-デオキシグルコソン　218
2,6-デオキシフルクトサジン　219
デオキシリボ核酸　56, 140, 188
デオキシリボシド　55, 148
デオキシリボシル化　144
デオキシリボース　140, 189
テオフィリン（theophylline）　142
テオブロミン（theobromine）　142
デジレル　201
徹底的還元　117
テトライソプロポキシチタン　180
テトラキストリフェニルホスフィンパラジウム(0)　25
2,3,5,6-テトラクロロ-1,4-ベンゾキノン　78
テトラシアノキノジメタン（tetracyanoquinodimethane）　225
テトラジン（tetrazine）　6, 22, 159〜162
テトラゼン（tetrazene）　215
テトラゾール（tetrazole）　9, 10, 151〜156, 215
テトラゾロピリジン　167, 169
テトラチアフルバレン　225
1,2,3,4-テトラヒドロカルバゾール　102, 108
2,3,4,5-テトラヒドロ-2,5-ジメトキシフラン　21
テトラヒドロチアピラン　179
テトラヒドロチオフェン　179, 187
テトラヒドロピラン（tetrahydropyran）　3, 177
テトラヒドロピリジン（tetrahydropyridine）　46, 181
テトラヒドロフラン（tetrahydrofuran）　3, 172, 177
テトラヒドロホウ酸ナトリウム　46
テトラヒドロ葉酸（tetrahydrofolic acid）　183, 205
テトラピロール色素　188
テトラフルオロホウ酸塩　81
テトロン酸（tetronic acid）　120
デヒドロ体　165
テモゾロミド　159, 206
テモダール　206
デラビルジン　205
2,2':6',2''-テルピリジン　51
デルフィニジン 3-O-グルコシド　191
テロメスタチン　192
転位反応　102
電気陰性度　5
電子環状反応　46, 106, 108
電子求引基　12
電子求引効果　42, 50, 103, 125, 128
電子供与基　12
電子蛍光材料　226
電子効果　180
電子工学　224
電子不足芳香族化合物　39
転　写　189
伝導性材料　93
伝導性ポリマー　224
天然物　195

と

糖　141, 144, 177, 189, 218, 219

索引

銅　30,103,127,145,153,155
　　——触媒を用いたアミノ化　34,64
　　——触媒を用いたN-アリール化　34,64
銅求核剤　43
統合失調症　201
糖尿病　221
銅フタロシアニン　210
ドクニンジン　190
トシルアジド　169
トシルメチルイソシアニド　96
トシルメチルイソニトリル　135
ドーパミン（dopamine）　196,201
ドーピング　93,225
トポイソメラーゼⅠ　206
Traube 合成法　149
トラゾドン　201
トランスファー RNA　188
トランス付加　121
トランスメタル化　32,34
トリアジン（triazine）　1,6,159～162,204
トリアゾール（triazole）
　　　　　　9,146,151～155,204,214
トリアゾロピリジン（triazolopyridine）
　　　　　　　　　　　　166～169
トリアルキルシリル基　11,90
トリアルキルボラート　17,18
1-トリイソプロピリシリルピロール　90
トリエチルアミン　25
1,3,5-トリカルボニル化合物　86
トリクロロアセチル基　91
トリクロロアセチルクロリド　90
1,3,5-トリケトン　86
トリシクラゾール　214
トリス（ジベンジリデンアセトン）
　　　　　　　　ジパラジウム(0)　25
トリ-o-トリルホスフィン　26
トリフェニルホスフィン　25,26
トリフェニルホスホニウムメチリド　82
トリフェニルメチルカルボニウムイオン
　　　　　　　　　　　　　　85
トリプタミン（tryptamine）　100,182,191
トリブチルスタンニルアジド　173
トリ-t-ブチルホスフィン　26
トリプトファン（tryptophan）
　　　　　　　　　　99,182,191
トリフラート　26,31,48,105
トリフルオロアセチル化　100
トリフルオロボラート　28
トリフルオロメタンスルホン酸無水物　48
トリメチルシリルアジド　156
トリメチルシリルメチルアミン　181
トリメトプリム　204,205
p-トルエンスルフィナート　97
p-トルエンスルフィン酸塩　74
p-トルエンスルホン酸　79,136
トロピカミド　198

な 行

ナイアシン（niacin）　184
内部塩　47
ナトリウム　106,144
ナトリウムアミド　41
ナフタレン　4
ナフチリジン　80
ナリンギン　203
2 価パラジウム　25,33
ニコチン（nicotine）　190,198,212
ニコチンアミド（nicotinamide）　184
ニコチンアミドアデニンジヌクレオチドリ
　ン酸（nicotinamide adeninedinucleotide
　　　　　　　　　　phosphate）　184
ニコチン受容体　198
二座配位子　26
二酸化硫黄　174
二酸化炭素　84,104,161
二酸化マンガン　136
二重らせん構造　56
ニッケル　25,29
ニトリル　51,67,135,154,156,161
ニトリルイミン　138
ニトリルオキシド　23,138
ニトロ化　15
　　イソキノリンの——　72
　　インドールの——　101
　　キノリンの——　72
　　チオフェンの——　114
　　トリアゾロピリジンの——　168
　　ピラゾールの——　126
　　ピリジンの——　39
　　ピリジン N-オキシドの——　48
　　ピロールの——　89,91
　　フランの——　114
　　プリンの——　143
　　芳香族ヘテロ五員環化合物の——　15
ニトロ化剤　15,89
ニトロ基　12,109
N-ニトロソ化　174
5-ニトロテトラゾール　216
5-ニトロ-1,2,4-トリアゾール-3-オン
　　　　　　　　　　　　216
o-ニトロトルエン　109
ニトロベンゼン　110
ニモジピン　52
尿酸（uric acid）　142,145,147,160
尿素　67
二量化　63,182,217
ヌクレオシド　55,60,141,205
ヌクレオチド　55,141,190,217
ネオニコチノイド農薬　212
ネキシウム　194
根岸カップリング　29,62
熱開環反応　174
熱ナトリウムアミド　161
熱力学支配　119
濃塩酸　176
濃硫酸　78
ノルアドレナリン（noradrenaline）
　　　　　　　　　　　195,200
ノルバスク　200
ノルボルナジエン　162

は

バイアグラ　195,203
配位子　25,32
配位不飽和　25
配位飽和　25
バイオマーカー　221
配座異性体　176
π 電子　4,8
π 電子過剰　8
π 電子不足　5
BINAP（バイナップ）　26
Perkin 縮合　87,222
パーキンソン病　201
爆薬　214
Birch 還元　106
発煙硫酸　126
麦角アルカロイド　224
麦角菌　191
Buchwald–Hartwig アミノ化　24
発酵　142
馬尿酸（hippuric acid）　133
Hammick 反応　47
パラ位　12,40
パラコート　213
パラジウム　24,32,103,110,147
パラジウム(0)　24
パラジウム(Ⅱ)　25,33
バリウム　201
バリオリン B　192
Paal–Knorr 合成法　95,120
バルサルタン　194
バルビツール　63
バルビツール系薬　201
バルビツール酸（barbituric acid）　201
ハロアゾール　155
ω-ハロアミン　178
ハロオキシプリン　145
α-ハロケトン　134
ハロゲン　15,17,35,41,127
ハロゲン化　14,101,118
ハロゲン化水素　138
ハロゲン化物　17,105,110,142,145
ハロゲン化リン　76,79,132
ハロジアジン　58,64
N-ハロスルホンアミド　180
ハロヒドリン　178
ハロピリジン　36,41,44,45
ハロピリミジン　58
ハロピロール　91
ハロプリン　148
ハロリボース　144
Hantzsch（ピリジン）合成法　52,134,185

ひ

BINAP　26
PEPPSI^{TM}-IPr　26
PhIP　220
PLP　185
ピオグリタゾン　194
Boc　91
ビオチン　187
光触媒　63
非環状第二級アミン　172
p 軌道　4
非共有電子対　5,164
非局在化　4
非局在化エネルギー　11

索引

非極性溶媒　36
ピクロラム　213
pK_a　10
　　アザインドールの――　111
　　アニリンの――　102
　　イミダゾールの――　10, 127
　　インドールの――　10, 102
　　テトラゾールの――　10, 151
　　トリアゾールの――　151
　　ピラゾールの――　10, 127
　　ピリドンの――　47
　　ピロリジンの――　10
　　ピロールの――　10, 102, 127
　　プリンの――　142
　　ベンゾイミダゾールの――　10
pK_{aH}　10
　　アジリジンの――　173
　　アゼチジンの――　173
　　アデニンの――　142
　　イソオキサゾールの――　10, 123
　　イソキノリンの――　71
　　イソチアゾールの――　10, 123
　　イミダゾールの――　10, 123
　　オキサゾールの――　10, 123
　　キノリンの――　10, 71
　　ジエチルアミンの――　176
　　チアゾールの――　10, 123
　　トリアゾールの――　151
　　ピペリジンの――　10, 38, 176
　　ピラジンの――　10
　　ピラゾールの――　10, 123
　　ピリジンの――　10, 38
　　ピリダジンの――　10
　　ピリミジンの――　10
　　ピロリジンの――　10, 176
　　プリンの――　142
　　ベンゾイミダゾールの――　10
　　モルホリンの――　176
ピコリニウム塩　47
ピコリン（picoline）　46
ピコリン酸　47
Bischler-Napieralski 反応　79
ビスインドリルアミナール　222
ビスダイン　207
ヒスタミン（histamine）　182, 196
ヒスタミン受容体拮抗薬　196
ヒスチジン（histidine）　182
非ステロイド性抗炎症薬　202
ビス（ピナコラート）ジボロン　27
ひずみ　173, 175
ビダーザ　206
ビタミン　183
ビタミン B$_1$　131, 183, 184, 186
ビタミン B$_2$　184
ビタミン B$_3$　184
ビタミン B$_6$　184, 185
ビタミン B$_{12}$　187
ビタミン H　187
PDE　141, 203
BtH　156
PDT　207
ヒドラジン　31, 57, 66, 109, 137, 155
ヒドラゾン　109, 137
ヒドララジン（hydralazine）　200
ヒドリド還元剤　76, 131
ヒドロキシアセトン　218
ヒドロキシアルデヒド　177
ヒドロキシ化　73

α-ヒドロキシカルボニル化合物　218
ヒドロキシ基　12
8-ヒドロキシキノリン　226
4-ヒドロキシケトン　218
5-ヒドロキシトリプタミン
　　（5-hydroxytryptamine）　182, 195, 199
ヒドロキシピリジン　40, 47, 73
ヒドロキシピリリウム　83
ヒドロキシプロリン　183
ヒドロキシベンゾピリリウム　83
ヒドロキシメチルフルフラール
　　（hydroxymethylfurfural）　218
ヒドロキシルアミン　51, 59, 137, 138
ヒドロキシルアミン-O-スルホン酸　38
ヒドロペルオキシド　180
ピナコールボラン　27
ビナミジウム塩　53
ビニル酢酸　155
ビニロガスアミド　52
PPQ　187
PBG　187
2,2′-ビピリジン（2,2′-bipyridine）　40
ピペラジン（piperazine）　69
ピペリジン（piperidine）　3, 38, 172, 176
　　――の生成　45
　　――の双極子モーメント　5
　　――のpK_{aH}　10, 38, 176
非芳香族ヘテロ環　3, 172, 178
ヒベルナ　196
ヒポキサンチン（hypoxanthine）
　　140, 145, 190
檜山-Denmark カップリング　29
Hückel 則　4
PUVA　207
ピラジニウム-3-オラート　83
ピラジノン　68
ピラジン（pyrazine）　2, 55, 62, 222
　　――の合成　68
　　――の生合成　217
　　――のpK_{aH}　10
ピラジン N-オキシド　215
ピラゾイルアニオン　127
ピラゾリウム塩　124
1H-ピラゾリウムカチオン
　　（1H-pyrazolium cation）　123
ピラゾール（pyrazole）　2, 57, 123
　　――のN-アリール化　127
　　――のN-アルキル化　124
　　――のクロスカップリング　130
　　――の合成　137, 138, 213
　　――のN-脱プロトン　127
　　――のニトロ化　126
　　――のpK_a　10, 127
　　――のpK_{aH}　10, 123
　　――のC-メタル化　128
　　――のN-メタル化　127
　　――のリチオ化　128
ピラゾール-3-オン（pyrazol-3-one）　132
ピラゾロピラジン（pyrazolopyrazine）
　　166
ピラゾロピリジン（pyrazolopyridine）
　　166
ピラゾロン　137
ピラミッド反転　173
ピラリン（pyrraline）　220
ピラロン（pyralone）　223
2H-ピラン（2H-pyran）　3, 82, 83
4H-ピラン（4H-pyran）　83, 85

ピリジニウム　5, 38, 42, 184
ピリジニウム-3-オラート　62, 83
ピリジニウムカチオン　6
ピリジン（pyridine）　2, 5, 38, 82, 186
　　――のアミノ化　73
　　――の還元　45
　　――の求核置換反応　35, 40
　　――の求電子付加反応　38
　　――の共鳴エネルギー　5
　　――のクロスカップリング　45
　　――の合成　50
　　――の構造　5
　　――の酸化　45
　　――の酸化的付加　35
　　――の 0 価パラジウム触媒反応　31
　　――の双極子モーメント　5
　　――の脱プロトン　43
　　――のニトロ化　39
　　――のpK_{aH}　10, 38
　　――のプロトン化　38
　　――の Minisci 反応　16
　　――のC-メタル化　43
　　――のリチオ化　44
ピリジン塩酸塩（pyridine hydrochloride）
　　38
ピリジン N-オキシド（pyridine N-oxide）
　　34, 39, 48
ピリジン型窒素　9, 40, 123
ピリジンカルボン酸　47
ピリジン酢酸塩　38
ピリジン-三酸化硫黄　86, 100
ピリジンジアゾニウム塩　50
ピリジントリフラート　45
ピリジンヒドラジド　204
ピリダジン（pyridazine）　2, 55
　　――の合成　66
　　――の Diels-Alder 反応　62
　　――の反応性　56
　　――のpK_{aH}　10
ピリダジン N-オキシド　65
ピリドキサールリン酸
　　（pyridoxal phosphate）　185
ピリドキシン（pyridoxine）　184
ピリドスチグミン　199
ピリドン（pyridone）　40, 47, 63, 73
2-ピリドン　47, 84
4-ピリドン　47, 50, 51, 84
ピリミカルブ　212
ピリミジニルスタンナン　28
ピリミジン（pyrimidine）　2, 6, 55, 62, 140
　　――の合成　67
　　――の構造　6
　　――の臭素化　56
　　――のpK_{aH}　10
　　――の Minisci 反応　16
ピリミジン塩基　55, 189
ピリミジン N-オキシド　56
ピリミジンジオン　60
ピリミジンヌクレオシド　55
ピリミジンヌクレオチド　55
ピリリウム（pyrylium）　81, 85
ピリリウム-3-オラート　62, 83, 118
ピリリウムカチオン　2, 6, 81
ピリルアニオン（pyrryl anion）
　　8, 91, 127
Vilsmeier 反応　13, 90, 101, 115, 132
ビルディングブロック　151, 193
ピルビン酸デカルボキシラーゼ　186

索引

ピルブアルデヒド (pyruvaldehyde) 218
ピルブアルデヒドオキシム 96
ピレスロイド 212
ピレンゼピン 198
ピロカルピン 198
ピロリジン (pyrrolidine)
　　　　　　　　3, 93, 170, 172, 176
　——の合成　174, 179, 181
　——の双極子モーメント　8
　——の pK_a　10
　——の pK_{aH}　10, 176
3H-ピロリジン (3H-pyrrolizine)　164
ピロリドン　176
ピロリルリチウム　92
ピロール (pyrrole)　2, 7, 89
　——のアシル化　90
　——の N-アリール化　92
　——の C-アルキル化　90
　——の還元　93
　——の求電子置換反応　89, 90
　——の共鳴エネルギー　8
　——のクロスカップリング　92
　——の合成　95, 96
　——の構造　7
　——の酸化　93
　——の酸化的重合　225
　——の 0 価パラジウム触媒反応　92
　——の双極子モーメント　8
　——の脱プロトン　92
　——の N-脱プロトン　91
　——の Diels-Alder 反応　93
　——のニトロ化　89, 91
　——の pK_a　10, 102, 127
　——のペリ環状反応　93
　——のホルミル化　90
　——の Mannich 反応　90, 94, 97
　——の C-メタル化　92
　——の N-メタル化　91
ピロールアニオン　91
ピロールエステル　96
ピロール型窒素　9, 123
ピロールカルボン酸　94
ピロール-3-ボロン酸　27
ピロロキノリンキノン
　　　　(pyrroloquinolinequinone)　187
ピロロチアゾール (pyrrolothiazole)　164
ピロロピラジン (pyrrolopyrazine)　164
ピロロピリジン (pyrrolopyridine)　1, 111
ピロン　81, 83
2-ピロン (2-pyrone)　83〜85, 86
4-ピロン (4-pyrone)　83, 86
ビンクリスチン　206

ふ

ファモチジン　197
フィゾスチグミン　191, 199
Fischer 合成法　31, 108
Pfitzinger 合成法　78
フィプロニル　212
フェナジン (phenazine)　210
1,10-フェナントロリン　26, 40
フェニルイソシアナート　138
フェニルスルホニル基　103
フェニルヒドラジン　108, 137

フェニルヒドラゾン　108, 137
フェノチアジン　201
フェノバール　201
フェノバルビタール　201
フェノバルビトン　201
フェノール　31, 76, 86, 107, 152
フォーマイカ　211
付加環化反応　21, 118, 132, 155, 169, 180
[3+2] 付加環化反応　22, 174
[4+2] 付加環化反応　21
フタラジン (phthalazine)　2, 55
フタロシアニン (phthalocyanine)　210
ブタン-1,4-ジアール　21, 115
ブタン-2,3-ジオン　218
t-ブチルラジカル　16
フッ化水素カリウム　28
フッ化物　90
フッ化ホウ素　102
フッ素　41
フッ素アニオン　12
ブテノリド　120
プテリジン　68, 183
2-ブテン-1,4-ジアール　21, 114
t-ブトキシカルボニル基　103
1-(t-ブトキシカルボニル) ピロール　91
部分還元　93
α,β-不飽和アルデヒド　77, 101
α,β-不飽和ケトン　77, 84, 85, 101
Fürstner インドール合成法　110
フラグメント化　18
フラジール　204
プラゾシン　200
フラナール　119
フラニルスタンナン　28
フラネオール (furaneol)　217
フラノース　177
フラノン　31, 119, 218
プラビックス　194
フラビリウム塩　87
フラビンアデニンジヌクレオチド
　　　　(flavin adenine dinucleotide)　185
フラボノイド　209, 221
フラボン (flavone)　87, 191
プラミペキソール　202
プラリドキシム (pralidoxime)　199
フラン (furan)　2, 8, 22, 114
　——の求電子置換反応　114
　——の共鳴エネルギー　8
　——のクロスカップリング　117
　——の合成　120
　——の構造　8
　——の酸化　118
　——の 0 価パラジウム触媒反応　117
　——の脱プロトン　116
　——の Diels-Alder 反応　119
　——のニトロ化　114
　——のハロゲン化　118
　——のペリ環状反応　118
　——の Mannich 反応　115
　——の C-メタル化　116
　——のリチオ化　116
フラン型酸素　123
フラン-2-カルボン酸　119
Friedel-Crafts 反応
　　　　16, 39, 100, 111, 115, 117, 126
Friedländer 合成法　78
プリニウム塩　143
プリニルラジカル　148

プリン (purine)　1, 3, 56, 140
　——のアシル化　147
　——の N-アリール化　145
　——の N-アルキル化　142, 144
　——の 1 段階合成　150
　——の求核置換反応　145
　——の求電子置換反応　143
　——の求電子付加反応　142
　——のクロスカップリング　147
　——の合成　149
　——の酸化　145
　——のジアゾ化　148
　——のシリル化　147
　——のスルホン化　147
　——の生合成　183
　——の 0 価パラジウム触媒反応　147
　——の脱プロトン　146
　——の N-脱リボシル　144
　——のデオキシリボシル化　144
　——のニトロ化　143
　——の pK_a　142
　——の pK_{aH}　142
　——の C-メタル化　146
　——の N-メタル化　144
　——のリチオ化　146
　——の N-リボシル化　144
プリン塩基　189
プリンヌクレオシド　140
プリンヌクレオチド　141
フルオレセイン　210
N-フルオロアミド　14
5-フルオロウラシル　206
N-フルオロ第四級塩　15
フルクトース　177, 221
フルクトピラノース　177
フルクトフラノース　177
フルコナゾール　204
フルフリルメルカプタン
　　　　(furfuryl mercaptan)　217
ブレックスコア®　225
Bredereck 反応剤　20
プログアニル (proguanil)　203, 204
フロクマフェン　214
フロ酸　119
プロスタグランジン　202
プロトポルフィリン IX　207
プロドラッグ　203, 206
プロトン　10, 185
プロトン移動　124
プロトン化　105, 186
　　アミノジアジンの——　65
　　インドリジンの——　165
　　エナミンの——　46
　　ピリジンの——　38
C-プロトン化　94
N-プロトン化　108
O-プロトン化　81
H^+, K^+-ATP アーゼ　198
プロトン酸　10, 90
プロトン性溶媒　173
プロトンポンプ　198
プロトンポンプ阻害薬　197
プロピオラクトン　176
プロマジオロン　214
プロメタジン　196
N-ブロモスクシンイミド　14, 91
ブロモチオフェン　114
プロリン (proline)　183

へ

ブロロブリム　204
分　極　5,6
分子内配位結合　103

閉　環　173
米国食品医薬品局　222
ヘキサクロロアンチモン(V)酸塩　81
ヘキサコナゾール　214
ヘキサジン (hexazine)　159
ヘキサヒドロピラジン　69
β 位　2
ベタイン　46
β 受容体　200
β 脱離　173
ベタニン　221
Heck 反応　24,25,30,33
ヘテロ環カルベン (heterocyclic carbene)
　　　　　　　　　　25,131
ヘテロ環二次代謝産物　190
ヘテロ原子求核剤　30
ヘテロ五員環　2,176
ヘテロ三員環　172,173,179
ヘテロ小員環　172
ヘテロピロリジン　170
ヘテロ四員環　175
ヘテロ六員環　2,176
ペニシリン　176,204,205
ベネテックス OB　210
ペプチド結合　182
ペプチド合成　157
ペプチドホルモン　141
ヘミアセタール　82,119,177
ヘミアミナール　82
ヘ　ム　94,187
ベラトール　200
ペリ位　167
ペリ環状反応　46,62
　アジンの──　161
　アゾールの──　132
　インドールの──　106
　オキサゾールの──　132
　チオフェンの──　118
　テトラジンの──　162
　トリアジンの──　161
　ピロールの──　93
　フランの──　118
ペルオキシ一硫酸カリウム　175
ベルガモチン　203
ベルテポルフィン　207
ベルモックス　204
ベンザイン　132,157
ベンジルアニオン　110
ベンジルカチオン　100
ベンゼン　4
ベンゾイソオキサゾール (benzisoxazole)
　　　　　　　　　　　　3
ベンゾイソチアゾール (benzisothiazole)
　　　　　　　　　　　　3
ベンゾイミダゾール (benzimidazole)
　　　　　　　　　3,10,161204,214
ベンゾイル化　167
2-ベンゾアート　144
ベンゾオキサゾール (benzoxazole)　3

ベンゾキノン　78
ベンゾジアジン　69
ベンゾジアゼピン　201
ベンゾチアゾール (benzothiazole)　3,16
ベンゾチオフェン (benzothiophene)　2,3
ベンゾトリアゾール (benzotriazole)　156
ベンゾピリリウム (benzopyrylium)
　　　　　　　　　　81,82,86
1-ベンゾピリリウム　86,191
ベンゾピロン　81,83,86
ベンゾフラン (benzofuran)　2
ペンタジン (pentazine)　159
ペンタゾール (pentazole)　151,152
ペントシジン　220,221
ペントース　190,221
ペントタールナトリウム　63

ほ

芳香族 10π 電子系　6,164,165
芳香族性　4,158
芳香族ヘテロ環化合物　4
芳香族ヘテロ五員環化合物　2,12〜15,125
芳香族ヘテロ六員環化合物　2,12,14
芳香族 6π 電子系　5,123
放射性標識化合物　102
放線菌　192
ホウ素　32,33,117,130
Wheland 中間体　11
補酵素　183
保護基　11,36,60,103
補助基　156
ホスゲン (phosgene)　125
ホスフィン　25,32,33,39
ホスフィンオキシド　39
ホスフィンスルフィド　180
ホスホジエステラーゼ　141,203
Hofmann–Löffler–Freytag 反応　179
Pomeranz–Fritsch 合成法　79
ポララミン　196
ポリアセチレン　187
ポリオキソプリン　142
ポリチオフェン　225
ポリピロール　225
ポリベンゾイミダゾール
　　　　　　　　(polybenzimidazole)　211
ポリベンゾオキサゾール
　　　　　　　　(polybenzoxazole)　211
ポリマー　93,211
ポルフィリン　188
ポルフィン　208,210,213
ポルホビリノーゲン　187
Bohlmann–Rahtz ピリジン合成法　53
ホルミル化　13,90,115,132,149
ホルミル化剤　149
ホルミル基　13
ホルミル酢酸　86
ホルムアミジン (formamidine)　67
ホルムアミド　13,149,150,161
ホルムアルデヒド (formaldehyde)
　　　　　　　　　14,101,211,218
ホルモン　193
ボロン酸　18,26,27,33
ボロン酸エステル　27,61
翻　訳　189

ま 行

Michael 付加　51,52,96
マイコトキシン　224
マンスリー　201
Meisenheimer 錯体　15,216
マイトトキシン　223
マグネシウム　116,129
McMurry カップリング　110
マラリア　203
マラロン　203
マルトール (maltol)　218,219
マレアルデヒド酸　119
マレイミド　93
マロンジアルデヒド等価体　53
Mannich 反応　13,40,57,156
　インドールの──　100,101
　チオフェンの──　115
　ピロールの──　90,94,97
　フランの──　115
溝呂木–Heck 反応　24,25,30,33
ミドリン M　198
Minisci 反応　16,59
ミニプレス　200
ミノキシジル　200
ミュンヒノン　133
ミラペックス　202

無水コハク酸　117
無水酢酸　49
無水マレイン酸　84,118,119
ムスカリン (muscarine)　198
ムスカリン拮抗薬　198
ムスカリン受容体　198

名　称　1,193
命　名　1
Maillard 反応　217〜220
メスチノン　199
メソイオン構造　133
メソイオンピラジニウム-3-オラート　62
メタ位　12
メタセシス　181
メタノリシス　91
メタル化　44
C-メタル化　43
　イソキノリンの──　75
　イソチアゾールの──　128
　イミダゾールの──　128
　インドールの──　103
　オキサジアゾールの──　158
　キノリンの──　75
　ジアジンの──　59
　チアジアゾールの──　158
　チアゾールの──　128
　チオフェンの──　116
　テトラゾールの──　154
　トリアゾールの──　154
　ピラゾールの──　128
　ピリジンの──　43
　ピロールの──　92
　フランの──　116
　プリンの──　146

索引

N-メタル化　91
　　イミダゾールの——　127
　　インドールの——　102
　　テトラゾールの——　153
　　トリアゾールの——　153
　　ピラゾールの——　127
　　ピロールの——　91
　　プリンの——　144
α-メタル化　92
メタル化剤　60
N-メチルイミノ二酢酸　36
メチルグリオキサール　218
1-メチルピリドン　40
N-メチルピロリドン
　　　　(N-methylpyrrolidone)　172
メチルラジカル　16
メチレン　20,78,141
メッセンジャー RNA　188
メトキサチン　187
メトキサレン　208
メトキシイミニウム　20
5-メトキシトリプタミン　182
メトトレキサート　206
メトロニダゾール　204
メバロン酸（mevalonic acid）　202
メファキン　203
メフロキン　203
メベンダゾール　204
Meerwein 塩　83
メラトニン（melatonin）　182
メラミン（melamine）　159,211
6-メルカプトプリン　206
免疫抑制薬　206
面選択性　180

モーベイン（モーブ）　209
モリブデン　183
モルヒネ　191
モルホリン（morpholine）　3,176
モンテルカスト　194,196

や 行

有機亜鉛求核剤　29
有機金属求核種　75
有機金属反応剤　25〜28,32,36,82
誘起効果　5,8,12,35,42
有機電子材料　93
有機伝導体　224
有機発光ダイオード　224,226
有機パラジウム中間体　32
有機半導体　224
有機リチウム反応剤
　　　　17〜19,26,44,129,158,175
有機リン剤　199
有機リン酸エステル　212
UMP　55

UTP　55
ゆらぎ現象　190

ヨウ化ナトリウム　180
ヨウ化物　27
ヨウ化 1-メチルピリジニウム　38
葉酸（folic acid）　183,205,206
ヨウ素化　40
N-ヨードスクシンイミド　15
四員環　175,178

ら 行

Reissert 化合物　74
β-ラクタマーゼ　176
β-ラクラム（β-lactam）　175,176,180
ラクトール　177
ラクトン　84,177
β-ラクトン　176
ラジカル　16,59,148
ラニアジド　204
ラニチジン　197
Raney ニッケル　117
ラミクタール　201
ラミネート製品　211
ラミブジン　205
ラメラリン B　192
ラモトリギン　201
Ramberg-Bäcklund 合成法　174

リアップ　200
リウマトレックス　206
リガンド　25
リシン（lysine）　220
リスパダール　201
リスペリドン　201
リゼルグ酸アミド　224
リチウムジイソプロピルアミド　18
リチウムテトラメチルピペリジド　59
リチウム反応剤　41,58
リチオ化　19,103,156
　　イソオキサゾールの——　129
　　イソチアゾールの——　128
　　イミダゾピリジンの——　167
　　イミダゾールの——　128
　　インドリジンの——　165
　　インドールの——　104
　　オキサゾールの——　129
　　オルト位の——　19
　　ジアジンの——　60
　　チアゾールの——　128
　　チオフェンの——　116
　　テトラゾールの——　155
　　トリアゾールの——　154
　　ピラゾールの——　128
　　ピリジンの——　44
　　フランの——　116

　　プリンの——　146
　　ヘテロピロリジンの——　170
リチオ化剤　59
律速段階　11
立体障害　173,180
リード化合物　195
リバビリン　205
リピトール　194
リボ核酸　56,140,188
リボシド　55,60,148
リボシル化　64
N-リボシル化　144
リボース　140,177,221
リボソーム RNA　188
リボフラノース　177
リボフラビン（riboflavin）　184,185
硫化水素　121
硫化物　121
硫化リン　147,174
両性イオン　47,133
リルゾール　202
リルテック　202
リン　174
リンゴ酸　67,86
リン酸　141,189
リン酸エステル　141,212
リン酸化　199
リン酸ジエステル　189
隣接基関与　144

Lewis 酸　10,90,173
Lewis 酸触媒　14,39
ルチジン　47

Leimgruber-Batcho 合成法　109
レキップ　202
レスクリプター　205
レゾルシノール　86
レトロウイルス　189
レビスタメル（levistamel）　223

ロイケリン　206
ロイコトリエン　196
ロイコトリエン受容体拮抗薬　196
六員環　176,178
六員環遷移状態　179
ロサルタン　152,193
ロスバスタチン　194,202
ロセック　197
Lawesson 反応剤　121
ロピニロール　202
ロラタジン　197

わ

Weinreb アミド　47,96
ワルファリン　214

中川 昌子
なかがわ まさこ
1935年 新潟県に生まれる
1958年 北海道大学薬学部 卒
1960年 北海道大学大学院薬学研究科修士課程 修了
千葉大学名誉教授
専門 有機化学
薬学博士

有澤 光弘
ありさわ みつひろ
1971年 大阪府に生まれる
1994年 千葉大学薬学部 卒
1999年 大阪大学大学院薬学研究科博士後期課程 修了
大阪大学大学院薬学研究科 准教授
専門 有機化学,有機金属化学,創薬化学
博士(薬学)

第1版 第1刷 2016年2月22日 発行

ヘテロ環の化学 ─基礎と応用─
(原著第2版)

訳　　者	中　川　昌　子
	有　澤　光　弘
発 行 者	小　澤　美奈子
発　　行	株式会社東京化学同人

東京都文京区千石3丁目36-7(〒112-0011)
電話 03-3946-5311・FAX 03-3946-5317
URL: http://www.tkd-pbl.com/

印　刷 日本フィニッシュ株式会社
製　本 株式会社 松岳社

ISBN978-4-8079-0879-0
Printed in Japan
無断転載および複製物(コピー,電子データなど)の配布,配信を禁じます.